吊具设计原理及应用

孙乐天 著

中国铁道出版社有限公司

2023年·北京

内 容 简 介

本书以铁路客车、地铁客车、内燃机车、大型变压器、发电机定子和燃机等重大件为研究对象，从理论层面对吊具设计过程中吊装方案的确定、吊具结构形式的选择、吊点设计的基本方法和相关力学计算进行了总结。

本书可以供吊具设计师，在车站、港口、建设工地和工厂车间从事吊装活动的作业指导员、作业班长、起重机司机，以及相关专业的学生参考。

图书在版编目(CIP)数据

吊具设计原理及应用/孙乐天著 .—北京：中国铁道出版社有限公司，2023.6

ISBN 978-7-113-29535-6

Ⅰ.①吊… Ⅱ.①孙… Ⅲ.①吊具-设计 Ⅳ.①TH21

中国版本图书馆 CIP 数据核字(2022)第 140864 号

书　　名：吊具设计原理及应用
作　　者：孙乐天

责任编辑：高　楠　　**编辑部电话：**(010)51873347　　**电子邮箱：**13522756157@163.com
封面设计：尚明龙
责任校对：刘　畅
责任印制：赵星辰

出版发行：中国铁道出版社有限公司(100054，北京市西城区右安门西街 8 号)
网　　址：http://www.tdpress.com
印　　刷：北京盛通印刷股份有限公司
版　　次：2023 年 6 月第 1 版　2023 年 6 月第 1 次印刷
开　　本：787 mm×1 092 mm 1/16　**印张：**14.75　**字数：**320 千
书　　号：ISBN 978-7-113-29535-6
定　　价：92.00 元

作者简介

孙乐天，男，高级工程师，通用技术集团国际物流有限公司副总工程师。

1985年毕业于大连铁道学院，先后在中车长春轨道客车股份有限公司、中国技术进出口集团有限公司和通用技术集团国际物流有限公司工作，从事非标机械设计、EPC项目管理和物流技术等方面的研究工作；发表论文多篇，参与多项标准的编制工作，获得专利三项。

从1996年开始从事大型和重型货物吊具设计，为出口伊朗的铁路双层客车、地铁客车，出口巴基斯坦的普速铁路客车设计吊具；参与大型变压器、燃机、发电机定子吊装方案的设计，编制重型货物在国内外港口的吊装作业方案并参与技术指导；曾到伊朗、巴基斯坦、缅甸、孟加拉国、印度尼西亚等国指导大型和重型货物的卸船吊装和运输。在多年吊具设计和运用过程中，理论分析透彻，结构选用正确，现场指导严格，从未出现过质量事故。

创新设计的“重庆单轨车运输车动力学性能和装载加固方案”通过了铁道部(现中国国家铁路集团有限公司)专家组的技术鉴定，解决了国外专家无法解决的技术难题。因对吊具设计和运输工作做出突出贡献，荣获中国铁路机车车辆工业总公司(现中国中车股份有限公司)劳动模范。

序　言

起重，是伴随工业建筑业生产的发展而诞生的作业方式，既古老又现代。说古老，是因为古代就有许许多多的起重作业，例如帕特农神庙上的大块石头，一定是借助起重机械实现的升高作业。说现代，港珠澳大桥在建设过程中使用了12 000 t的船上起重机，完成了大桥最重的6 500 t构件的吊装。

吊具是起重作业不可缺少的工具，起重机吊钩是无法与形状各异的重件连接的，必须有一个连接装置，一头连接重件，一头连接起重机的吊钩，这个连接装置就是吊具。现代工业中，处处离不开吊具，从简单的一根绳，到复杂的由电气控制的吊具，吊具展示出各种各样的形态，在工业、交通运输、科研和国防建设中应用非常广泛，越来越重要。

吊具的使用十分广泛，在大多数行业中都有应用。但吊具的设计和制造，过去一直是处于自由发展的模式，需要使用吊具的企业自己设计制造吊具，交流少，发展缓慢。随着吊具行业的发展，逐步出现了专门制造吊具的企业，进一步促进了吊具科研与生产的发展，带动了吊具行业水平的整体提高。

虽然吊具行业发展较快，但是吊具设计理论依然没有得到很好的发展，国内外至今都没有一本专业的总结吊具设计理论的书籍，也没有一本系统阐述吊具原理的书籍，从而限制了吊具设计和应用水平的进一步提高。

纵观过去各种吊装事故的发生，大多是由于对吊具原理、设计、制造和使用缺乏清晰的认识，尤其是对吊具和被吊物体的关系缺乏理性认识，不能主动地规避事故的发生，从而导致人员伤亡和财产损失。

《吊具设计原理及应用》一书，对吊装方案、吊点、构架、横梁进行了仔细的分析和研究，让读者可以清晰地、理性地认识到需要一个什么样的方案，需要一个什么样的结构，从而做出最佳的选择；起重的稳定性一章，详细地讨论了吊具的稳定性问题，对可能出现的事故提出了理性的认识，给出了设计的临界点。

作者做吊具设计二十多年，对吊具设计进行了长期的钻研、设计、观察、运用，及再设计、再运用，反反复复的实践促进了认识的提高，积累了实践经验。这些经验的提炼，构成了本书的理论基础，本书对吊具设计和运用具有指导作用，对从事吊具设计的领导决策人员和管理人员有很好的参考价值，也可供高校机械类、物流类、海运类、铁路运输类等专业学生学习参考。

中国海外经济合作有限公司副总经理

前　言

1996 年，我开始设计吊具，设计的是用于把双层铁路客车装到远洋运输货船上的吊具，当时，没有吊具设计的经验，也没有双层铁路客车的吊装经验，这是改革开放后双层铁路客车首次出口，找不到一点吊具设计资料，凭着自己做机械设计的积累，反反复复地钻到双层铁路客车下去查看，一遍一遍地钻进钻出，一遍一遍地观察和测量，还与双层铁路客车的总设计师一同钻到车下看了两次，经过一个多月的努力终于设计出一套吊具，完成了第一批双层铁路客车的装船、卸船工作，当时感到，要是有一本吊具设计方面的书，该有多好，可是一直找不到。

二十多年来，我在国内外参与了许多重大件的吊装，经过反复的设计、制造、验证和使用，设计制造了多种吊具，对吊具的各个节点的问题进行过细致的思考、研究和尝试。多年的吊具设计和运用实践促使我对吊具的认识由感性上升到理性，经过总结、提炼和归纳写成了这本书。

本书是以吊装铁路客车、地铁客车、铁路机车、大型变压器、发电机定子和燃机等重大件为研究对象，注重研究和阐述吊具设计中的吊装原理和结构，以这些被吊物体为实例，对吊具设计中的各个节点和吊具要素进行研究和讨论，对吊具设计具体的细节没有过多地描述和说明。书中对吊具原理和结构的讨论，是在吊具制造材料性能良好、制造工艺没有错误、材料质量没有缺陷的前提下展开的。

本书可以供吊具设计师，在车站、港口、建设工地和工厂车间从事吊装活动的作业指导员、作业班长、起重机司机，以及相关专业的学生参考。

目前，系统论述吊具设计的图书很少，这本书是我自己对吊具设计及运用的理论分析和实践经验总结，难免有疏漏和不妥，敬请读者提出宝贵意见。

作　者

2023 年 3 月

目　录

第一章　吊具设计概论

起重吊装是一项十分古老的劳动方式。古埃及金字塔、中国万里长城等古代著名建筑的建设都离不开起重吊装作业，在科技并不发达的古代，这些复杂作业的完成显示了古人在起重作业这项劳动中的聪明才智。现代工业生产、基础设施建设和交通运输工程中起重吊装作业更是一项不可缺少的生产方式，每一项建设工程都离不开起重作业，而每次起重吊装作业都是在使用吊具的条件下完成的。

吊具是起重作业中的重要工具，没有吊具，许多起重作业就无法完成。如果没有吊具，工厂里、生产车间里的物料就无法流动；在港口和车站的货物就无法装船卸船。

第一节　吊具的概念

一、吊具的基本认识

在生产作业中经常需要移动一个物体。例如，钢铁厂生产的钢板每卷20 t，要装火车运输出厂，运到仓库后要卸车放到地面上；出口设备（比如变压器、燃机、双层铁路客车等）运到港口装船时要从港口的地面移动到船上。这些需要移动的物体往往很大、很重，通过人力徒手移动是无法实现的。因此，需要借助生产设备，使用起重机完成这些物体的移动。

可是，起重机提供的终端界面是一个吊钩，在实践过程中，被吊物体的结构上很难找到合适的位置来连接起重机吊钩，甚至有的被吊物体上没有可以与吊钩接触的吊装点，例如：不能直接用起重机吊钩去钩一台变压器，不能用吊钩直接去钩一辆双层铁路客车。

为解决这个问题，就要在起重机吊钩与被吊物体之间安装一种机械装置，把起重机吊钩和被吊物体连接起来，把起重机的力传递到被吊物体上。

二、吊具的定义

起重作业过程中，在起重机吊钩和被吊物体之间安装一种连接装置，通过这个连接装置把起重机吊钩的拉力安全有效地传递给被吊物体，这个连接装置就是吊具。

吊具有如下特点：

1. 吊具是应用在起重过程中，提升被吊物体所需要的一种装置。
2. 吊具的位置在起重机吊钩和被吊物体之间。
3. 吊具一头连接吊钩，一头连接被吊物体，且连接可靠。
4. 吊具能把起重机吊钩的拉力传递给被吊物体。

5. 吊具具有可操作性,可多次重复使用。

6. 吊具是安全的、有效的。

根据被吊物体的具体情况,吊具结构有的简单、有的复杂,简单的吊具如一根绳;复杂的吊具有各种机械结构和复杂的电气控制系统,例如真空吸盘吊具有一套机械系统、真空系统和电气系统。

第二节 吊具的分类

在生产实践中,各行各业的吊具种类十分繁杂,大小、形状、结构和性能各不相同,从不同的角度可分为不同的类别。

一、按吊具使用的行业分类

吊具有共同的特点和属性,各个行业的吊具也具有各自的特点。按使用的行业,吊具可以分为以下九类。

1. 港口使用的吊具,用来装船、卸船、打捞、海上救援。

2. 铁路运输使用的吊具,用来装车、卸车、救援。

3. 公路运输使用的吊具,用来装车、卸车、救援。

4. 建筑工地使用的吊具,用来将建筑材料装车、卸车、吊到楼的高层上。

5. 工厂使用的吊具,用来在工序之间移动成品或半成品。

6. 重点工程使用的吊具,用于大型设备的安装和运输。

7. 军事活动使用的吊具,用于军事设备的安装和运输。

8. 航空航天工程中使用的吊具,用于在工序之间移动成品或半成品,或者在长途运输的起始和结束时装车卸车,或者在塔架上吊装。

9. 其他场合使用的吊具。

二、按被吊物体的形状分类

按被吊物体的形状,吊具可分为以下三种类型。

1. 吊运固体的吊具,例如:工厂铁道车轮的吊具、吊钢锭的吊具。

2. 吊运液体的吊具,例如:救火直升机吊水的吊具。

3. 吊运小颗粒流体的吊具,例如:吊运粮食、煤炭的各式抓斗类吊具。

三、按被吊物体的范围分类

按被吊物体的范围,吊具可分为以下两种类型。

1. 专用吊具,针对一种产品设计的吊具,不能吊其他被吊物体。

2. 通用吊具,针对一类产品设计的吊具,对大多数形状相近的被吊物体都能使用的吊具。

四、按被吊物体的地点分类

按被吊物体的地点，吊具可分为以下两种类型。

1. 室内使用的吊具，在厂房和库房内使用的吊具。

2. 室外使用的吊具，在厂房和库房外使用的吊具。

五、按吊具存在的介质分类

按吊具存在的介质，吊具可分为以下两种类型。

1. 液体中使用的吊具，是指使用时主要结构浸入在液体中的吊具，例如：海上打捞所使用的吊具、海底考古使用的吊具、电镀槽中使用的吊具、水下建筑建设和维修使用的吊具等。

2. 空气中使用的吊具，除液体中使用的吊具之外都是空气中使用的吊具。

六、按吊钩和被吊物体之间力的传递方式分类

按力的传递方式，吊具可以分为以下三种类型。

1. 机械吊具，是指通过机械零部件连接起重机吊钩和被吊物体的吊具。机械吊具是普遍使用的吊具，各行各业使用的吊具绝大部分是机械吊具。

2. 磁力吊具，是指通过磁力吸引住被吊物体，然后通过吸盘的机械装置把力传递给起重机吊钩的吊具。磁力吊具又分为电磁吊具和永磁吊具，磁力吊具只能针对导磁的被吊物体，在工厂里工序之间移动工件时经常使用永磁吊具，在废钢铁的吊运过程中广泛采用电磁吊具。

3. 真空吸盘吊具，是指用一个吸盘在被吊物体的上表面制造一定的真空度，通过被吊物体上下表面大气压力差产生的力吊运被吊物体的吊具。起重机吊钩把力传给真空吸盘，真空吸盘把力传递给被吊物体，实现吊具的功能。一般情况下真空吸盘吊具属于专用吊具，是针对专门的产品、专门的工序而使用的。真空吸盘吊具只能在空气介质中使用，不能在液体介质中使用。

总之，吊具的种类繁多，设计吊具时，要认真调查研究，选择最佳的技术方案，让吊具在使用过程中安全有效地吊运被吊物体，做到不伤害被吊物体、不伤害操作者、不伤害起重机、不伤害周围的设备和环境。

第三节　吊具设计的注意事项

吊具是重要的生产工具。设计师设计吊具时要充分考虑各项边界条件，让吊具性能满足现场使用要求，结构性能符合国家法律法规的要求，安全有效地进行吊装。

“知己知彼，百战不殆”，设计吊具也是如此。全面了解被吊物体是一个基本的要求。设计师对被吊物体要有一个全面、细致和准确地认识，设计的吊具才能更有针对性，才能安全可靠。一般说来，在吊具设计时要注意以下几个方面。

一、被吊物体的重量

被吊物体的重量包括自身的重量，包装物的重量，被吊物体内部随带物品的重量，其他连接到被吊物体上、连同被吊物体同时吊起来的附加物品重量。

被吊物体的重量可从以下渠道获得：

1. 图纸标识的重量：设备的设计图纸都会给出一个设计重量，基本可以用来作为被吊物体重量的基本参数。

2. 经验数据：过去相同的或者类似的产品，结构没有改动，过去进行过准确的测量，那么原有数据可以借鉴。

3. 重新计算：根据被吊物体的结构图纸和材质进行计算，然后进行汇总，得到的重量是比较准确的。

4. 重新测量：把被吊物体放到测量仪器上进行测量，得到的数值就是准确的数据。

重量是设计吊具时最重要的技术参数，一定要准确掌握；如果条件许可，要把被吊物体放到测量设备上称量，以获得准确的数据。

对于车辆类被吊物体，还要弄清楚重力的分布情况：对两轴车要弄清楚四个车轮的承重情况；对四轴车，要弄清八个车轮承重的情况；对于六轴的铁路机车，弄清十二个车轮的承重情况。

对特殊被吊物体，不仅要弄清整体重量，还要弄清楚重量在各个支撑点的分布情况，以解决吊具设计的边界条件。

二、被吊物体的形状

掌握被吊物体的形状时，要注意以下四个方面。

1. 如果被吊物体是长方体的木箱，要掌握长、宽、高三个尺寸。
2. 如果被吊物体不是长方体，吊具设计者要亲自看到被吊物体。
3. 特殊形状被吊物体，要了解外轮廓尺寸，掌握最长、最宽、最高的尺寸。
4. 了解被吊物体的基本结构，哪里能拆，哪里能收缩进去，哪里怕磕、怕碰等。

三、重　　心

重心是被吊物体各个组成部分的重力中心，重心是一个重要的参数，重心是吊具设计中必须掌握的数据。在吊具设计过程中，可用以下方法寻找重心。

1. 设计法。设计上有两种方法：一种是计算法，把每一个零件的重心和重心的位置标识清楚，然后计算装配在一起的物体重心；第二种是三维设计法，用三维软件设计的装配图，在零件设计的时候，把所有零件的材料密度输入，装配图设计完成后，三维软件会自动计算装配图的重心。

2. 称重法。称几个承重点的重量和距离，可以得到重心在水平面的投影位置。

3. 悬挂法。如果被吊物体能够悬挂，在三个方向悬挂三次，三个铅锤方向的交点就是重心。

4. 理论计算法。若被吊物体合成重心的位置在 C 点，被吊物体分割成 n 个单元，被吊物体受到 n 个力的作用，其重心位置坐标如下：

$$X_C=\frac{\sum_{i=0}^{n}\Delta p x_i}{P};Y_C=\frac{\sum_{i=0}^{n}\Delta p y_i}{P};Z_C=\frac{\sum_{i=0}^{n}\Delta p z_i}{P}$$

式中　Δp——每个单元在坐标轴上的分力(N)；

P——被吊物体整体重力之和(N)；

n——作用力的数量；

x_i——第 i 个力在 x 轴上的投影(m)；

y_i——第 i 个力在 y 轴上的投影(m)；

z_i——第 i 个力在 z 轴上的投影(m)；

X_C——被吊物体重心在 x 方向的坐标(m)；

Y_C——被吊物体重心在 y 方向的坐标(m)；

Z_C——被吊物体重心在 z 方向的坐标。

表 1-1 是简单图形的重心。一些简单几何形状的均质被吊物体的重心可以从此表中查出。工程中常用的型钢(如工字钢、角钢、槽钢等)截面的形心，可从机械设计手册中查到。

表 1-1　简单图形的重心

名　称	图　形	重心坐标/面积/体积
三角形		重心：$Y_C=\frac{1}{3}b$ $X_C=\frac{1}{3}(a+e)$ 面积：$A=\frac{1}{2}ab$
梯形		重心：$Y_C=\frac{b(a+2f)}{3(a+f)}$，在上、下底边中线连线上 面积：$A=\frac{b}{2}(a+f)$

续上表

名　称	图　　形	重心坐标/面积/体积
圆弧	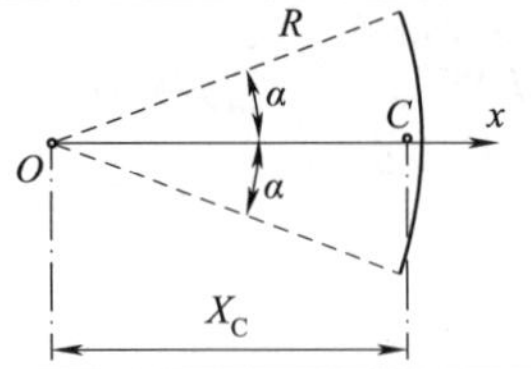	重心：$X_C=\frac{R\sin\alpha}{\alpha}$（$\alpha$：弧度） $X_C=\frac{2R}{\pi}$（$\alpha=\pi$）（半圆面） 弧长：$L=2\alpha R$
扇形	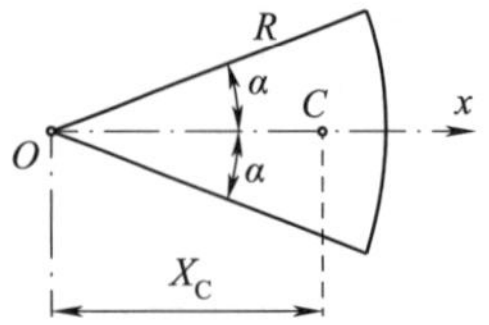	重心：$X_C=\frac{2R\sin\alpha}{3\alpha}$（$\alpha$：弧度） $X_C=\frac{4R}{3\pi}$（$\alpha=\pi$）（半圆面） 面积：$A=\alpha R^2$
弓形	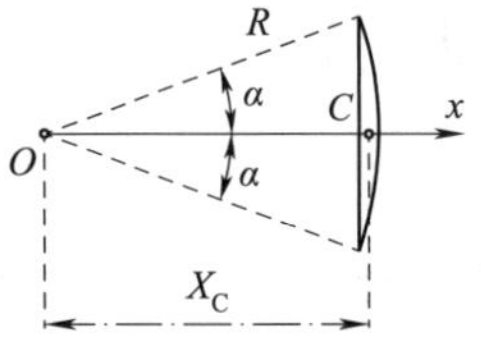	重心：$X_C=\frac{4R\sin^3\alpha}{3(2\alpha-\sin 2\alpha)}$ 面积：$A=\frac{R^2(2\alpha-\sin 2\alpha)}{2}$
抛物线面	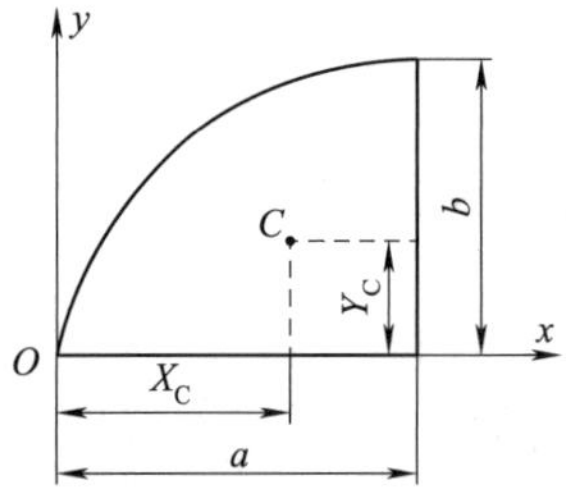	重心：$X_C=\frac{3}{5}a$ $Y_C=\frac{3}{8}b$ 面积：$A=\frac{2}{3}ab$
	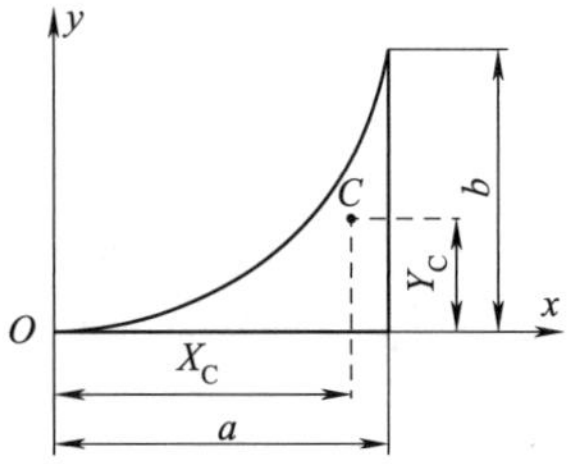	重心：$X_C=\frac{3}{4}a$ $Y_C=\frac{3}{10}b$ 面积：$A=\frac{1}{3}ab$
半球形体	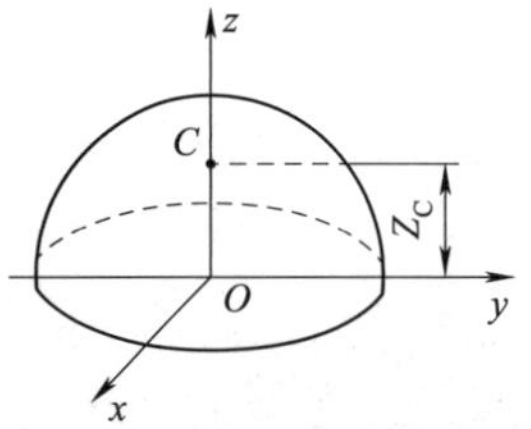	重心：$Z_C=\frac{3}{8}R$ 体积：$V=\frac{2}{3}\pi R^3$

四、吊　　点

吊点是吊具与被吊物体的接触点，设计吊具时要选定吊点的位置、结构和数量。吊点要均匀对称地分布在重心的周围，强度足够，方便连接。

五、被吊物体的外观、结构和性质

了解被吊物体的外观、结构和性质能够为吊具的设计提供准确的、科学的依据。在确定被吊物体的性质、结构和主要材料时要注意以下几个方面。

1. 被吊物体是原材料还是机器设备。

2. 被吊物体是钢结构还是木结构。

3. 被吊物体是经过包装还是裸装。

4. 被吊物体主要材料是钢铁还是石块或其他材料。

六、吊具设计的基本原则

1. 结构合适。选择一个合适的吊具结构对吊具的性能十分重要。借鉴原有吊具的结构,可以少走弯路。

2. 强度和刚度足够。保证足够的强度和刚度,对保证吊装过程的安全十分重要。

3. 良好的稳定性。设计吊具时要保证吊具整体和零部件的稳定性,确保吊具安全可靠。吊具的稳定性包括:

(1)吊运和移动过程中,吊具本身各个部件在受力时的稳定性。

(2)吊运和移动过程中,被吊物体的稳定性。

(3)吊运和移动过程中,吊具和被吊物体整体在空中移动过程中的稳定性。

(4)吊运和移动过程中,起重机、吊具、被吊物体三者共同的稳定性。

4. 操作方便。组装容易,拆卸容易;吊钩与被吊物体的连接简单;零部件的重量要轻,易于搬动、安装和拆装;操作要简单,步骤少。

5. 良好的可维修性。吊具零部件要采用可拆卸的连接;尽量选用常见材料、通用零部件和标准件;设计结构减少环节。

6. 适应运输工具。对于大型吊具,能够装上汽车、火车等运输工具,方便异地使用。

7. 经济适用。吊具结构要简单,尽可能降低成本,节约费用。

第四节　吊具设计中的牛顿定律

起重吊装是一个通过起重机和被吊物体之间力的作用与反作用,使被吊物体的位置发生位移的操作,吊装过程是一个力的发生、作用、持续和结束的过程。吊具的作用就是保证力能够按照预期的时间、位置、大小和方向传递给被吊物体,让两者安全地作用与反作用。因此,吊具设计时要对吊运过程中力的基本规律有一个非常清楚地认识。

吊具设计时需要用到的力学原理,首先是牛顿定律,对牛顿定律的深刻认识和透彻理解是设计吊具的基础。在实际生产过程中,很多吊装事故的发生,都是因为吊具设计者对牛顿定律认识不到位。

一、牛顿第一定律

（一）牛顿第一定律的描述

牛顿第一运动定律，简称牛顿第一定律，也称为惯性定律或惰性定律。牛顿在《自然哲学的数学原理》上发表的原始表述是：所有物体，除非有外力施加在它们身上，迫使它们的状态发生改变，否则将一直处于静止或匀速直线运动状态。

牛顿第一定律用数学公式表示为 $\sum F_i = 0$ 或者 $\frac{\mathrm{d}v}{\mathrm{d}t} = 0$。其中：$\sum F_i$ 为合力，v 为速度，t 为时间。

牛顿第一定律更简洁的表达方式为：物体受合外力为零时，保持原运动状态不变。合外力为零，包括两种情况：一种是被吊物体受到的所有外力相互抵消，合外力为零；另一种是被吊物体不受外力的作用。也就是说力是改变被吊物体运动状态的原因，不是维持运动的原因。

（二）结合吊具设计理解牛顿第一定律

1. 吊具设计中，要正确理解和认识牛顿第一定律。

被吊物体（以集装箱为例）放置在地面，集装箱受到了两个力，第一个是受到地球对它的吸引力，向下；第二个是受到地面的推力，向上。两个力大小相等，方向相反，作用在一条直线上，所以集装箱在原地不动，或者说，集装箱受到的合外力为零。

起重机吊起集装箱的时候，起重机给集装箱一个力，起重机给集装箱的力大于地球对它的吸引力，作用在集装箱上的合外力不为零，这就破坏了原来的平衡，导致集装箱向上运动，外力迫使它改变运动状态，由静止开始向上运动；当集装箱升到一定高度的时候，停下来，起重机给集装箱的拉力和地球对它的吸引力的合外力为零，所以集装箱保持在空中不动。

2. 被吊物体向上运动、水平运动和任意方向的旋转运动，都是因为受到力的作用，是因为力的变化导致了被吊物体的运动的改变，因此想要改变被吊物体运动状态，必须改变被吊物体受到的力。

（三）吊具设计中的注意事项

1. 吊具设计师对牛顿第一定律要有深刻的认识。被吊物体开始运动是因为被吊物体受到的合外力不为零，吊运被吊物体时，起重机的拉力大于被吊物体的重力，被吊物体开始加速运动。但力是矢量，有大小，有方向，有作用点（这是牛顿第三定律），一个被吊物体受到力的作用后是否运动，除了考虑力的大小，还要考虑力的方向和作用点。

2. 牛顿定律的适用范围是在惯性系中。严格地说，地球表面的被吊物体的运动，是在随着地球做圆周运动，固定在地球表面的坐标系也是在转动的，但是相对被吊物体的运动速度，地球表面的转动速度是极其缓慢的，所以对吊装过程而言，可以认为地球表面是处于静止状态，可以按照牛顿第一定律来分析和解决吊装问题，吊具设计完全可以满足吊装运用的需要。

3. 在吊具结构中，吊具结构内部的运动分析也同样适用于牛顿第一定律，吊具结构中的零部件是否发生运动，要看受力是否有变化，如果受力不能平衡，就会发生相对运动。

二、牛顿第二定律

(一)牛顿第二定律的描述

牛顿在《自然哲学的数学原理》上发表的原始表述是:物体运动的变化幅度与其所受外力成正比,变化的方向与外力作用方向一致。动量为 $\boldsymbol{p}$ 的质点,在外力 $\boldsymbol{F}$ 的作用下,其动量随时间 t 的变化率同该质点所受的外力成正比,并与外力的方向相同,用公式表达为:$\boldsymbol{F}=\frac{\mathrm{d}\boldsymbol{p}}{\mathrm{d}t}$。

牛顿第二定律还可以表述为:物体加速度的大小跟它受到的作用力成正比,跟物体的质量成反比,加速度的方向跟作用力的方向相同。即 $F=kma$,其中 k 为比例系数,m 为物体质量,a 为加速度。

从牛顿第二定律可知,在相同的力的作用下,质量越大的质点获得的加速度越小,或者说质点的质量越大保持惯性的能力越强,由此可知,质量是被吊物体惯性的度量。

(二)结合吊具设计理解牛顿第二定律

1. 因果性。力是运动产生的原因,力是加速度产生的原因,没有力的作用,被吊物体不会产生新的运动,这一点上牛顿第二定律延续了牛顿第一定律的思想;吊装过程中,被吊物体的运动就是力持续作用的结果,被吊物体开始向上运动,就是吊具传递给被吊物体的力大于重力的结果。

2. 矢量性。力和加速度都是矢量,即有方向的物理量,被吊物体加速度的方向由被吊物体所受合外力的方向决定。在吊装被吊物体的过程中,被吊物体的运动方向是力作用的方向;这个力是起重机作用的力、风吹动的力的合力。

牛顿第二定律数学表达式 $\boldsymbol{F}=\frac{\mathrm{d}\boldsymbol{p}}{\mathrm{d}t}$ 中,在等号的两边,不仅表示左右两边数值相等,也代表着方向一致,即被吊物体加速度方向与所受合外力方向相同。因此在吊装的时候,一定要注意风力的方向,防止在风力作用下,被吊物体的运动被动地发生改变。

3. 瞬时性。在一个参考系当中,当质量一定的被吊物体所受外力发生变化时,作为由力决定的加速度的大小和方向也要同时发生改变,即时间的一致性。同理,当外力之和为零时,加速度同时为零,同样表现出时间的一致性,加速度与外力之和保持一一对应关系。吊装时,起吊的一瞬间,要十分注意力的瞬时性,如果起吊的加速度过大,就会导致失控,从而酿成事故;同样在结束吊装的一瞬间,也要十分注意。

牛顿第二定律这个瞬时对应的现象,表明了力的瞬间效应。

4. 相对性。一般在观察运动的时候,人们习惯于把地球当参照物,在研究被吊物体的运动的时候,研究者都会建立一个坐标系,在这种坐标系中,当被吊物体不受力时将保持匀速直线运动或静止状态,这样的坐标系叫惯性参照系,这也是牛顿第一定律所阐释的部分内容。

地球表面和相对于地面静止或作匀速直线运动的被吊物体可以看作是惯性参照系,在被吊物体的运动速度处于低速条件的时候才成立,牛顿定律只在惯性参照系中才成立;

在设计吊具的时候，要判断将来调装运行的速度，一般情况下，都是低速运行的运动，可以按照惯性参考系来处理。

5. 独立性。各个分力作用在被吊物体上，都会各自产生一个独立的加速度，各个分力产生的加速度的矢量之和等于合外力所产生的加速度；在吊具设计的时候，要考虑各被吊物体对吊具的作用力，要考虑吊钩对吊具的作用力，要考虑风力，要考虑被吊物体和吊具的惯性力，各个方向的作用力要充分考虑，可以分别计算，然后汇总。

6. 同一性。加速度和作用力与所作用被吊物体的某一状态成对应关系，即同时建立，同时经历一个过程，同时结束；吊装过程中，被吊物体对吊具的作用力和吊具对被吊物体的作用力，就是同时建立、同时消失的。

（三）吊具设计中的注意事项

在吊具设计中，要深刻理解力和合力，合力的方向与加速度的方向，力和加速度的同一性，这对于设计好吊具具有重要意义。

1. 被吊物体移动的加速度的大小和作用在被吊物体上的力的大小成正比，按照牛顿第二定律，在使用起重机向上吊取被吊物体的时候，对于较重的被吊物体，受到的外力有两个：一个是地面对被吊物体向上的支撑力，另一个是起重机对被吊物体向上的拉力，在平衡状态时支撑力与拉力的合力等于被吊物体的重力；但在加速或减速状态下，合力会大于或小于重力。在起吊过程中，支撑力逐渐减小，拉力逐渐变大，在支撑力向拉力转换的过程中，要加以管理，防止因为惯性导致事故发生，尤其是使用船吊的时候，更要注意，这是学习牛顿第二定律的重要意义。

2. 被吊物体水平移动的加速度同样和作用在被吊物体上的水平力相关，被吊物体受到的水平力有起重机给被吊物体的力，有风给被吊物体的力，如果起吊高度不够，还有底面的摩擦力，支撑面给予的结构水平力。在编制操作工艺文件和实际操作过程中，不可以忽视后面几个力的作用，许多吊装事故的发生就是因为忽略了后面几个力的作用。

3. 即使被吊物体是完全吊在空中，横向移动的时候，被吊物体也有一个速度从 0 加速到 v 的过程。在这个加速的过程中，是起重机不断提供拉力，让被吊物体在空中水平移动，在移动结束后，还要提供反向拉力，让被吊物体停下来，速度从 v 减小到 0，整个过程中都是在力的作用下完成的。

三、牛顿第三定律

（一）牛顿第三定律的描述

牛顿在《自然哲学的数学原理》上发表的原始表述是：每一个作用总是有一个相等的反作用与它相对抗，或者说，两物体彼此之间的相互作用永远相等，并且各自指向对方。

牛顿第三定律还可以表述为：两个物体之间的作用力和反作用力总是大小相等，方向相反，作用在同一条直线上，即 $\boldsymbol{F}_1=-\boldsymbol{F}_2$。

牛顿第三运动定律和第一、第二定律共同组成了牛顿运动定律，三个定律共同阐述了经典力学中基本的运动规律。

在经典力学中，牛顿第三运动定律只适用于惯性系中实物之间的相互作用，适用于宏观物体作低速运动，如果接近光速，就不再适用；吊装过程中的被吊物体运动都属于低速运动，因此可以适用。

（二）结合吊具设计理解牛顿第三定律

1. 在具体的工作实践当中，需要正确地理解牛顿第三定律：

（1）相互作用的两个力，一定是相同性质的力，吊钩对被吊物体的力和被吊物体对吊钩的力，性质是相同的，是机械作用力。

（2）两个力的作用是相互的，同时出现，同时消失。

（3）作用力和反作用力是作用在两个被吊物体上，产生的作用不能相互抵消。

（4）作用力也可以称为反作用力，是相对的关系，只是参考系不同。

（5）作用力和反作用力，因为作用点不在同一个被吊物体上，所以不能求和。

2. 作用力和反作用力跟平衡力的区别：

（1）作用力和反作用力是相互作用力，总是大小相同，方向相反，作用在一条直线上，两个力的性质是相同的。

（2）平衡力是作用在同一被吊物体上的两个力，大小相等方向相反，并且作用在一条直线上，两个力的性质可以是不同的，平衡力的条件是在共点力的作用下，被吊物体所受的合力为0。

（3）相互平衡的两个力，可以单独存在，但相互作用力同时产生，同时消失。

（4）相互作用力涉及两个被吊物体，而两个平衡力要涉及三个被吊物体（两个施力被吊物体和一个受力被吊物体）。

（5）相互作用力分别作用在两个被吊物体上；平衡力作用在一个被吊物体上。

（6）相互作用力具有各自的作用效果，平衡力具有共同的作用效果。

（三）吊具设计中的注意事项

1. 对于起重机向上吊取被吊物体而言，起重机给被吊物体的力作用在被吊物体上，被吊物体对起重机的反作用力作用在吊钩上，两个力大小相等，方向相反，作用在一条直线上。

作用在一条直线上在吊运过程中的表现是：被吊物体的重心会自动找到相互作用的直线。因此，设计吊具的时候，要将被吊物体的重心安排在起重机作用力的直线上，如果没有安排在这条直线上，被吊物体的重心会自动地寻找这条直线。被吊物体自动寻找这条直线，会产生意外的横向运动，严重的会引发事故。

2. 起重机对被吊物体的作用力和被吊物体对起重机的反作用力同时建立，吊运过程结束后，同时消失。

3. 起重机吊起被吊物体，起重机吊钩对被吊物体的作用力是逐渐加到被吊物体上的；被吊物体对吊钩的作用力也是同时产生，相互之间的作用力是相等的；当吊钩对被吊物体的力大于被吊物体的重力的时候，被吊物体开始向上运动，向上运动的加速度取决于吊钩对被吊物体的力的大小，当吊钩的作用力大于被吊物体重力很多的时候，被吊物体就会快速地向上运动，加速运动时，遵循牛顿第二定律，但是这个时候吊钩受到的力和作用在被吊物体上的力，仍然是相等的，仍然遵循牛顿第三定律，吊钩上受到的力大于了被吊物体的重力，这多出来的力是哪里来的呢？来自被吊物体加速运动产生的惯性力，惯性力和重力之和等于吊钩上受到的拉力。

第五节　吊具设计中的安全系数

设计吊具时要给吊具零部件强度一个足够的裕度，以满足吊装过程中的安全性。这个裕度，就是吊具设计的安全系数。

一、设置安全系数的必要性

1. 数据不准。提供给吊具设计师的被吊物体通常是不准确的，有的是因为难以称量，有的是因为批量产品数据是离散的。

2. 惯性力。吊装过程中，随着被吊物体速度的变化，其运动的加速度也在变化，产生额外的惯性力，而且惯性力还是变化的。

3. 风力。露天作业会有风力，作用在被吊物体上，成为被吊物体额外重量的一部分。

4. 剐蹭与连接。吊装被吊物体的时候，可能会与周围的物体发生剐蹭，会产生额外的作用力；可能与相邻的被吊物体发生连接，增加被吊物体的重量。

5. 缺陷。制造吊具的材料和零部件，可能存在着某种缺陷。

6. 认识的盲区。人类对自然界的认识是有局限性的，并不是完全认识清楚了。对一个被吊物体和吊运过程的认识，可能会存在盲区，有的是公共因素，有的是个人因素。

二、安全系数的取值

根据工况不同，安全系数的取值也不相同。

1. 室内吊装，被吊物体质量准确。被吊物体质量在 500 kg 以下，由机器操作自动吊装，自动重复，每次重复速度一致，安全系数可以选 2～2.5；被吊物体质量为 500～5 000 kg，安全系数可以选 2.5～3.5；被吊物体质量为 5 000～50 000 kg，安全系数可以选 3.5～6；被吊物体质量大于 50 000 kg，安全系数选 6，见表 1-2。

表 1-2　室内安全系数取值范围

质量 m(kg)	$m<500$	$500<m<5\ 000$	$5\ 000<m<50\ 000$	$m>50\ 000$
安全系数	2～2.5	2.5～3.5	3.5～6	6

2. 室外吊装，被吊物体质量准确，安全系数取值范围见表 1-3。

表 1-3　室外安全系数取值范围

质量 m(kg)	$m<500$	$500<m<5\ 000$	$5\ 000<m<50\ 000$	$m>50\ 000$
安全系数	2.5	2.5～4	4～6	6

3. 室外吊装，被吊物体质量相对准确，安全系数取值范围见表 1-4。

表 1-4　室外安全系数取值范围

质量 m(kg)	$m<500$	$500<m<5\ 000$	$5\ 000<m<50\ 000$	$50\ 000<m<400\ 000$
安全系数	3	3～5	5～8	8

三、影响安全系数选择的因素

以下因素影响安全系数的选择。

1. 设计师的经验和设计水平。
2. 吊具的制造水平。
3. 制造吊具原材料的性能和质量。
4. 吊具制造工厂的质量保证体系。
5. 吊具使用的环境情况。
6. 吊具的使用频率。

安全系数高，安全就有保障，但是吊具的成本就高；在保障安全吊装的前提下，选择一个合适的安全系数，一方面能保证安全，另一方面能控制成本，平衡好两方面的关系，即：以安全为首要准则，以经济指标为参考，选择好安全系数，实现吊装安全，成本最低。

第六节　吊运过程中被吊物体的振动

被吊物体的运动方向取决于起重机的牵引方向，向上牵引，被吊物体就向上运动，向左牵引，被吊物体就向左运动。

实践中，被吊物体还有一个运动：振动。振动会在不经意间出现，干扰吊装过程，有时会造成消极的影响，严重时会酿成事故，振动的表现有三种形式。

一、被吊物体发生上下往复的振动

(一)现象描述

被吊物体振动周期与质量和钢丝绳的弹性系数相关。被吊物体做上下往复振动如图 1-1 所示，多数情况下不是很明显，但是当起重机很高(港口的岸吊，船上的船吊)，起重机的钢丝绳和吊具的钢丝绳长度加在一起较长，尤其是超过 50 m 时，钢丝绳的纵向弹性就表现得比较明显，操作不当会引发被吊物体的上下振动。如果振动的振幅较大，就会引起较大的危害，甚至会拉断钢丝绳，导致事故的发生。假定被吊物体的质量为 m，钢丝绳的弹性系数为 k，则被吊物体上下振动的频率 $f=\frac{1}{2\pi}\sqrt{\frac{k}{m}}$，振动周期 $T=2\pi\sqrt{\frac{m}{k}}$。

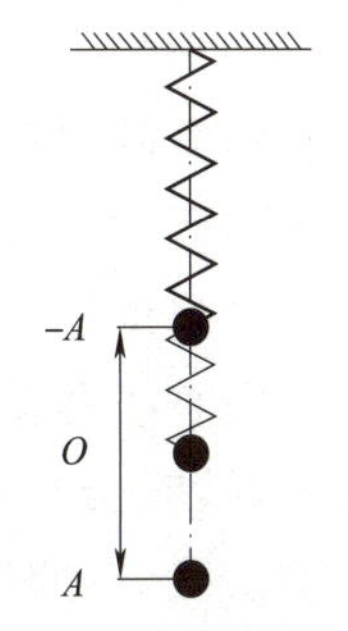

图 1-1　被吊物体的上下往复振动示意

（二）解决办法

1. 避免上下振动的办法：

(1)了解吊具上下振动的频率。

(2)起重机司机操作起重机提升的时候，尽量避免间歇提升的频率接近吊具上下振动的固有频率。

(3)如果不知道吊具的上下振动的固有频率，要慢慢匀速提升，降落的时候同样要匀速下降，避免间歇运动的操作。

2. 解决上下振动办法：

万一被吊物体发生了上下振动，振幅比较明显，这个时候需要停下吊钩的上升动作，地面指挥人员和起重机司机要密切配合，在被吊物体向上振动到顶点的时候，稍稍向上提钩；当被吊物体运动到最低点的时候，稍稍松一点钢丝绳，就可以消除被吊物体和起重机的耦合振动。

二、被吊物体和绳索摆动

（一）现象描述

摆动是经常发生的运动现象，如图 1-2 所示，开始水平移动时启动加速度较大，停止水平移动时停止加速度较大，都会引发比较明显的摆动现象。起重机吊着被吊物体水平运动的时候，被吊物体具有水平运动的动能，当起重机移动停止的时候，被吊物体的运动并没有停止，被吊物体的动能还在，这个时候被吊物体就以钢丝绳的顶点为原点做单摆运动。假定被吊物体的质量为 m，钢丝绳的长度为 L，则被吊物体摆动的周期 $T=2\pi\sqrt{\frac{L}{g}}$。由此可见，摆动周期跟当地重力加速度和钢丝绳的长度相关，与被吊物体的质量无关。

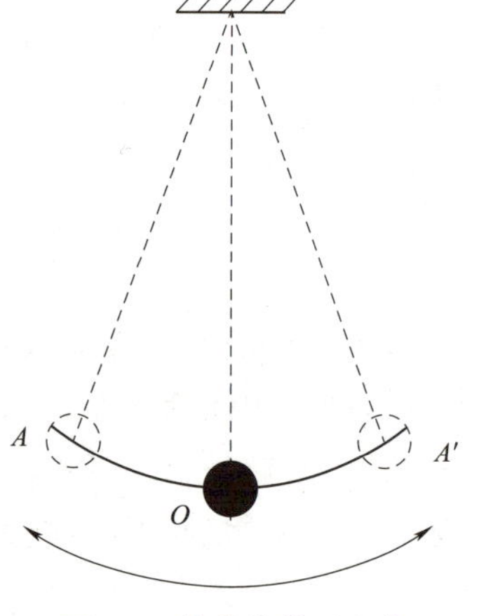

图 1-2　被吊物体以定点前后一个方向的摆动示意

例如：钢丝绳 $L=40$ m，$g=9.8$ m/s^2，则 $T=12.68$ s，从平衡点振动到最远点需要约 3 s。

（二）解决办法

有经验的起重机司机，都会在摆动到最高点的时候跟车，并稍加提升，这就完全消除了被吊物体的摆动。

如果起重机是船吊，船浮在水面上，其平衡是靠船内的压舱水，当起重机吊着被吊物体向船中心线移动时，船体和被吊物体的重心发生变化，移动过快或者平衡水速度较慢，匹配不好，就会产生摆动。许多船除了压舱水的自动平衡系统外，还有反向的机械装置自动平衡系统，有的船舶还有同向地面支撑系统，可以在吊运较重的被吊物体的时候，向地面进行支撑，以有效地防止船舶同被吊物体一起振动。

三、被吊物体围绕绳索的顶点做圆锥摆运动

(一)现象描述

被吊物体做圆锥摆运动如图 1-3 所示，圆锥摆运动发生概率不高。船吊吊装被吊物体时，如果船体载货能力不大，但配置了相对吊装能力大的船吊，当吊运货物较重的时候，如果操作不当，就会出现摆动现象。

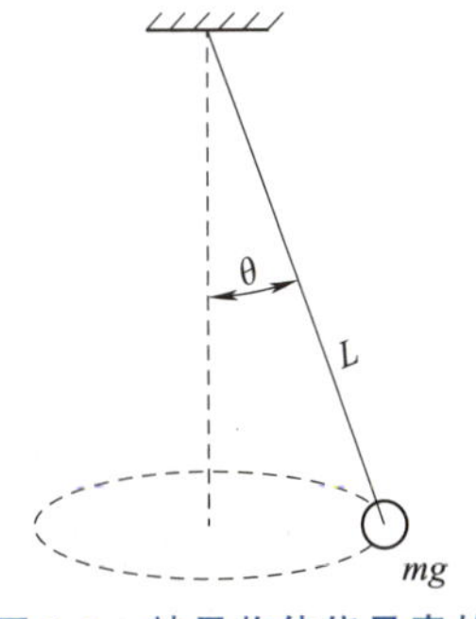

图 1-3　被吊物体绕吊索的定点做圆锥摆运动示意

假定被吊物体的质量为 m，钢丝绳的长度为 L，绳与垂线夹角 θ，被吊物体发生圆锥摆运动的周期 $T=2\pi\sqrt{\frac{L\cos\theta}{g}}$。

(二)解决办法

1. 做好预案。

2. 选择合适的工况进行吊装，比如风大不吊，浪大不吊，完全空仓不吊等。

3. 操作要慢，降低移动速度。

4. 要匀速转动吊臂避免间歇性操作。

5. 单向运动，避免复合运动。

6. 船吊开始加载后和起重机吊臂向舱内转动时，控制好船的平衡，控制好压舱水调节与船吊运动同步。

7. 海里浪和涌比较大的时候，不要作业。

四、吊具和被吊物体的稳定性

吊装实践中，如果吊具强度足够，刚度足够，操作时小心翼翼，但仍然发生事故，主要是因为稳定性出现问题。

关于稳定性会在后续章节详细讨论。

第七节　吊装与事故

很多吊装事故伤亡惨重，让人心痛；有的损失巨大，让人扼腕叹息。事故是否可以避免呢？

一、吊运事故出现的原因

对吊运过程认识不清，尤其是对关键环节认识不清，没有采取有利措施进行控制，是导致事故发生的根本原因，而造成这种现象的原因是多种多样的。

1. 认知的局限性。当被吊物体是新物体(如磁悬浮列车)时，由于缺少经验，对吊运过程中可能出现的状况无法完全预判。

2. 从业人员的疏忽。由于从业人员疏忽大意，在制定技术方案时忽略了曾经出现过

的风险点，导致事故发生，这类事故是可以避免的。

3. 参与人员不遵守规章制度。

4. 部分参与人员缺少培训，强行上岗。

二、吊运过程的矛盾性

吊运过程中，吊车是施加力的一方，力通过吊具作用在被吊物体上；同样，被吊物体通过吊具施加一个力到吊车的吊钩，吊钩作用到吊具上的力 F_1 与被吊物体作用在吊具上的力 F_2，大小相等，方向相反，作用在一条直线上，完全符合牛顿第三定律。

在这里两个相互作用的力表现出一个矛盾的特征，F_1 是主动作用力，表现出矛盾的主要方面，F_2 是被动地加在吊具上，是被动力，表现出矛盾的次要方面。在这一对矛盾当中，F_1 是表现积极的方面，F_2 是表现消极的方面，当积极的方面克服消极的那一方面的时候，吊运过程就发生了。吊具是 F_1 与 F_2 中间的传递工具，如果能够完好地传递，那吊运过程就是安全的。

要想顺利地进行吊运，就要使矛盾的主要方面 F_1 处于绝对优势的地位，达到这个目的，就要选用起吊力相对被吊物体的重力大得多的吊车；通常要至少大于被吊物体重力的10%。从方便和安全的角度看，吊车起重力越大越好，从经济的角度看，超过10%足够。当然，吊运时使用什么吊车，还要考虑拥有资源的情况、驾驶人员的经验等多方面的因素。需要注意的是：

1. 起重机的起吊力，随着起重臂的倾角变化，也是一个变化的值，选用的起重机要能够在任何倾角条件下满足吊装要求。

2. 随着倾角的变化，物体产生运动，会有惯性力产生，停止运动时也会有惯性力产生，选用的起重机要能够克服惯性力的作用，并且有足够的灵敏度。

3. 在两台以上的起重机联合作业时，要考虑起重机之间重力分配不均的现象。

因此，需要吊具设计和吊装工艺设计者对起重机的起重能力有全面的认识。

三、从质量管理角度看吊装事故

在质量管理中，将稳定状态时所具有的保证产品质量的能力称为工序能力。工序能力受工序中的操作人员、机器设备、原材料、工艺方法、工作地环境等因素综合影响和制约。表现在产品质量是否稳定、产品质量精度是否足够两个方面。

衡量工序能力的一个重要指标是工序能力指数 C_p。当工序能力指数 $C_p<1$ 时，认为工序能力不足，应采取措施提高工序能力；当工序能力指数 $C_p=1$ 时，可能出现的不良率为0.27%，工序能力基本满足设计质量要求；当工序能力指数 $C_p=1.33$ 时，这时工序能力不仅能满足设计质量要求，而且有一定的富裕能力，这种能力状态是理想的状态；当工序能力指数 $C_p=1.67$，这时工序能力有更多的富裕，也即是说工序能力非常充分。

对于一般的生产工序，$C_p=1$ 是可以接受的，对吊装工序而言，尤其是重大件的吊装工序，$C_p=1$ 就是不能接受的，必须保证工序能力指数大于等于1.33。当 $C_p<1.33$ 时，称

这道吊装工序的工序能力不足，一般的解决措施有两个：培训或换人。通常情况下，现场临时培训会耽误工期进度，必须换人。

四、预判风险

吊装是为了完成物体的位移，追求的效果是安全可靠。在没有十足的把握下冒险进行吊装作业，违背了“安全可靠”这一基本原则，在日常吊装工作中要尽量避免。但是在特殊情况下，可以进行适当的冒险。例如，第一次吊装某种新物体，由于对这种新物体的认知范围有限，总是存在不可预想的风险，这时候进行吊装作业，就是要承担一定的风险。但在吊装前，要进行彻底地研究、试验、计算和设计，发挥集体的智慧，请专家论证，集体决策，把目前能想到的事情想清楚，研究好解决办法和应对措施。

第八节　常用的起重机

设计师要设计吊具就要了解起重机、认识起重机，包括起重机的结构、性能、运动方式，了解起重机的动作特点，了解司机操作起重机的习惯，对设计好吊具有重要意义。常用起重机性能见表 1-5。

表 1-5　常用起重机性能简表

序号	名　　称	使用地点	提供的运动特性	模　　式
1	桥式起重机	工厂车间	(1)能提供准确的 x、y、x 三个方向的单方向运动 (2)只能在车间里使用	直角坐标模式
2	龙门起重机	露天货场	(1)能提供准确的 x、y、z 三个方向的单方向运动 (2)只能在露天货场里使用	直角坐标模式
3	岸边集装箱起重机	港口岸边	(1)能提供准确的 x、y、z 三个方向的单方向运动 (2)只能在集装箱码头和货场里使用	直角坐标模式
4	门座式起重机	港口岸边	(1)能够提供准确的向上的 z 向运动 (2)能够提供准确的圆周运动 (3)不能提供准确的 x、y 两个方向的直线运动	极坐标模式
5	船用起重机	船上	(1)能够提供准确的向上的 z 向运动 (2)能够提供准确的圆周运动 (3)不能提供准确的 x、y 两个方向的直线运动	极坐标模式
6	汽车起重机	需要的地点	(1)能够提供准确的向上的 z 向运动 (2)能够提供准确的圆周运动 (3)不能提供准确的 x、y 两个方向的直线运动	极坐标模式
7	履带起重机	建筑工地	(1)能够提供准确的向上的 z 向运动 (2)能够提供准确的圆周运动 (3)不能提供准确的 x、y 两个方向的直线运动	极坐标模式

一、桥式起重机

桥式起重机的主要性能和特点如下：

1. 桥式起重机在其工作范围内都能够提供额定的升力，不随重物位置的变化而变化，如图 1-4 所示的起重机，标称额定起重能力为 50 t，就是在这一跨的整个厂房内任意一点，都能吊起 50 t 的物体。

2. 桥式起重机有变频控制和普通继电器控制两种，变频控制可以平滑地实现速度的变化，普通继电器控制方法不容易实现平滑运动。

3. 桥式起重机可以提供准确的 x、y、z 三个方向的运动，即：能走三个坐标方向的直线。

4. 桥式起重机一般在室内工作，有的是遥控操作。

5. 设计吊具时，要了解桥式起重机是否为变频控制。

6. 设计吊具时，要注意最大起升高度，注意长度方向不能走到车间的尽头，各起重机运行到终点的距离不同，要了解准确的位置。

图 1-4　桥式起重机

二、龙门起重机

龙门起重机主要性能和特点如下：

1. 龙门起重机，如图 1-5 所示，在其工作范围内，都能够提供额定的升力，不随重物位置的变化而变化。例如，图 1-5 中的起重机，标称额定起重能力为 50 t，就是在这一跨的整个区域内任意一点，都能吊起 50 t 的物体。

2. 龙门起重机电动机的转速控制有变频控制和普通减速器、继电器控制两种，变频控制可以平滑地实现速度的变化，普通减速器、继电器控制的方法不容易实现平滑运动。

3. 龙门起重机可以提供准确的 x、y、z 三个方向的运动，即：能走三个坐标方向的直线。

4. 龙门起重机一般在室外工作，大型船台的龙门起重机高达百米，设计吊具时应充分

图 1-5　龙门起重机

考虑可利用的高度空间。

5. 设计吊具时,要注意最大起升高度,注意长度方向不能行走到轨道的尽头,各起重机运行到终点的距离不同,要了解准确的位置。

三、岸边集装箱起重机

岸边集装箱起重机简称桥吊,是专用的起重机,专门用来吊装集装箱,如图 1-6 所示。一般集装箱码头会有多台桥吊,对一条船可以安排多台桥吊同时作业。

图 1-6　岸边集装箱起重机

有的货物通过集装箱船运输,但货物不能装进集装箱里,即采用 BBK(break bulk)的方式运输,此时桥吊提供给集装箱的界面是吊架,提供给普通货物的是吊架和吊架四角的吊耳,如图 1-7 所示。

主要性能和特点如下:

1. 桥吊在其工作范围内都能够提供额定的升力,不随重物物体位置的变化而变化。

图 1-7　岸边集装箱起重机吊架

例如，图 1-6 中的桥吊，标称额定起重能力是 61 t，就是在这一跨的整个区域内任意一点，都能吊起 61 t 的物体。

2. 桥吊在室外工作，大型的桥吊起吊高度近六十米，设计吊具的时候，一般有足够的高度空间可以利用。

3. 桥吊可以提供准确的 x、y、z 三个方向的运动，即：能走三个坐标方向的直线。

4. 桥吊如果连接吊具，提供的界面不是一个吊钩，而是吊架四角的四个吊耳，孔的直径大约是 25 mm，吊耳的位置尺寸，各个起重机不尽相同，设计时要具体测量。

5. 吊架上面是四个滑轮，给连接装置提供升力，可以简化为四角的四个平行升力，这时有两种情况：

(1)如果被吊物体的重心在四个吊点的中心，这样吊绳挂在四个吊耳上没有问题，被吊物体会平稳地吊起来。

(2)如果四个吊点的位置不能移动，重心又偏离很多，物体被吊起来的瞬间可能会快速向一侧移动，装船的时候问题不大，因为地面空间很大；卸船的时候需要注意，在偏离方向要加一个厚厚的垫子，要慢慢起吊，让被吊物体慢慢滑过去，或者把这一侧的集装箱先吊下来，留出足够的空间，让物体摆动。

如果重心偏移很多，可以通过调整吊点的方式进行解决，这可能需要在被吊物体的下面做吊架，来改变吊点相对于重心的位置；也可以用吊绳把桥吊吊架的四点汇成一点，通过一点向被吊物体提供单点的升力，这样也可以解决重心偏移较多的问题。

四点吊装比较复杂，要针对具体问题具体研究。

四、门座式起重机

门座式起重机简称门机，是港口常用的起重机，如图 1-8 所示。

主要性能和特点如下：

1. 门座式起重机下边安装有轨道，可以顺着岸边行走。

图 1-8　门座式起重机

2. 门座式起重机可以在工作幅度范围内实现最大起重能力，即：它的起重能力不随货物位置的变化而变化。

3. 可以在原地实现 360°回转。

4. 起重机的能源供给来自电力，起重机的动作均由电力驱动，使用地面电源，电源性能稳定，各个机构由电动机分别驱动。

5. 回转半径可以变化，通过变幅机构实现。

6. 可以安装吊钩，也可以安装抓斗。

7. 大多数港口有 20 t 和 40 t 起重能力的起重机，部分港口有 60 t 和 100 t 起重能力的起重机。

8. 起重高度高，速度快，效率高。

9. 型号 MQ40-30 的含义：门座式起重机，起重能力 40 t，最远伸出 30 m。

10. 起重机在室外露天工作，通常由码头工作人员操作。

五、船用起重机

现代的杂货船上，大部分配备有船用起重机，俗称船吊。起重能力有几十吨至几百吨不止，一个船上可能有多台起重机，各台起重机的起吊吨位也可能各不相同。

主要性能和特点如下：

1. 驱动装置。卷扬机、转动和吊臂的升降大多是由液压马达驱动，也有用调频电机驱动，调速性能良好，能够很好地满足现代船上的吊装需求，还有的船吊是用机械传动或普通电力传动。

2. 船吊能力。船吊提供的也是力矩，随着力臂的增加，船吊的起重能力会逐渐衰减，所有的船吊都会在显著位置标明自己的能力和范围，例如：“SWL 90T 7-27 m”“SWL 60T 4.5-37 m”。如果被吊物体很重，要掌握这两个数据，以便进行精确的计算，如果被吊物体重量还不及船吊能力的三分之一，那就不用担心这个数据了。

3. 船吊数量。船吊数量是根据船舱的数量决定的，一般情况下，船吊数量应能保证船吊能够完成舱内货物的装载和卸货工作，吊钩应该能够覆盖全部舱面。

4. 船吊的位置。船吊位置有两种，一种是在船的纵向中间线上，如图 1-9 和图 1-10 所示，另一种是在船的左舷或者右舷，左舷居多，如图 1-11 和图 1-12 所示。从装卸方便的角度看，船吊在船舷一侧较好，可以向陆地伸出比较长的距离，吊车司机的视野也较好，便于观察。

图 1-9　船吊在船的纵向中间线上(一)

图 1-10　船吊在船的纵向中间线上(二)

图 1-11　船吊在一侧船舷(一)

图 1-12　船吊在一侧船舷(二)

5. 船吊与船体是一体。船吊是安装在船体上，船吊的基座是焊接在船体上的不可分割的一部分，所以，船体的各种运动都会反映到船吊上来，例如：船体左右摇动就会带动船吊左右摇动；船体的左右移动就会带动船吊的左右移动。

6. 船体的倾斜问题。船吊在船上，如果吊较重的物体，船会向岸边一侧倾斜，倾斜严重会导致事故，船上都会严格管理船体倾斜问题，应对这种状况，有两种方法。一种是船内装有自动启动平衡水泵，向船对侧水箱打水，以平衡吊取物体形成的力矩，所以，吊取较重物体时(50 t 以上)，吊车应当缓慢加载，给平衡水泵以足够的时间打水，平衡增加的力矩；每条船抗倾斜的能力不同，需要的时间也不一样，根据船的具体情况制定吊装吊车操作工艺过程。另一种是靠船上工作人员监视船的平衡情况，然后人工控制水泵向对侧水箱打水，以平衡突然吊取物体产生的力矩，控制船体的左右平衡，这需要监控人员提高注意力，和船吊操吊人员保持沟通，相互配合。

因此，船吊吊取重物时，应当缓慢加载，例如 1 s 增加 1 t 的载荷，50 t 的货物通过 50～60 s 的时间完成加载，只有这样，才不至于引发严重的事故。因此，船吊吊较重的重物时，要了解船吊能否慢慢地加载。有的船上有吊取吨位显示，操控船吊时应当看着吨位数字一吨一吨地增加，而不要跳跃式的增加；要了解船吊稳定输出最慢的提升速度是多少，拿到数据，才能更好地掌握装船的进度和可靠性。

为了应对船体的左右倾斜，除了缓慢加载和打平衡水两项措施外，部分重吊船大多还有两项措施：一是在地面侧伸出一个支杆（长为 L），支杆地下有一个支座，以抗衡船体向岸边一侧的倾斜，当船体向岸边倾斜时，支杆和支座会发生作用，额外提供抗倾覆的力矩，或者理解为船体倾斜的支点向码头方向移动了（$0.5W+L$）m，W 为伸出杆处船的宽度；二是在船体的另一侧增加一个反向负荷，调整负荷到船体中心的距离，形成一个反向力矩，以抗衡船吊吊取重物时产生的力矩，如图 1-13 所示。

图 1-13　船的反向负荷

7. 有的船是两个吊车在一个支座上，每个吊车可单独使用，分别面对不同的船舱，吊取较重物体时，可以并吊使用，由一个吊车的驾驶室控制，两个吊车同步，作为一个吊车使用。

8. 有的船吊既能够在驾驶室操控，也能在船甲板上实施线控，安装一个操作按钮盒，近距离地看着被吊物体，在甲板上操控吊车，这项功能，只有在特殊情况下才会使用。

9. 如果物体很重，要了解两个吊车的距离，以便测算两个吊车同步吊装的运动范围，确保吊运的可行性和安全性。

10. 吊具绳套尺寸：大吨位船吊的吊钩尺寸都很大，吊具的绳自端部要留出足够的扣眼，以便方便地挂到钩子上，钢丝绳插接的时候，要注意尺寸，定制吊带的时候，更要注意这个问题。

11. 船吊吊取重物时，大多数船吊吊不到船吊立柱下面的物体，尤其是船吊在船的左舷并位于船舱的中部的时候。

对于长大通舱的船来说(例如宽 16.5 m,长 110 m 的船舱),在左舷的船吊往往无法吊取自己下方的货物,这里是吊车结构运动的死角,做装船方案时,要注意到这一点,需专门向船方了解清楚,防止作业时遇到,打乱装船进程。

12. 对于体积较大,重量较重的物体,例如双层铁路客车,晚上一般不进行吊装作业,尤其是后半夜,有时候为了赶进度,前半夜可以作业,但是不能超过午夜。

13. 船吊吊取较重物体时,也可以开动另外一个船吊,把吊臂基本放平,和正式吊取重物的船吊同时做反向动作,以平衡吊取重物时产生的较大的倾覆力矩。

14. 船吊在遇到 5 级以上大风的时候,要注意操作,如果吊取较重物体,或者被吊物体的面积较大时,要注意观察,操作困难时,要停止作业,以防止事故的发生。

15. 吊取体积较大的物体的时候,事先要计算两个吊车之间能否通过,计算两个舱盖板之间的有效空间,判断物体不能通过的时候,要预先转动一个角度,以适应两个吊车之间的距离。操作过程中,司机、作业指导员、船上大副等要注意观察。

16. 吊车升起的高度会有一定的限制,新船吊车吊钩能够抵达的高度都很高,完全能够满足要求,但是,稍旧一点的船,船吊的起升高度不高,如果吊高度较高的物体,一定要事先确定吊车的高度方向的能力是否足够,设计吊具的时候要预先采取措施。

17. 双吊抬升一件货的时候,需要准确测量货物的尺寸,测量好吊点之间的距离,两个吊车互相配合,吊臂要避免干涉,吊货时,两侧的吊绳尽量不连接,如果两侧吊车在货物上部通过框架连接,需要两部吊车很好地进行配合。

18. 卸货时,船所处的水平状态和装此件货物时的状态是不同的,船吊在空中的方向和装船时也是不同的,在寻找重心时需要耐心、谨慎和仔细测量。

19. 大件货物卸货时,要重新核算载荷吊具,重新核算吊车是否能够伸出需要的长度。

六、汽车起重机

汽车起重机俗称汽车吊,主要分为两种:一种是吊臂不能连续伸长或缩短,只能一节一节地调整,如图 1-14 所示;另一种是吊臂能够伸缩,长度可以连续地调整,如图 1-15 所示。

图 1-14 桁架式吊臂汽车吊

图 1-15　伸缩式吊臂汽车吊

在使用汽车吊之前，如果想详细了解汽车吊的起重能力，要查起升高度曲线、起重作业状态主要技术参数表、汽车吊主臂起重性能表、起升高度曲线。

新生产的汽车吊大多有电子显示装置，吊臂伸出后会随时显示此长度下的起重能力，实际吊装时，如果重量接近临界值，吊车电子系统会自动报警，提示操作者。

汽车吊主要性能和特点如下：

1. 汽车吊起重能力（例如 50 t）的定义：

最大额度总起重量是指在最小额定工作幅度、基本臂的情况下的起重能力，即汽车吊的吊臂缩回到最短，在最小回转半径情况下的起重能力。随着吊臂的伸长，随着工作幅度的增加，能够起吊的物体重量越来越少。

2. 汽车吊的动力来自汽车的发动机（柴油机或汽油机），动力传动方式有三种：机械传动、电传动、液压传动。

液压传动的汽车吊，是汽油机带动油马液压泵提供液压油，通过液压系统给油缸和油马达供油，通过液压系统的控制，实现升降、回转和伸缩的吊运动作。

3. 按照汽车吊起重装置在水平面投影内可回转范围（即转台的回转范围）可以分为全回转式汽车吊，即转台可任意旋转 360°；非全回转汽车吊，即转台回转角小于 270°。

4. 汽车吊提供的是力矩，吊臂伸出较长的时候，起重能力就下降，一定要注意这一点，这和门座式起重机不同。

七、履带起重机

履带起重机（俗称履带吊）也是广泛应用的一种起重机，重心低且稳定性好，能适应条件较差的路面和现场地面条件，在电力建设的工地，经常使用 600 t 履带吊，如图 1-16～图 1-18 所示。600 t 履带吊也是一种汽车吊，使用特点和注意事项跟汽车吊类似，但是 600 t 履带吊也有自己的特点。

图 1-16　远方为 600 t 履带吊

图 1-17　左边是 250 t 履带吊，右边是 80 t 履带吊

图 1-18　600 t 履带吊顶部结构

履带吊的主要性能和特点如下：

1. 举升高度超过百米。

2. 调整各段臂杆的长度，可以组合出多种起重能力的起重机，以适应不同的工况。

3. 远距离移动比较困难，需要拆解后分别运输。

4. 6 级以上风（风速大于 10 m/s）时严禁作业。

5. 驾车司机要经过严格的培训与考核，具备上岗证。

6. 司机要严格遵守安全管理制度，条件不具备不能起吊。

7. 要在视线良好的条件下作业。

8. 履带吊工作的地面要达到要求，一般要求 25 t/m^2，因此要对地面进行处理，通常做法都是铺厚钢板来解决。

9. 履带吊的组装和拆解要按照规程做。

10. 使用时，施工方要和吊装操作人员、起重机司机进行技术交底。

11. 大件吊装前要编制吊装方案后实施。

八、其他类型的起重机

1. 浮吊(Floating crane)是指安装有起重机的浮动平台,它可以在港口、合适的水域内移至需要的地方,用来起重作业。浮吊是一种船上的起重机,这条船是专门用来起重的船,不负责运输,浮吊的额定起重能力,最小的有 100 t,最大可达 14 200 t,每个港口是否拥有浮吊,吨位是多少,要具体调查;如果某一港口没有浮吊,可以到拥有浮吊的公司租借,开到需要的水域进行起重作业。港珠澳大桥修建时,使用的浮吊具有 3 000 t 的起重能力。

2. 塔式起重机,在建筑工地常用,用来吊取建筑材料。

3. 铁路起重机是安装在一辆铁路平车上的起重机,主要用于铁路事故当中的起重作业,也会在一些特殊作业中使用。

九、起重机和起重作业

以上介绍了十种起重机的基本性能和使用注意事项,设计吊具时还要全面地认识起重机。

1. 起重机是进行生产的一件工具,和其他的生产工具具有一样的性质,使用前要认识这个工具,了解这个工具的性能;操作工人要了解操作方法,技术人员要掌握性能和原理,吊具设计师更要全面认识。

2. 极坐标类起重机是基于极坐标系设计的生产工具,例如汽车起重机、履带起重机、船用起重机等。这类起重机提供的位移和行程线路有如下特点:

(1)升降,z 方向运动,能够直线上升和下降,靠吊钩直线上升和下降来实现。

(2)转动,θ 方向运动,能够提供围绕转动中心的圆周运动,吊臂围绕转动中心的左右转动来实现。

(3)移动,r 方向运动,只能提供向转动中心的往复直线运动,通过吊臂收缩、抬起和落下来实现。

(4)其他方向的直线位移,只能靠上面三个运动的合成来实现。实际操作中,如果吊装大件,合成直线运动十分困难,因此对于直线位移的实现,应分别操纵 z、θ、r 三个方向的运动,分多次单向操作来实现,避免合成运动。

3. 直角坐标类起重机是基于直角坐标系设计的生产工具,例如桥式起重机和龙门起重机等。这类起重机提供的位移和行程线路有如下特点:

(1)升降,z 方向运动,能够直线上升和下降,靠吊钩直线上升和下降来实现。

(2)纵向移动,x 方向运动,能够提供沿着轨道方向的纵向直线运动,靠大车的前后移动来实现。

(3)横向移动,y 方向运动,能够提供沿着垂直轨道方向的横向直线运动,靠小车的前后移动来实现。

(4)其他方向的直线位移,只能靠上面三个运动的合成来实现,实际操作中,如果吊装大件，合成直线运动十分困难，因此对于直线位移的实现，应该分别操纵 x、y、z 三个方向的运动，分多次单向操作来实现，避免合成运动。

4. 起重机的能力是有极限的，这个极限就是它的额定参数，使用中不能超过额定参数；吊装大件时，由于各种惯性力的存在，额定参数是不能满额使用的，有时只能用到 50%，有的可以用到 75%，但是不可以用到 100%，具体使用额度要由现场专业技术人员针对具体的货物和环境进行分析后确定。

5. 起重机的寿命是短暂的。起重机都有使用寿命，不能无限期使用，出厂时都有说明书，限定了起重机的寿命，吊运大件时，要了解起重机的寿命情况和出厂日期。

6. 起重机的健康状况。起重机也会“生病”，每年都应当体检，治疗“病患”，保持健康状况，保持良好的“精神状态”，使用起重机之前要了解健康状况。

7. 起重机司机。从操作起重机对物体加载开始，到物体落下，都是在司机的操纵和控制当中，一个司机对起重机的理解和认识，对起重作业质量的影响很大，因此要选一个好司机来操纵起重机；吊重大件时，客户和现场的技术人员在吊装前要与起重机司机进行充分的交流，有的港口称为船前会，有的地方称为交底会。

8. 环境。起重机作业的环境对起重作业的质量有很大影响，对起重机的性能发挥也有影响。

(1)温度。环境的温度对起重机的运用有很大影响，尤其是露天作业，对于具体的作业，要研究温度对起重机的影响。

(2)冰雪。寒冷天气、漫天冰雪，甚至极寒天气对起重机的影响更大，例如南极的起重作业，对履带起重机的行走都提出了更高的要求，要有针对性地进行研究。

(3)风速。风速对起重机作业影响很大，一般情况下五级风要停止作业，具体的环境都有具体的要求。

(4)能见度。如果是露天作业，能见度对起重机的运用有很大要求，大雾天气，船吊、龙门吊司机看不见地面，看不清船底，就不能作业。

9. 吊装工艺。对重大件吊装，吊装工艺影响了起重机的运用，无论使用何种吊具，都对起重机的质量和操作司机有很高的要求。因此吊装前要指定合适的吊装工艺，事前做好设计与策划。

10. 制度和纪律。重大件吊装时，事前制订的吊装方案就是制度，其中包括多起重机的使用规则，执行中如果需要变更，要经过讨论和审批，否则不要变更。部分事故就是对吊装方案贯彻不力所导致。

第二章　吊装方案的确定

确定吊装方案是吊具设计的第一步，吊具只是实现吊装过程的一个工具。同一个被吊物体，吊装方案是多种多样的，例如一个木箱，可以用绳子吊起来，也可以用网兜吊起来，拟采用的吊装方案不同，所设计的吊具也会不同。这个吊具是否好用，首先取决于设计者对整个吊装方案的设计，吊装方案是吊具设计的灵魂，是吊具设计的根，所以一定要重视吊装方案的设计。

在吊运过程中，起重机、吊具、被吊物体是三个紧密结合的生产要素，被称为吊具三要素，在吊具的设计过程中要充分考虑他们的相互关系，吊具设计要符合机械原理，符合理论力学、材料力学的理论，才能满足静态和动态强度及运动方式的要求。

如果把环境、起点、落点和人，加入吊具三要素当中全面考虑，则构成吊具七要素。设计吊装方案之前，要了解被吊物体，了解各种参数，只有把起重机、吊具、被吊物体、环境、起点、落点和人，这七个要素全面调查清楚，设计时才能清清楚楚，有的放矢。

要调查了解：将来吊运使用的起重机的名称、主要性能、吊钩的形状、最大起重能力、最大起重高度，对汽车吊和船吊还要了解吊臂伸出最远距离和起重重量、吊臂缩回时最近距离和起重重量；被吊物体的各种参数；场地情况；人员情况。在这些要素全面掌握之后，才能结合自己的经验，确定一个最为合理的吊装方案。

第一节　认识被吊物体

一、反复查看被吊物体

查看被吊物体时，要注意以下两点。

1. 吊具设计者要亲自到现场，认真、仔细地查看被吊的物体，查看过后要有初步的吊装方案，在确定吊装方案时根据工作需要随时去现场看被吊物体。在吊运复杂、重要的物体时，有时要到现场查看被吊物体几十次。

2. 要随时拍照。在查看被吊物体时，要把需要的结构拍成照片，因为吊具设计师不可能一直停留在被吊物体的现场，在确定吊装方案、设计吊具的过程中可随时翻看被吊物体的结构照片。所拍的照片要包括以下几点内容：

(1)被吊物体的全貌。要分别从四个角度拍摄四张被吊物体全貌的照片，以便在确定吊装方案、设计吊具时能反复查看，以免出现记忆缺失和记忆差错；如果条件许可，到较高的地方拍照，以便能更清楚地认识被吊物体。图 2-1 为在现场拍摄的某特种车的全貌。

图 2-1 某特种车全貌

(2)一些关键部分的照片。被吊物体与地面的接触点,每个点要从不同的角度进行拍摄,例如:特种车就要把每个车轮都要拍到,如图 2-2 所示。此外,被吊物体最宽处、两侧、最高处、最大长度处、两头,以及可能的吊点处,要拍摄足够多的照片。照片的数量视具体情况而定,具体原则是能够反映吊点的形状、结构、位置、吊点之间的相互关系。

图 2-2 某特种车局部照片

(3)特殊部分的照片。容易破损的地方要拍照留存,例如:哪里有玻璃,哪里怕划伤,哪里容易变形,哪里不能挤压等,有特殊要求的部分也要拍照。

二、获取被吊设备的相关数据

1. 在确定吊装方案前,应该拿到设备的三视图,至少要拿到外观图。图中要包括被吊物体的外形尺寸，相关支点的尺寸，重心在投影面的位置，重心的高度，支撑点的位置等数据，如图 2-3 所示。

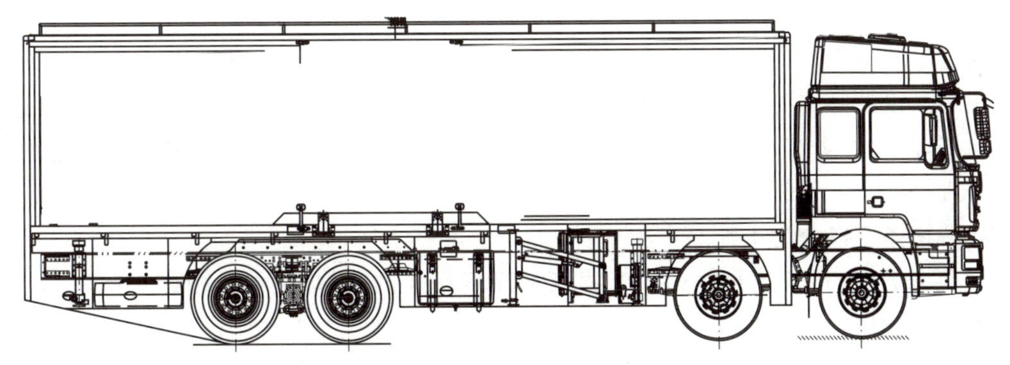

图 2-3　某特种车基本外形图

2. 要通过现场测量等方法，拿到被吊装设备的称重数据，表 2-1 是在现场测得的某特种车称重数据。

表 2-1　某特种车称重数据

序号	轴　号	左轮(kg)	右轮(kg)
1	第一轴	2 276	2 038
2	第二轴	2 212	2 074
3	第三轴	3 988	3 644
4	第四轴	3 842	3 816

三、计算被吊物体的重心

根据获得的被吊物体的相关数据，可以求得被吊物体的重心。按照特种车尺寸及称重数据，计算得到特种车的重心位置如图 2-4 所示。

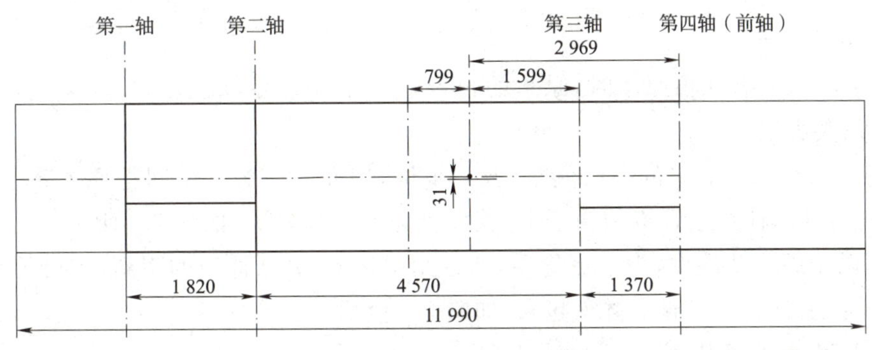

图 2-4　特种车重心位置示意(单位：mm)

这个重心数据是车辆重心在水平面的投影，没有高度的数据；有些时候还要得到重心高度的数据。

第二节　选择吊装方案

确定吊装方案是比较难的问题，需要理论知识，更需要设计者有一定的经验和长期实践的积累。设计师需要反复研究被吊物体，反复比较各种方案，才能做出比较好的选择。归纳起来，吊装方案有一个基本规律可遵循，就是根据被吊物体的形状和重量确定吊具的基本形式。

被吊物体可以分为十种基本类型。

1. 细长杆类，即长度尺寸远大于宽度和高度尺寸的物体，例如：一根钢管、一根圆木、一根钢轨、一根柱子、一根电杆等。

2. 正方体类，即长、宽、高三个尺寸相近的物体，例如：钢锭、木箱、钢卷等。

3. 圆盘类，即主要形状是圆形（或方形），厚度略小于直径的一类物体，例如：车轮、机器的飞轮、大齿轮、铸铁平台等。

4. 薄板类，即主要形状是圆形（或方形），厚度远远小于直径（或者其长度和宽度）的一类物体。例如：一张酸洗钢板，一张铁路客车的墙板及组装后的侧墙组成等。

5. 松散的颗粒状物体，例如：散装的粮食、食盐、矿粉、颗粒状化工原料等。

6. 桶装液体，例如：桶装的油等各种液体。

7. 袋装物体，例如：袋装的粮食等颗粒状物体。

8. 车辆，即地面上运行的各种车辆，例如：摩托车、汽车、铁道车辆等。

9. 各种大型结构，例如：建筑施工和桥梁施工中的各种大型结构构件。

10. 各种大型设备，例如：电厂、化工厂的大型设备等。

同一物体，不同的设计师也会给出不同的吊装方案，有的差异还会很大。下面结合作者的实践经历，介绍常见被吊物体的典型吊装方案。

一、原木的吊装

（一）吊装方案

当吊装一根或者几根原木时，原木的长度远大于其直径，属于细长杆类被吊物体，通常有两种吊装方案。

1. 用一根绳。最简单的办法就是，取一根绳，用绳的一头从中间把原木系上，绳的另一头系一个扣眼，挂在起重机的钩子上，就能把原木吊起来了，如图 2-5 所示。

2. 用两根绳。实践中，为了更稳妥，通常用两根绳，分开适当的距离，木材的重心在两根绳的中间，这样就把一捆木材兜起来，如图 2-6 所示。

（二）吊装方案的特点

1. 选择吊点。吊装原木时，重心是一目了然的，吊点可以选择原木重心所在位置。可是对其他一些物体，一个吊点是不够的，要两个、四个或者更多。例如：一根 10 m 长的钢铁框架杆件，重心不明，又无法测量重心的位置（或者测量的成本过高），现场可以选两头作为吊点，各系上一根绳，慢慢吊起来，而不必苛求重心的准确位置。

图 2-5　一根绳吊原木

图 2-6　两根绳吊原木

2. 连接。绳系牢在原木上，绳的一头就和原木成一个不能自然分割的整体，绳的另一头连接起重机的吊钩。

3. 传递。绳连接了起重机吊钩和原木，吊钩把起重机拉力传递给了原木，吊钩承担了原木的重力，因此这根绳完全符合吊具的定义，所以，这根绳就是吊原木的吊具，是最简单的吊具。

4. 结合。绳上端要做一个扣眼，挂在吊钩上，这是吊具不可缺少的结构；下端做一个扣眼，系牢在原木上。

二、铁路客车的吊装

我国出口的铁路客车大多采用远洋轮船进行运输，使用吊具对铁路客车装船卸船的实际需求随之而来。铁路客车通常使用柔性吊具，常用的吊装方案有两种。

(一)方案一

1. 案例

图 2-7 是某铁路客车被吊在空中的照片，这是我国出口的铁路客车装船时进行吊装的场景，主要相关数据如下。

(1)被吊物体：26 775 mm×3 243 mm×4 355 mm 的铁路客车车厢，质量 48 t。

(2)起重机：船上自带起重机，起重能力 100 t×22 m，50 t×38 m。

(3)吊具：出口车辆工厂自带吊具。

图 2-7　吊铁路客车车厢的柔性吊具(一)

2. 吊具结构

(1)上吊绳。支架上面的四根是上吊绳，挂在起重机吊钩上，上吊绳的下端和支架相连。上面四根绳，绳上头连接起重机吊钩，下头连接支架，绳有强度足够的环形扣眼，尺寸合适，方便连接。这四根绳是成空间放射状态，形成了夹角。夹角对力的数值具有放大作用，选用绳索时,应当注意计算力的取值,通常情况下,上边的两根绳的夹角尽量避免大于60°。

(2)下吊绳。下面四根绳系在车体边梁上和车体连接。绳的上端连接支架,下端连接吊具吊钩,把起重机的拉力传递给吊具吊钩,通过吊具吊钩传递拉力给车体。四根绳的两端,有强度可靠的环形扣眼,尺寸合适,方便连接吊架和吊具吊钩。

(3)方形支架。中间的方形钢结构支架,把四根上吊绳撑开,把力传递给下面四根下吊绳;支架是由钢板焊接成的钢结构,强度和刚度满足需要。

方形支架是一个被广泛采用的支架,在许多地方得到应用。支架的作用:一是改变力的方向,起重机吊钩传递给四根绳的力是倾斜的,以起重机吊钩为中心向四个方向扩散,下部四根绳对吊架的拉力是垂直向下的,传递吊具吊钩;二是传递力,把上吊绳的力传递给下吊绳;三是撑开绳,以避免绳与被吊物体发生接触,防止损害被吊物体,也防止被吊物体损害绳。

(4)吊具吊钩。设计车体的时候已设计了吊点,安装好吊具吊钩,吊钩与绳有效连接。铁路客车在制造完成后,应该提供四个吊点;作为吊具,其下端应该具有一种装置(吊具吊钩)能够连接在车体的吊点上,让吊具能够可靠地、有效地和安全地与车体连接。

(5)车体边梁。承受一个方向的扭矩,边梁的强度和刚度在车体的设计和制造时应保证足够。

这个使用了方形框架的吊具方案,是一个典型吊具,在许多工况下都得到应用。

(二)方案二

1. 案例

某出口铁路客车吊装方案如图2-8所示,相关数据如下。

图2-8　吊铁路客车的柔性吊具(二)

(1)被吊物体:26 700 mm×3 104 mm×3 450 mm的铁路客车,质量约52 t,根据实际需要,一列编组大约包含16辆车,由硬座、软座、硬卧、软卧、行李车、邮政车和发电车构成,各品种车的重心位置均不同。

(2)起重机:船上起重机,起重能力 160 t。

(3)吊具:出口车辆工厂自带吊具。

2. 吊具结构

(1)上吊绳。由四根绳组成,绳的上端挂在起重机吊钩上,下端连接在工形支架上。

为了调节上吊绳的长度,以适应铁路客车重心位置的变化,每一根上吊绳采用了三段结构来调节绳的长度,就是:绳+花篮螺栓+绳的结构形式,通过调整绳的长度来适应不同品种铁路客车重心的位置变化,保持铁路客车在吊装时处于水平状态。

(2)支架。支架由长纵向梁和两端的端梁构成,纵向梁和端梁采用了组合结构,通过销轴连接,采用组合结构是因为考虑到要长途海运的因素,方便海上运输。如果工字形支架在一个地方使用,可以做成固定形状。纵向梁的上表面宽度只有 400 mm,每侧两根上吊绳的连接点距离只有 350 mm,距离很近,所以一侧两根上吊绳可视为一根绳,上吊绳和支架的连接点在纵向梁的两端。

工字形支架是用钢板焊接构成,外表涂刷油漆和标识;工字形支架也是吊具设计中经常采用的支架结构形式。

(3)下吊绳。这批出口的铁路客车,在钢结构上没有预先设计专门的吊点,所以没有吊具吊钩,因此下吊绳的下端无法与车体连接。该方案采用了一根吊绳从车体下部直接穿过,绳的另一端连接在支架上的方式,因此这个吊具只用了两根下吊绳。在支架的四角有四个连接点,连接两根下吊绳的两个端点,如图 2-9 所示。

图 2-9　吊铁路客车的柔性吊具下吊绳

(4)车体边梁。下吊绳和边梁的接触点既要承受向上的拉力,又要承受箱底架中心的压力,车体钢结构设计时,要进行结构强化处理,提供足够的强度和刚度。

(5)垫块。车体钢结构的边梁是直角的,如果下吊绳直接与边梁接触,受力后边梁会把下吊绳切断,从而导致事故。为了避免发生边梁切断下吊绳的现象,此方案在边梁处安装了一组垫块,把下吊绳和边梁的直角隔离开。全车需要四块垫铁,如图 2-10 所示。

图 2-10　吊铁路客车的柔性吊具垫块

三、地铁客车的吊装

地铁客车的国际运输大多数采用海运的方式，需要吊进船和吊出船，如果多次运输，需要在两边的港口各放置一套结构完全相同的吊具，地铁客车的吊装既有刚性吊具方案，也有柔性吊具方案。

(一)刚性吊具方案

1. 案例

如图 2-11 所示，地铁客车装船时，与吊装相关数据如下：

(1)被吊物体：19 000 mm×2 800 mm×3 455 mm 的地铁客车，拖车质量 40 t，动车质量 50 t。

(2)起重机：船上自带起重机。

(3)吊具：出口车辆工厂自带吊具。

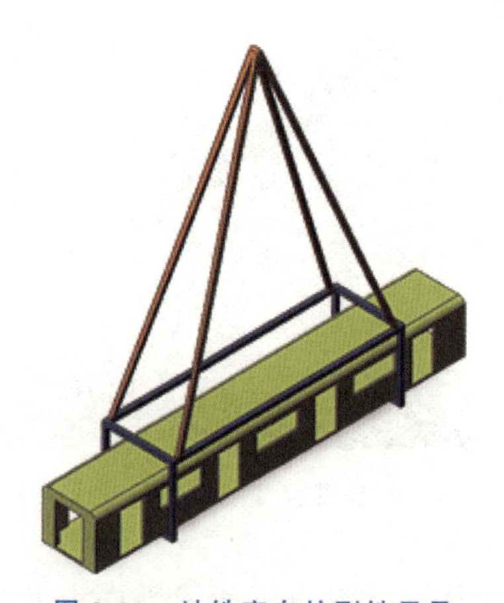

图 2-11　地铁客车的刚性吊具

2. 吊具结构

(1)上吊绳。支架上面的四根是上吊绳，挂在起重机吊钩上，上吊绳的下端和支架相连，四根绳把吊架吊起来。上吊绳上头连接起重机吊钩，下头连接支架，绳有强度足够的环形扣眼,尺寸合适,方便连接。这四根绳是成空间放射状态,形成了夹角。

(2)支架。中间的方形钢结构支架,把四根上吊绳撑开,把力传递给下面四根下吊绳;支架是由钢板焊接成的钢结构,强度和刚度满足需要。

(3)吊柱。刚性吊具下边是四根刚性的立柱(以下称:吊柱),吊柱的上端与支架是焊接在一起的,与支架一起是一个整体的刚性结构,吊柱的下端做了四个刚性的钩子,直接托住客车这四个吊点。

(4)吊具吊钩。采用托举的方式提供向上的力,结构可以做成摆动式,用两个销子固定钩子与吊柱的相对位置,也可以做成转动式,两种方式均可。

支架与吊柱焊接在一起,两者的连接是刚性连接,所以才称为刚性吊具,但由于吊架和起重机吊钩的连接依然采用绳索,所以这是半刚性吊具。在实际结构中,要考虑吊柱需要一定的自由度,根据吊装的需要,通过销轴连接让吊柱可以向外摆动,以解决刚性吊具在船内的进出问题。吊架和车顶的距离应大于 1 000 mm,以保证吊装操作的安全。

3. 刚性吊具优缺点

(1)刚性吊具的优点:对吊点要求简单,车体不需要做出改动,保持原样即可,吊钩利用车辆的起重点把车托起来;车体不受长度方向的压力;对吊具的目测检查非常简单,可以直观地检查吊架和吊钩;保存相对容易,不用担心腐烂,不担心损害。

(2)刚性吊具的缺点:吊具开始靠近车体时要非常小心,防止吊架与车体发生撞击和剐蹭,同样,吊架离开车体时也要非常小心;对重心测量需要很准确,顶部的吊绳长度要计算清楚,实际制作要做得很准确;在船内吊出车辆时,吊架进入船内需要非常小心,防止碰撞和剐蹭车体。

(二)柔性吊具方案

1. 案例

地铁客车除采用刚性吊具,还可采用柔性吊具,如图 2-12 所示。

图 2-12　地铁客车柔性吊具

(1)被吊物体:质量 38～48 t,19 000 mm×2 800 mm×3 500 mm 的地铁客车。

(2)起重机:船上起重机,起吊能力 50 t,双联 100 t,船吊的吊臂伸出范围为 3.8～26 m。

(3)吊具:地铁客车生产厂自带吊具,四根钢丝绳,四个吊钩,两根横梁。

(4)吊钩:四个槽形吊钩,卡在边梁的起重点上,吊钩是焊接结构,吊钩提供了一个销轴的界面,供钢丝绳连接。

2. 吊具结构

(1)四个吊点:地铁客车制造厂在车体边梁上进行了结构处理,设计了四个吊点,适合安装吊钩。

(2)四根钢丝绳:钢丝绳直接从起重机的吊钩到车体上的吊钩,即钢丝绳上端挂在起重机的吊钩上,绳下端挂在车体上的吊钩上,绳中间没有接头,没有连接,没有卸扣,是直通钢丝绳。

(3)两根横梁:撑开钢丝绳,为车体提供合适的空间。横梁是用厚壁钢管制造,结构简单。与钢丝绳的连接是靠压板的压力,靠摩擦力与钢丝绳固定。

(4)吊具吊钩:焊接结构的槽形吊钩,吊钩旁边伸出四个横向的销轴,四个吊钩安装在车体上,结合牢固,强度足够,提供给钢丝绳进行连接。

(5)纵向压力:四根钢丝绳沿车体长度方向对车体产生压力,此压力是靠车体来承担,设计吊具的时候,核算车体的强度,压力应当在车体能够承担的范围内。

3. 柔性结构的优点

直通钢丝绳的优点是去掉中间环节,结构简单,省去多个环节的检查和验证,消除不安全因素。钢丝绳采用细钢丝绳缠绕粗钢丝绳的方法,缠绕的钢丝绳强度足够、柔软、可以满足船内船外操作的需要。

四、厚钢板、方钢坯吊装方案

在工厂、仓库、港口和车站,经常需要吊装钢坯和厚钢板,通常采用夹钳类的刚性吊具进行吊装。

(一)被吊物体的特点

1. 厚钢板和方钢坯的基本数据:厚度为 10～100 mm,宽度为 1 000～1 600 mm,长度约 6 000 mm,质量 0.5～7.5 t。

2. 吊点:没有明显的吊点,也不能制作吊点。

3. 存放状态:几块钢板整齐落在一起,从下面穿绳很困难。

(二)吊装方案和吊具结构

1. 选择吊点。由于没有明显可以利用的吊点,选择厚钢板的两个侧面作为吊点。

2. 力传递原理。吊钩和厚钢板的侧面作为接触面,依靠摩擦传递起重机的力。

3. 连接机构。选择一个夹钳,产生较大的正压力,通过产生的摩擦力来传递起重机的拉力,如图 2-13 所示。

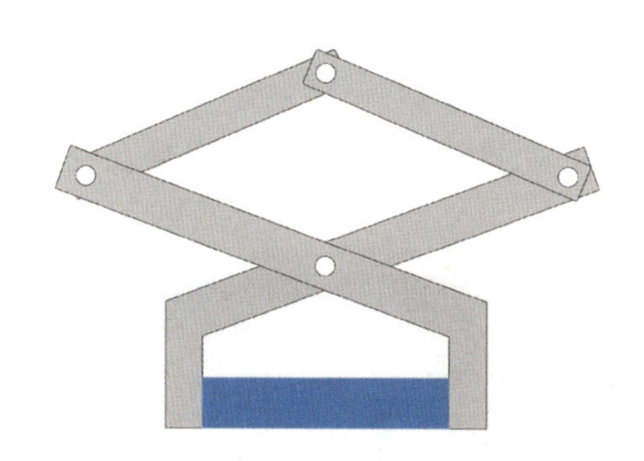

图 2-13　夹持厚钢板吊具

（三）吊具特点

1. 夹钳口材料。硬度要高，要耐磨，做成牙齿状，能够增加摩擦系数，使更容易提供摩擦力，更可靠。

2. 通过起重机的提升，对钢板产生横向压力，此压力要足够，使之产生的摩擦力大于被吊钢板的重力，这样才能把厚钢板吊起来。

3. 夹紧机构。整个吊具有足够的、合适的重量，有性能良好的夹紧机构，能够把起重机向上的升力转变成水平的横向压力。

4. 长厚板。需要双夹钳以增加钳口的宽度，两个夹钳要有很好的同步机构，让两个夹钳同时做夹紧和松开的动作。

（四）注意事项

1. 中心对中心：操作时夹钳中心点对准钢坯中间点，要做到夹钳中心对准钢坯中心，然后进行夹紧，确认夹紧后再起吊。

2. 撤离无关人员：由于夹钳是靠摩擦力传递钢坯的重力，所以在吊钢坯的时候，无关人员应当离开现场，钢坯附近 5 m 内不能站人。

3. 夹钳系绳：操作人员通过绳索控制钢坯的方向。

4. 做好保养：如果吊具夹钳口磨损和崩齿，应立即维修更换，以确保安全，延长吊具的使用寿命。

5. 对于较长钢板，可采用双联夹钳，上部用方形框架连接。

这类靠摩擦传递起重机拉力的方法，也广泛应用于多种吊具方案中。

五、变压器本体吊装

为了适应海洋运输，大型变压器一般拆除了变压器外的散热管路和散热器，拆除了强制散热的风机，拆除了三对接线柱，剩下的部分称为变压器本体，简称变压器。

（一）案例

660 MW 变压器运输的基本数据：

1. 质量：378 t。

2. 尺寸：12 150 mm×3 900 mm×5 500 mm。

3. 体积：258.61 m^3。

4. 船吊起重能力：450 t。

5. 吊点：变压器制造的时候，设计了八个销轴，焊接在变压器本体的侧面，如图 2-14 所示。

图 2-14　378 t 变压器吊装方案

（二）吊具结构

1. 上吊绳：选长度相等的钢丝绳四根。

2. 下吊绳：选长度合适的圈状钢丝绳四根，四根绳长度相等。

3. 横梁：选长度合适的横梁两根，端部带合适的吊耳。

4. 吊点：变压器本体提供了八个吊点，全部使用。

（三）使用注意事项

1. 作图：根据变压器的重量、尺寸，做出吊装图。

2. 计算：根据吊装图，计算各个部位的受力情况，留足安全系数。

3. 选择零部件：根据计算结果，选择直径合适、长度合适的钢丝绳；选择长度合适、强度足够的横梁；选择能力足够的卸扣。

4. 组装：由于吊具构件都十分沉重，组装吊具需要吊车的配合，四人左右小心操作完成。

六、发电机定子吊装

为了减轻重量，适应海洋运输，在运输前大型发电机一般拆除了转子，拆除了其他的附件，成为发电机定子。

（一）案例

660 MW 发电机定子的基本数据：

1. 质量：337 t。

2. 尺寸：11 000 mm×4 600 mm×4 280 mm。

3. 体积：216.57 m^3。

4. 船吊起重能力：450 t。

5. 吊点：定子制造的时候，设计了四个销轴，焊接在定子本体的侧面。

6. 外形：圆柱形，销轴在外圆的水平象限点上，如图 2-15 所示。

图 2-15　发电机定子吊装方案

(二)吊具结构

由于发电机定子的四个吊轴在外圆的水平象限点上，在四个吊点和起重机吊钩之间没有其他的障碍物，吊绳可以直达吊点，不要支架，不要横梁，没有下吊绳。

1. 吊绳：选长度合适的环状吊带四根。

2. 吊点：发电机定子本体提供了四个吊点，全部使用。

3. 组装：按照图 2-15 所示的方式组装，构成定子的吊装方案。

(三)注意事项

1. 作图：根据变压器的质量、尺寸，做出吊装图，注意定子重心点是否在吊点的中心线上。

2. 计算：根据吊装图，计算各个部位的受力情况，留足安全系数。

3. 选择零部件：根据计算结果，选择直径合适、长度合适的环形吊装带，根据重心的位置确定环形吊装带的长度是四根相同，还是分成两组。

4. 组装：吊带很重，组装吊具需要吊车的配合，四人左右，小心操作完成。

七、燃机的吊装方案

燃机是燃气电站的重要设备，是把燃气的化学能转换成机械能的关键设备。

(一)案例

燃机运输的基本数据：

1. 质量：405 t。

2. 尺寸：12 600 mm×5 900 mm×5 600 mm。

3. 体积：362.8 m^3。

4. 船吊起重机：起重能力 350 t，数量 2 台，位于右侧船边。

5. 吊点:燃机制造的时候,设计了四销轴,安装在横断面圆形燃机的水平象限点上,燃机的外表面是复杂的回转曲面,本体的侧面如图 2-16 所示。

图 2-16　燃机吊装方案

(二)吊具结构

1. 上吊绳:选长度相等的环状钢丝绳四根。

2. 下吊绳:选长度合适的圈状钢丝绳四根,一个横梁上的钢丝绳长度相等,要给燃机留出至少 2 000 mm 的空间,具体长度根据船上绳的资源情况确定。

3. 横梁:选长度合适的横梁两根,端部带双排合适的吊孔,由于燃机的上部安装有附件,从吊点到起重机的吊钩之间存在障碍物,故使用横梁,此方案中的横梁是船上的通用横梁。

4. 吊点:燃机本体提供了四个吊点,全部使用。

5. 组装:按照图 2-16 所示的方式组装起来,就构成了燃机吊装的吊装方案。

(三)注意事项

1. 作图:根据燃机的重量、尺寸,做出吊装图。

2. 计算:根据吊装图,计算各个部位的受力情况,留足安全系数。

3. 选择零部件:根据计算结果,选择直径合适、长度合适的钢丝绳;选择长度合适、强度足够的横梁;选择能力足够的卸扣。

4. 组装:由于吊具构件都十分沉重,组装吊具需要吊车的配合,小心操作完成。

5. 这套吊具是由两台起重机同步操作使用,两台起重机有不同步的情况存在,故横梁下部要留出足够的空间容纳燃机本体的相对吊具位移。

此方案的关键点是在燃机工厂提供了很好的吊点,让后续的工作变得方便。但要做好后续的吊具,做好吊装方案,仍然需要细心、详细、全面和准确地了解燃机,了解两台起重机同时操作的吊装工艺。

八、框架集装箱吊具方案

在集装箱码头吊运集装箱的时候，使用集装箱桥吊进行吊装，桥吊有专用的自动吊具，不需要再设计吊具。

许多情况下非集装箱船需要运输集装箱，这个时候就需要集装箱吊具配合普通起重机来吊运集装箱，如图 2-17 所示。

图 2-17　非集装箱船上的集装箱吊具

设计集装箱吊具，有两种情况：一是方形框架直接接触集装箱，二是方形框架下要增加一段下吊绳。

1. 对于框架直接接触集装箱的吊具，框架按照标准集装箱吊具设计，锁舌插进集装箱四角的孔内，转动 90°即可锁定，本书不重点讨论。

2. 下面以框架集装箱装载特种车后的吊具设计方案为例（图 2-18）来讨论第二种情况。

图 2-18　吊框架集装箱的吊具

(一)框架集装箱数据

框架集装箱的结构和技术数据如图 2-19 所示。外部尺寸:12 192 mm×2 438 mm×2 591 mm,内部尺寸:11 762 mm×2 240 mm×2 034 mm,底盘高度约 600 mm,最大承重 34 t。重心 $G_{集}$ 位置:高度 330 mm,纵向和横向在几何中心。

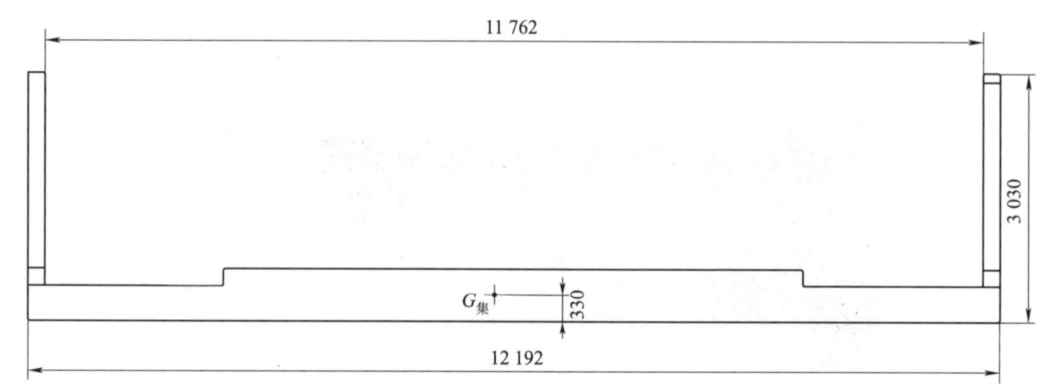

图 2-19 框架集装箱示意(单位:mm)

(二)特种车数据

特种车的形状尺寸如图 2-20 所示。质量 18.36 t,重心 $G_{车}$ 位置:高度 1 440 mm,距离车尾部 5 480 mm,横向在几何中心。

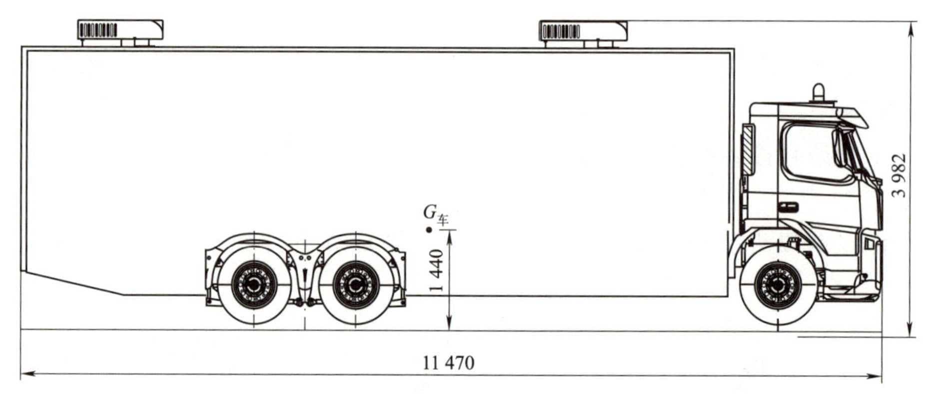

图 2-20 特种车外形示意(单位:mm)

(三)特种车装载到框架集装箱后的状态

把特种车和框架集装箱结合后的状态作图,除车轮接触外,检查是否有其他点接触,两端、两侧留出的空间位置是否足够;如果发生了汽车零部件和框架集装箱干涉的现象,要与发货单位协调处理。

(四)测算框架集装箱和特种车结合后的重心

根据装载图以及框架集装箱和特种车的重量及重心位置,计算出组合后的重心 $G_{组}$ 位置:横向和纵向位置与框架集装箱的基本重合,从集装箱地面的高度 1 464 mm,如图 2-21 所示。

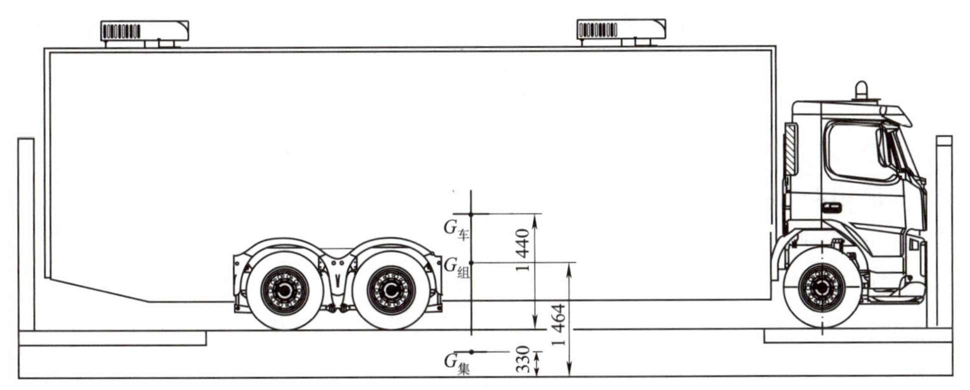

图 2-21　特种车装到框架集装箱示意(单位:mm)

重心分析:

1. 特种车装到框架集装箱后,特种车重心位置低于框架箱顶部吊孔的位置,因此特种车相对于框架集装箱处于稳定平衡状态。

2. 合成后的重心高度没有超过框架集装箱顶部的高度,结合后的组合体相对吊孔处于稳定平衡状态。

3. 基于上述两点,正常操作的情况下,一般的干扰和振动不会引起特种车和组合体的失稳。

(五)起吊

吊具吊起框架集装箱后空中的状态,如图 2-18 所示。

(六)吊具结构方案

1. 特种车装载到框架集装箱后,车顶部高于框架集装箱的上平面,普通的集装箱吊具无法使用,需要接一段绳解决空间高度问题。

2. 从框架集装箱的顶部吊孔到起重机的吊钩之间存在障碍物,因此这个吊具需要使用支架把绳索撑开,本次设计选用了方形框架,框架用槽钢焊接组成。

3. 框架上部四根绳,从框架的四角汇聚到吊钩。

4. 吊钩下钢丝绳的夹角小于 90°。

5. 起重机拉力的作用线通过组合体的重心。

九、磁力吊装

(一)吊具简介

磁力吊具在实践中有广泛的应用。磁力吊具的主要工作单元是吸盘,吸盘可以单独使用完成吊装工作,但是如果遇到面积较大和重量较重的零部件,就需要把吸盘组合起来,做成大吊具,来满足吊重大件的要求。

1. 磁力吊具适用范围:只能吊运导磁材料,生产实践中多用来吊钢铁制构成的零部件,适合吊运体积相对较小和相对变形小的块体和板材。

2. 磁力吸盘分类:磁力吊具使用的吸盘分为永久磁铁吸盘和电磁铁吸盘,在生产车间使用永久磁铁吸盘比较多，在车站和港口使用较少；在废钢堆放场地，装卸废钢时常使用电磁铁吸盘，在工厂、车站和港口都有使用，通常在地面无人的情况下使用。

3. 单个磁力吸盘的使用：永久磁力吸盘和电磁铁吸盘，一般由专业的企业生产；当一个磁力吸盘单独使用时，使用者如果首次使用，要接受培训，使用者如果使用过此类吸盘，根据说明书使用即可。

（二）注意事项

组合磁力吸盘吊装方案，需要做好以下工作。

1. 对于尺寸超过一个吸盘的使用范围的工件，需要对磁力吸盘进行组合，通过一个阵列，共同对工件吸合，产生磁力。

2. 认识被吊工件，包括形状、面积、尺寸、结构、重量和特殊要求。

3. 根据被吊工件的重量和特殊形状，确定使用吸盘的数量。

4. 设计吸盘的分布图。

5. 核算总体吸力和局部吸力是否满足要求。

6. 设计磁力吊具框架以连接吸盘，框架要强度、刚度足够，稳定性足够，工艺性良好。

7. 设计框架与起重机连接方式，既可采用刚性连接也可采用柔性连接。

8. 对永久磁铁吸盘，设计开关联动机构。

9. 对电磁铁吸盘设计主电路和控制电路。

10. 要预留安全系数足够。

11. 对于电磁铁吊具组合，要提供紧急停电时的解决方案。

12. 要保证操作方便安全。

13. 磁力吊具要定期检验，磁力消退时要及时处理。

十、长大钢板吊装

（一）真空吸盘简介

真空吸盘在工厂的车间里也有比较广泛的应用，用来吊运重量较小的零部件，在工序间快速移动；在自动化生产线上用来移动工件；在机械加工厂，用吸盘进行组合，构成一个较大的吊具用于吊重量较大的工件。真空吸盘的模型如图 2-22 所示。

图 2-22　真空吸盘模型

普通真空吸盘由支撑球头、吸盘头、吸盘座、进气口、支撑杆、连接杆和连接头等部件组成。吸盘头一般用橡胶制作，吸盘座和连接杆由金属制作。真空吸盘吊具适用于具有较平整表面的物体，尤其适合于平面物体。

真空吸盘的分类：按吸附物体表面形状可分为吸平面的吸盘、吸曲面的吸盘等；按吸盘橡胶种类可分为丁腈橡胶吸盘、硅橡胶吸盘等。

（二）案例简述

长大钢板基本数据：

1. 被吊物体：大块钢板，质量 467 kg。

2. 钢板尺寸：24 100 mm×1 234 mm×2 mm。

3. 材质：09CuPCrNi。

4. 底漆：表面涂 20～50 μm 的底漆。

5. 起吊高度：起吊高度在 0～2 000 mm。

6. 起重机：一部桥式起重机，起重能力 20 t。

（三）方案的确定

选择 20 个真空吸盘，一个方形框架刚度，四根钢丝绳吊到起重机吊钩上，框架上安装了一个真空泵，提供真空，从起重机上接入电源，接触一个 5 m 长的线控开关来操作，真空罐能够保证真空度持续 60 min，起重高度不超过 2 000 mm，突然断电时，要在 60 min 内恢复供电。

如果短时间不能恢复供电，启动双路供电的备份电源，把吊具放到地面；或者把方形框架和起重机之间的钢丝绳，做卷筒连接，突然断电时利用手动摇把转动转筒把吊具放到地面。

（四）注意事项

采用真空吸盘吊装时，要计算需要真空吸盘的吸力，选择吸盘的数量；要选择适当的真空度、真空泵、真空罐及断电时的紧急处理方式；要进行气路设计、框架设计、上吊绳连接方式设计；要安装调试和试验验收。

十一、汽车吊装方案

各种汽车的进出口都需要装船和卸船，汽车装船有两种基本方法：滚装和吊装。采用滚装的方式装船时将船上的尾跳（或者侧跳）放到码头的地面，司机开车进入船舱，卸船时司机开车出船舱，这种方法简单，但是需要特殊船舶，大批量汽车运输时会采用这种方法。

但用杂货船（或者集装箱船）运输少量汽车时，就需要把汽车吊到船上。采用吊装的方式装船时，有四种方案可以选择。

（一）网兜法

1. 方案简介

用网兜兜住车轮，通过四根吊带挂到吊钩上，吊到船上。吊装过程如下：

(1)测量车轮的直径、轴距、车轮外侧的距离、每个车轮的称重重量,计算重心的投影位置。根据这些数据,可以计算出网兜的宽度和长度,计算出两侧吊带的长度,这样就可以稳定地吊装汽车。

(2)汽车前边有两轴,后边有两轴或者三轴,这个时候,要根据车子的结构和重心的位置,决定兜几个车轮。

(3)吊带在车的上部要撑开,采用一根横梁或两根横梁均可(图 2-23 所示方案是两根横梁),还可采用方形框架的方案。横梁撑开的宽度,取决于车轮的宽度和车轮上边车厢的宽度,吊带不能压车厢钢板。

(4)运动采用单向运动,转动、垂直上升和平移不同时进行。

图 2-23　网兜吊汽车

2. 优缺点

(1)优点:简单,费用低。

(2)缺点:车辆需要司机开到网兜上,吊上船后,还需要移动车辆,把网兜取下来,这要求船上有足够的空间,可能导致船舱的容积利用率降低。

(二)框架法

1. 方案简介

做一个框架,从两个侧面和前后卡住车轮,再用绳索挂到吊钩上,就可以把车吊到船上。框架法吊装过程如下:

(1)测量车轮的直径、轴距、车轮外侧的距离、每个车轮的称重重量,计算重心的投影位置。根据这些数据,可以计算出框架的宽度和长度,计算出两侧吊带的长度,这样就可以稳定地吊装汽车。

(2)汽车有时候有双轮,前边有两轴,后边有两轴或者三轴。这个时候,要根据车的结构、重心的位置，决定是做一个整体框架，还是做几个小框架分别框住车轮，实现稳定地吊装。

(3)车的上部同样需要横梁撑开吊绳，横梁可以是一根，也可以是两根，还可以是一个框架，无论几个横梁和框架，都要安排好重心的位置。

2. 优缺点

(1)优点：性能稳定、可靠，节省舱容，不需要司机开动汽车在船内进行移动。

(2)缺点：需要专业人员根据测量数据重新进行设计和制作，准备时间较长。

(三)吊点法

1. 方案简介

有的汽车在设计的时候设计有吊点；有的汽车能够在车体上找到作为吊点的位置。此时，可以设计一个吊钩，连接在车体上，将四根绳的下端连接吊钩，上端挂在支架上(或者横梁上)，上方用两根或者四根绳连接在起重机吊钩上。

使用吊点法吊装汽车要注意吊钩与车体的连接以及运输到目的地后的拆除，还要注意计算重心的位置，安排好绳的长度，实现稳定地吊装。

2. 优缺点

(1)优点：性能稳定、可靠，节省舱容，不需要司机开车进行移动。

(2)缺点：需要汽车制造厂专业人员的预先设计和事先准备，有的车辆难以找到合适的吊点，需要反复的沟通，准备时间较长，一旦准备完成，可长时间使用。

(四)钩吊轮毂法

钩吊轮毂法是用钩子直接钩汽车车轮轮毂上的孔进行吊装。一般情况下四个车轮需要使用四个钩子，有时需要使用八个钩子。这种方法适用于车辆自重小于 5 t，且轮毂钢板强度足够的汽车。吊装过程如下：

1. 掌握汽车的准确质量。

2. 查看轮毂结构有无吊装位置。

3. 查看钢板的厚度，判断强度是否足够。

4. 选择吊带吊钩数量。

5. 选择撑杆的长度和结构，以满足需要。

实际情况，如图 2-24～图 2-26 所示。

十二、总　　结

(一)吊装方案的普遍性特征

1. 选择合适的吊点：吊具要选一个合适的位置和被吊物体接触、连接。

2. 可靠的连接：吊具要和被吊物体接触并连接，把力传递给被吊物体。在设计吊具的时候，首先要想着吊具如何跟被吊物体安全有效地连接。

图 2-24　吊轮毂的方案

图 2-25　钩子钩住轮毂的孔

图 2-26　钩子钩住轮毂的内孔

3. 吊具要和起重机吊钩连接，可以通过绳索的扣眼连接，也可以通过结构的孔来连接。

4. 力的传递：吊具中间部分有两个功能，传递力和保护被吊物体不受伤害。

所以，如果设计的吊装方案能使吊具和起重机吊钩、被吊物体有效地连接，能够把起重机的力传递给被吊物体，不伤害被吊物体，不伤害吊钩，实现安全吊运，这就是成功的方案。

（二）吊装方案要满足的功能

一个好的吊装方案，要满足以下 6 个方面的使用功能：

1. 强度。吊具的强度能够满足吊装需求，正常使用的情况下，吊具的结构和零部件不能发生断裂、扭转和失稳等失效现象。

2. 安全。吊具在使用寿命周期内，应该是安全的，即：寿命期内不发生结构零部件的断裂和失稳，不损害被吊物体，不损害起重机，不损害相邻物体；不损害操作人员的生命和健康，不损害相邻人员的生命和健康。

3. 高效。吊具结构应当尽量简单，快速连接，操作方便，有利于提高生产效率和减轻工人的劳动强度。

4. 寿命。吊具应该具有足够长的使用寿命，不能使用一次就报废，在整个寿命周期内，能够安全高效地使用。

5. 经济。吊具是生产过程中的工具，满足需要的前提下，结构要简单，材料要合适，并尽可能降低造价、降低运用的成本。

第三节　吊具设计中的梁

吊装方案设计过程中，会用到各种梁，作用是把绳索撑开，当撑开两根钢丝绳时用一根梁；当同时撑开四根绳时，这个梁就是一个整体框架。使用单根梁和框架梁的目的，就是给被吊物体创造一个空间，让物体安全的存在于这个空间里。选择什么样的梁和框架，也是吊装方案设计时需要着重考虑的。

一、梁的作用

梁的作用有两个：一个是改变力的方向，另一个是为被吊物体撑开一个空间。对于物体，尤其是重大件物体，存在四个吊点的时候，需要用横梁或者框架把绳索撑开，为被吊物体留出足够的空间，如图 2-27 所示。如果吊具的绳索或者其他部件与被吊物体发生干涉，就会导致事故发生，吊具零部件和被吊的物体发生设计之外的干涉（接触/压迫/碰撞），是发生吊装事故的原因之一，因此在设计和使用中，要避免吊具零部件与物体发生非设计的接触。

二、梁的结构

吊具中的梁有两种结构：横梁和框架梁。

1. 横梁就是一根杆件，端部有和绳索连接的结构，用来撑开两根钢丝绳，或者说通过横梁把一个力分成两个力，图 2-28 和图 2-29 中的梁就是横梁。横梁一般用槽钢、工字钢或者钢管制造，端部设计出连接结构。根据具体的结构需要，横梁可以演变出许多类型的结构。

图 2-27　方框支架吊内燃机车

图 2-28　双横梁吊铁路客车

图 2-29　双横梁吊单轨车

2. 框架梁一般是一个焊接而成的框架，用来撑开四根或者更多的钢丝绳，图 2-7 和图 2-27 中的梁就是框架梁。通过框架梁能够把起重机吊钩的一个力分成分布在框架四角的四个力。根据具体的结构需要，框架梁可以演变出许多类型的结构。

三、梁在使用过程中的注意事项

1. 采用方形框架梁时，应当使用一个起重机吊钩吊四根绳。

如果使用两台起重机分别吊两端，两台起重机存在操作不同步的可能性，如果两个吊钩产生相对分离的运动，就会导致撕裂框架的事故发生，因此做吊装方案的时候，要确定是使用一台还是两台起重机去吊被吊物体。

图 2-27 所示的做法是临时措施，正常情况下应当避免出现这样的吊装方式。1997 年，在某港口，使用两台吊车吊一台 136 t 的内燃机车，使用图 2-27 所示的结构型式，由于在

转动过程中，两台起重机不能够保持吊钩间的距离不变，产生分离运动，导致两侧的钢丝绳与框架的连接件撕裂，险些酿成事故。

如果不能事前判断起重机的数量，就要对吊装方案作出调整，把框架梁变成组合结构，能分能合，如果一台起重机的能力足够，就用方形框架梁，如果在现场需要用两台起重机，可以把框架梁拆开，用图 2-30 的方式吊装。

图 2-30　双横梁双起重机吊双层客车

2. 如果一台吊车的起重能力足够，应当按照图 2-17、图 2-18、图 2-28、图 2-29 所示的方案，选择一种。

3. 如果被吊物体的抗压缩能力足够，建议使用图 2-28 和图 2-29 的吊装方案。

四、梁和绳的关系

根据梁的结构，绳索长度的处理有两种方案：直通方案和两段方案。

（一）直通式绳索方案

以框架梁为例，图 2-27、图 2-28 和图 2-30 就是一根绳从吊钩开始，越过框架梁直达物体的吊点，四个吊点就用四根绳，这种方式的优点是绳索是一整根，绳没有中间环节，吊点的力通过绳直接传给了吊钩，减少了力的传递环节，降低了事故概率，所以许多设计师偏向于选用这种绳索。

此方案中梁对绳有支撑作用，撑出空间，梁要从绳的中部卡住绳，让绳来承担梁自身的重力。绳也可以通过梁端部的圆孔，梁并不卡住绳，另外安排一根绳挂在吊钩上，拉住梁。

（二）两段式绳索方案

以框架梁为例，图 2-7 和图 2-31 就是从吊钩到梁上表面是一段绳，从梁下表面到吊点又是一段绳，这样被吊物体有四个吊点，框架梁上就有八个连接点，梁上有四根绳，梁下有四根绳，框架和绳索用销轴或者卸扣来连接，框架除了具有撑开绳的功能还具有上下传力的功能，吊点的力通过下段绳传给框架梁，框架梁把力再传给上段绳，上段绳传给吊钩。

两段式绳索方案的优点是绳索拆卸方便，绳索发生损坏时更换方便，缺点是增加了传力环节，框架的功能增加，质量要求也增加。

图 2-31　双横梁双起重机吊高铁客车钢结构

第四节　集装箱桥吊的吊装方案

集装箱船运输航线多、班轮多，抵达的港口多，有许多优势，有的货物不能装进集装箱，还想用集装箱船运输，于是人们想出了一个办法，把几个框架集装箱装到集装箱船的最上层拼在一起，把货物放在组合的框架箱平板上去。这样货物就能使用集装箱船进行运输了，这种方式称之为 BBK(break bulk)方式，此时就需要使用集装箱码头的桥吊进行吊装。

集装箱桥吊提供给吊具的界面不是吊钩，是一个吊架，吊架的四角有四个吊耳，供非集装箱货物吊装时使用，各个港口的吊架上吊耳的位置和结构型式都有差异，具体使用时要预先做好调研，如图 2-32 所示。

图 2-32　集装箱桥吊的吊架

下面，以某特种车的运输为例，阐述利用集装箱桥吊进行吊装的方案设计过程和最后的实际操作过程。

(一)获得基本数据

1. 特种车的相关数据:

(1)车的尺寸:12 230 mm×2 630 mm×4 040 mm。

(2)轮距(四轴车):1 800 mm+4 575 mm+1 400 mm。

(3)质量:24 890 kg。

(4)用绳网做吊带,兜住车轮,四个绳网的吊点的距离是 6 175 mm×2 630 mm。

2. 集装箱桥吊的相关数据:

(1)起重能力是 70 t。

(2)升高 42 m。

(3)向海侧移动 70 m,沿着岸线可以移动整个船长度,本次吊装操作中,从海岸线起需要移动 12 m。

(4)集装箱桥吊吊架提供了四个连接点供钢丝绳连接,这四个连接点可以看成四个吊钩,四个吊钩的相对位置是确定的,同步运动。

(5)各个型号桥吊提供的四点位置不相同,为了方便,可以按照长方形的四个顶点来测算四个吊钩的位置,这个长方形的尺寸是 5 000 mm×2 200 mm,如图 2-33 所示。

图 2-33　集装箱桥吊吊架上的吊耳

集装箱吊架上部至少有四个吊点,四个吊点可以提供 70 t 的起吊能力,每个点可以提供 17.5 t 的起吊能力。

3. 特种车吊装技术要求:

(1)四根绳连接四个连接点。

(2)特种车要处于水平状态。

(3)总质量不超过 70 t。

(4)单点质量不超过 17.5 t。

(5)此时集装箱桥吊的吊架处于水平状态。

4. 重心位置和拉力测算:

(1)经过测量和计算,重心位置横向偏离几何中心线 31 mm,纵向偏离车轴的几何中心线 864 mm,如图 2-34 所示。

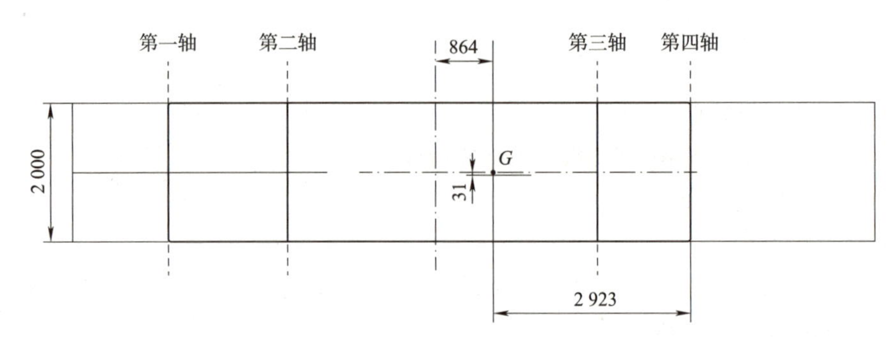

图 2-34 特种车重心位置(单位:mm)

(2)由于车的重心在宽度方向偏移几何中心线 31 mm,可以忽略不计,可以认为特种车前面的两根绳受力相同,后面的两根绳受力相同。前面两根绳受力共计 9 290 kg,单侧受力 4 645 kg,后面两根绳受力 15 600 kg,单侧受力 7 800 kg;每一点的拉力都不超过集装箱桥吊吊架单点的起吊能力,只要分配好四根绳索的力即可。

5. 吊装方案分析

(1)如果单吊钩吊特种车,需要配好绳索和框架,让吊车吊钩的铅垂线通过特种车的重心即可。

(2)如果用集装箱桥吊的吊架吊特种车,需要保证提供给四根绳的力能够满足要求,通过框架或者机构重新分配给集装箱桥吊的吊架即可。

6. 吊装方案设计

(1)吊装方案一:用单吊钩吊装,只用吊带和两根横梁,如图 2-35 所示。

这个方案需要长度准确且不相同的四段绳索,而且用一个吊车吊钩进行起吊,由于是用集装箱桥吊吊特种车,所以没有采用这个方案。

(2)吊装方案二:用集装箱吊架,吊架用四根绳索汇聚一点,如图 2-36 所示。

这个方案需要一个方框架,下部四根绳需要有两种长度,要准确控制绳的长度;上部需要四根等长的绳。

(3)吊装方案三:不用横梁,四根吊带直接连接在吊架的连接点上。

这个方案要对绳进行精确的设计和计算,实际制作时要精确控制绳的长度,以实现顺利吊装的目的,如图 2-37 所示。

(4)吊装方案四:两根横梁和两根绳。

港口最终采用了这种方案吊装特种车,选用两根与车体长度方向相同的横梁,用两根绳捆住两根横梁,让两根横梁的距离与特种车的宽度相匹配,上边用四根绳与集装箱吊架的四角连接点连接,这些是港口工具室里现有的材料,最为便捷。

港口采用的方案中,横梁上边的四根绳是等长的绳;选择把下边的四根绳中车尾方向的两根绳缩短,实现移动重心位置的目的,如图 2-38 所示。港口实际吊装的现场情况如图 2-39 和图 2-40 所示。

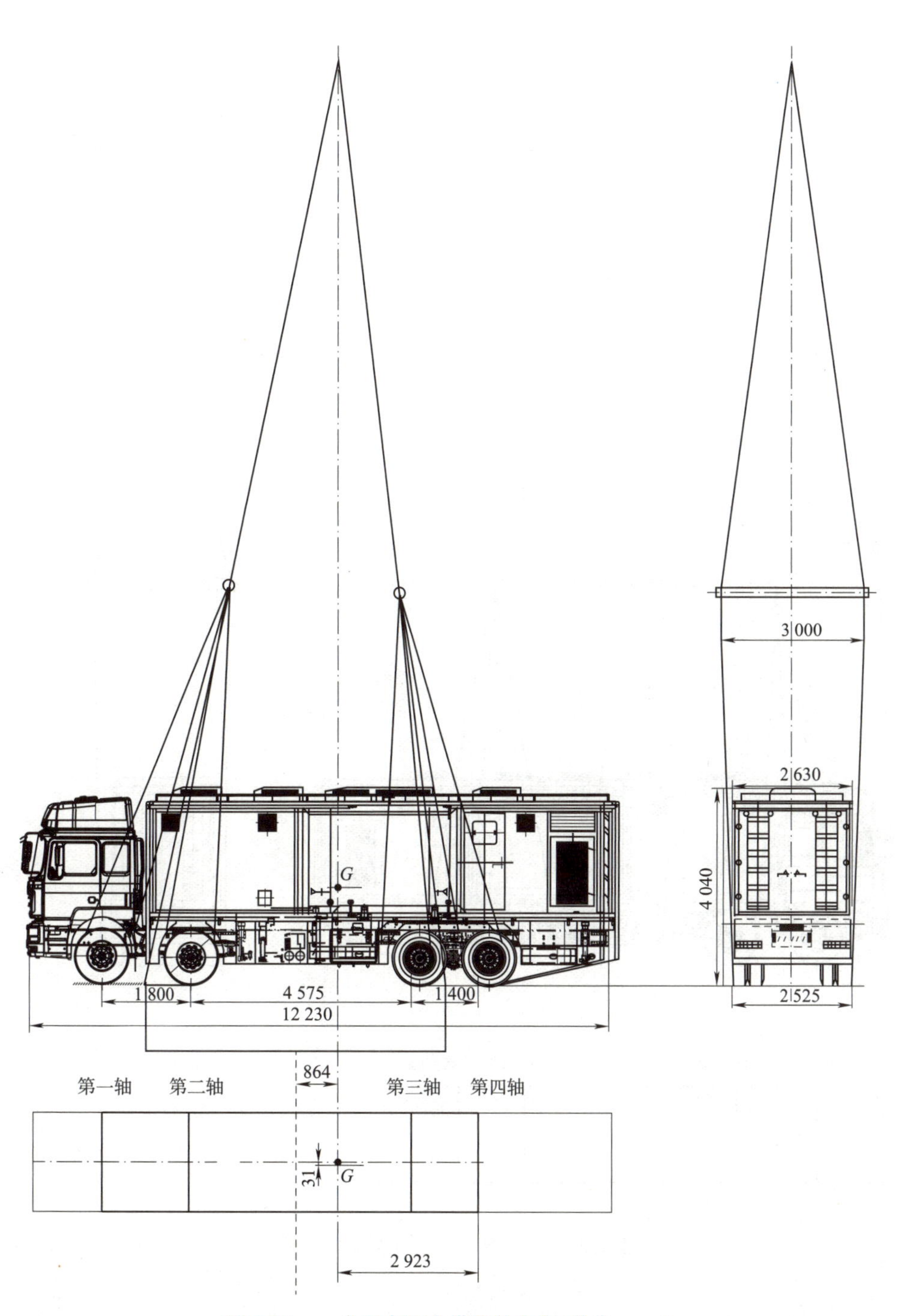

图 2-35　一个吊点两个横梁的方案(单位:mm)

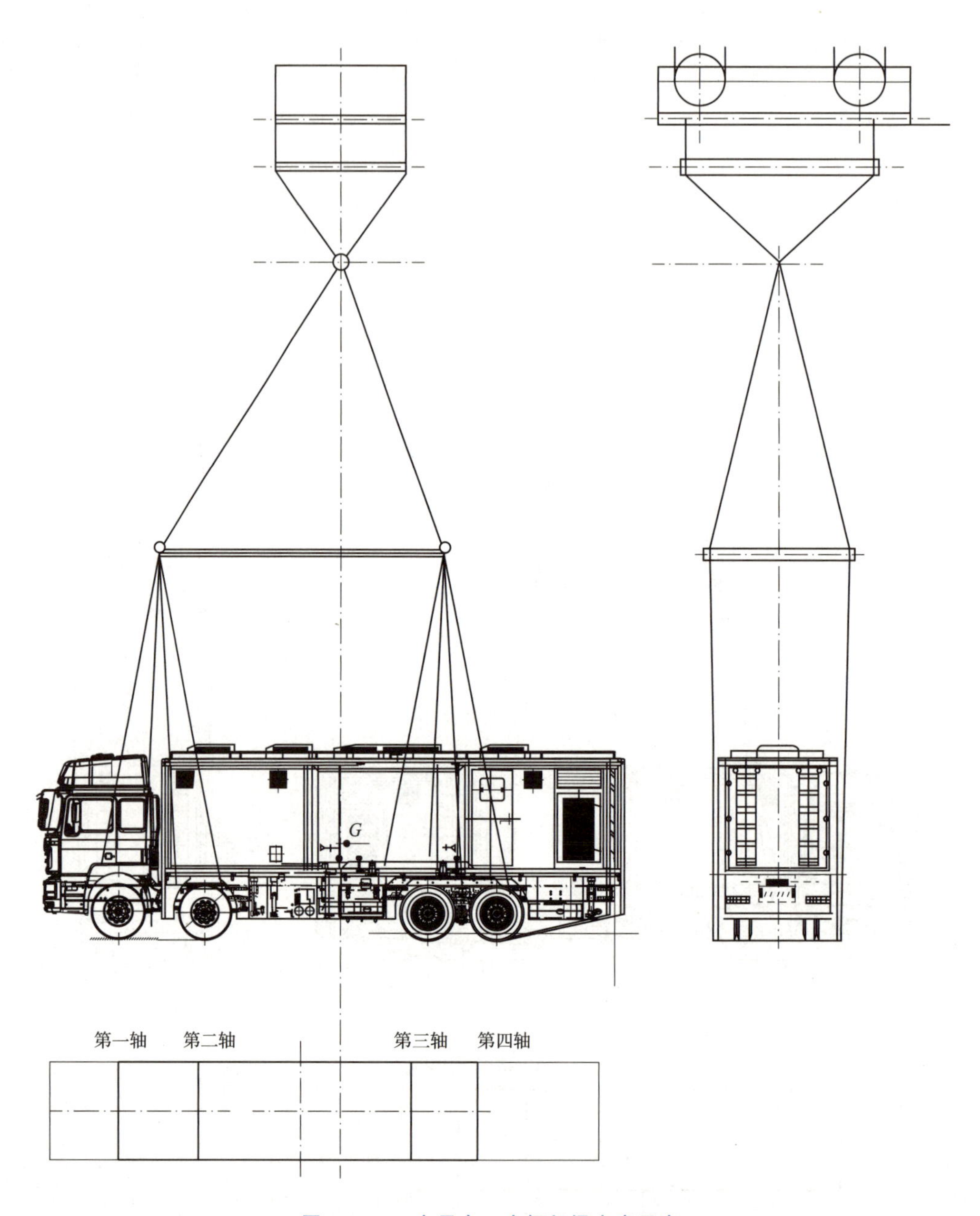

图 2-36　一个吊点一个框架梁方案示意

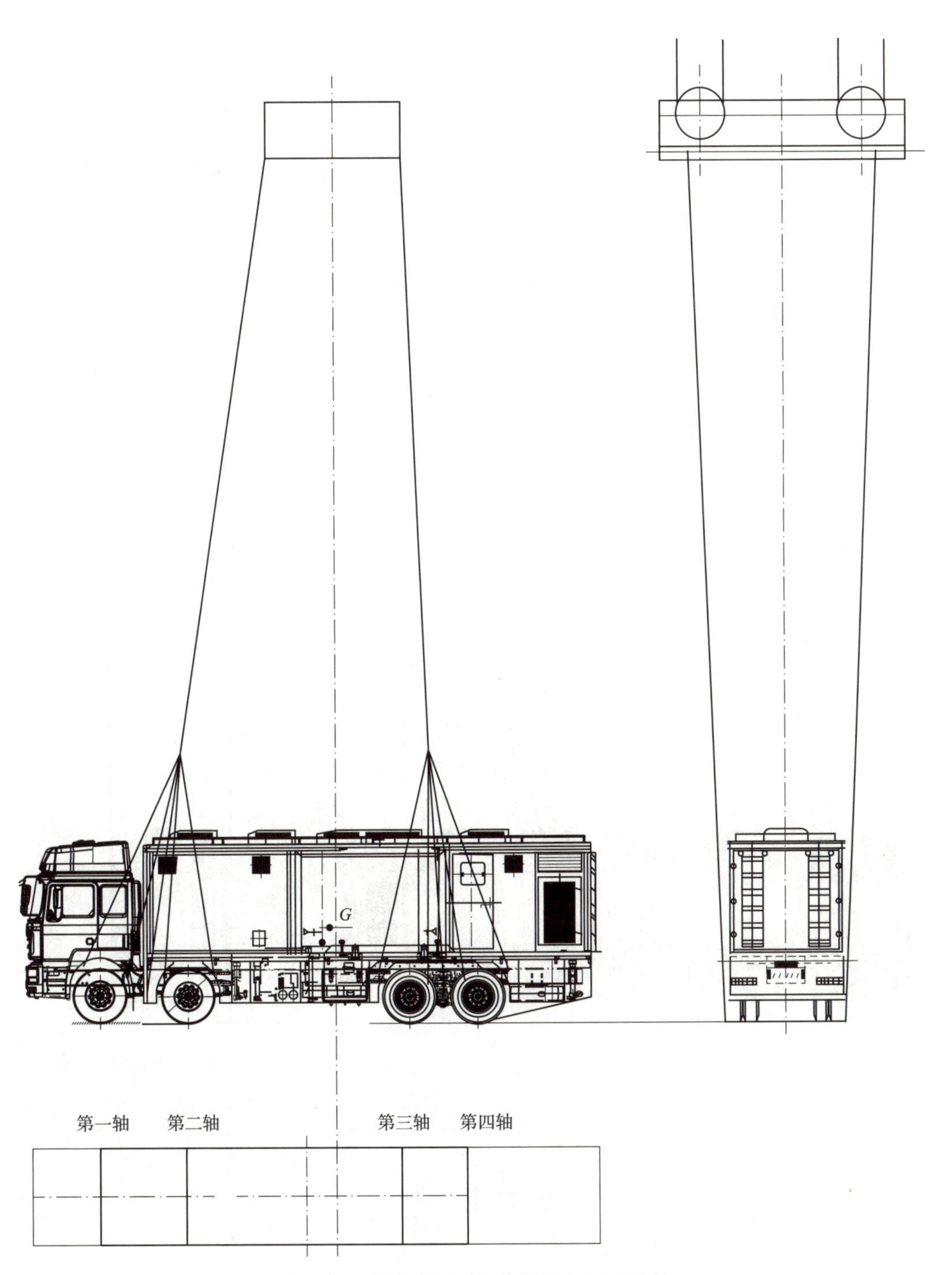

图 2-37　吊带直接接入集装箱吊点的方案

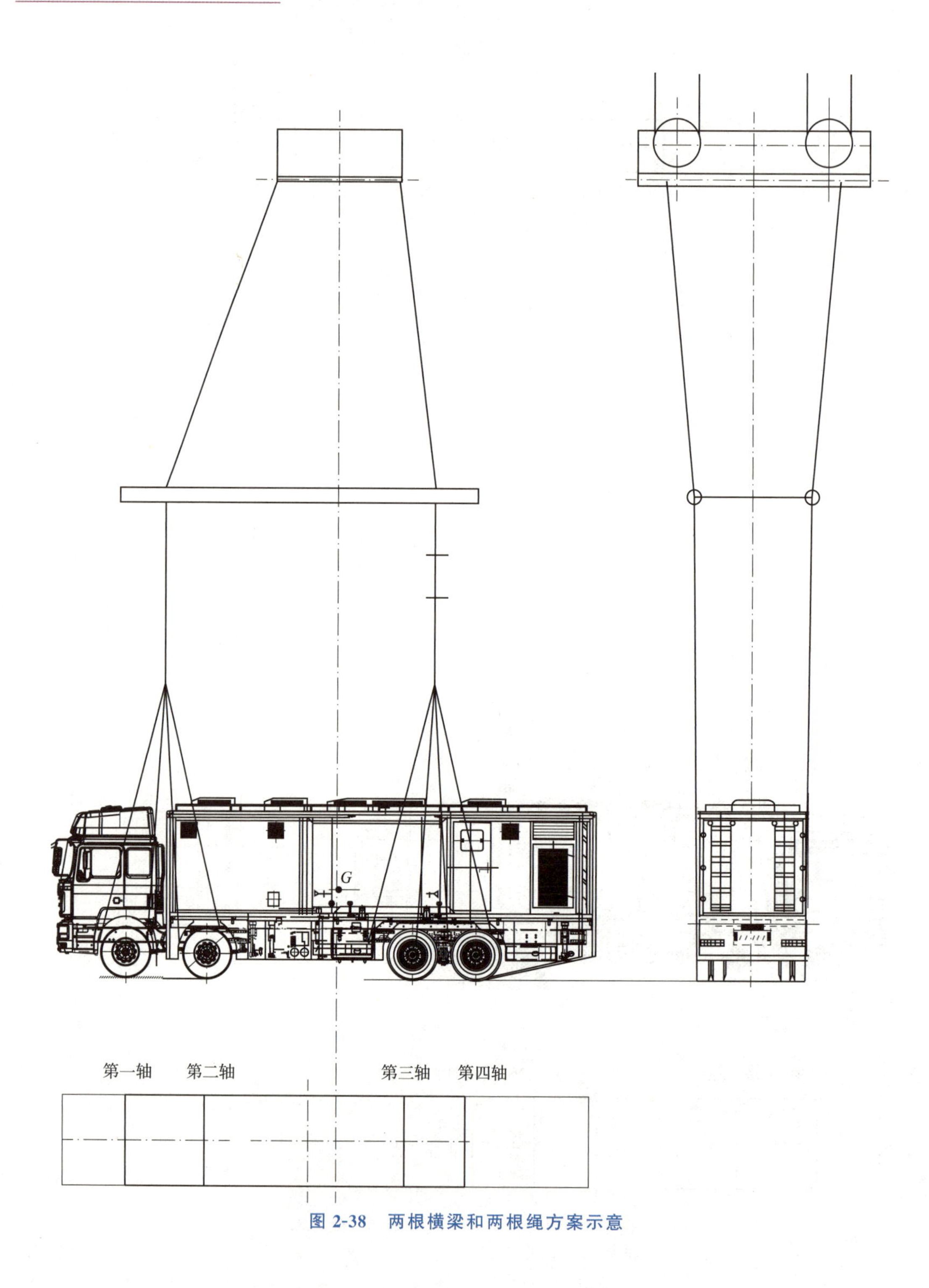

图 2-38　两根横梁和两根绳方案示意

图 2-39　港口实际吊装（一）

图 2-40　港口实际吊装（二）

第三章　吊具结构型式

有了吊装的总体方案，还要从力的分解和传递的角度深入研究吊具的结构样式。清晰地认识吊具的结构原理，设计吊具的时候选择一个合适的吊具结构，既能为力的传递提供有效、安全的路径，也能为设计一个性能良好的吊具打下基础。

第一节　力到吊点的传递

起重机提供给吊具的力是一个向上的力，作用点在起重机吊钩上，吊具要把这个力接受过来并传递给被吊物体，按照需要分配到各个吊点上。大件、重件的吊装吊具设计中，通常把一个力分解成四个力，即起重机吊钩一点，被吊物体有四个吊点，力从一点传递给四点，这是在吊具结构型式研究过程中的典型问题。

常用的传递方法有三种。

一、方法一

起重机吊钩挂四根绳，四根绳直接连接到被吊物体的四个吊点上，中间不用其他结构，适用于起重机吊钩和被吊物体的吊点之间没有障碍物的情况，如图 3-1 所示；也可以使用纵梁，起重机吊钩挂两根绳，纵梁两端下面挂四根绳，如图 3-2 所示。

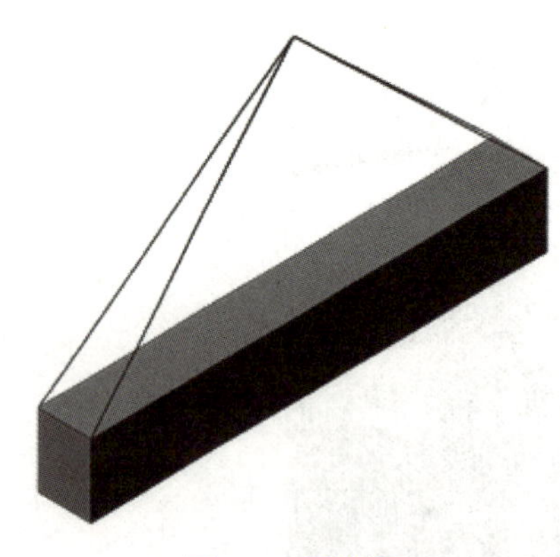

图 3-1　无纵梁

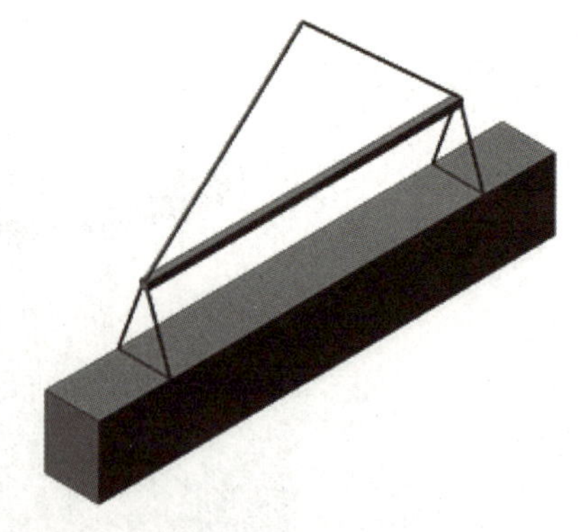

图 3-2　有纵梁

二、方法二

起重机吊钩挂四根绳，中间用一个框架结构把四根绳撑开，四根绳垂下来，绳的下端直接到达吊点，这种情况适合吊钩与吊点之间有障碍物的情况。

常用的撑开结构有方形框架（图 3-3）、交叉框架（图 3-4）、“工”字形框架（图 3-5、图 3-6）、横梁和顺梁分离型构架（图 3-7、图 3-8）。其中，交叉框架是把力的主要作用方向作为主要矛盾来解决，用主要结构在这个方向上进行支撑，以保证解决最大受力方向的力的传递，同时为了保持框架的稳定，四边用界面较小的槽钢进行了连接，这样的结构可以保证不会失稳。这种结构，是对力的作用方向有一个比较清晰的认识的情况下做出的选择。

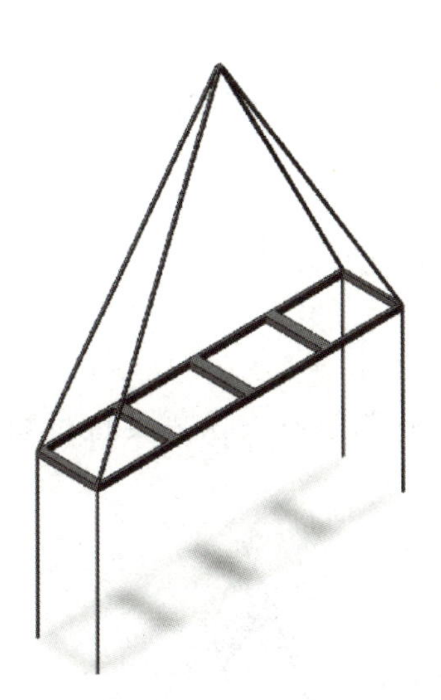

图 3-3　方形框架

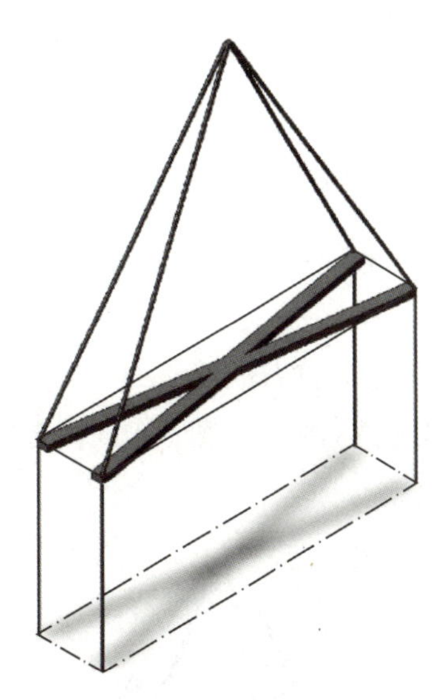

图 3-4　交叉框架

图 3-5　上部四绳“工”字形框架

图 3-6　上部二绳“工”字形框架

图 3-7 组合梁上部四绳

图 3-8 组合梁上部二绳

三、方法三

绳索斜拉方式(图 3-9、图 3-10)和无顺梁吊装方式,这种方法需要被吊物体能够承受纵向压力。

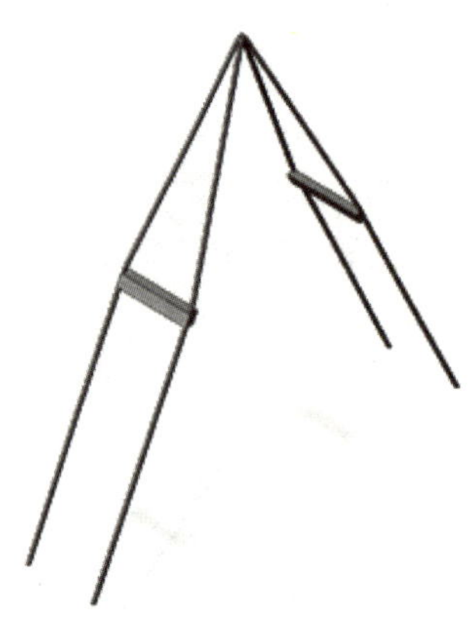

图 3-9 斜拉二横梁

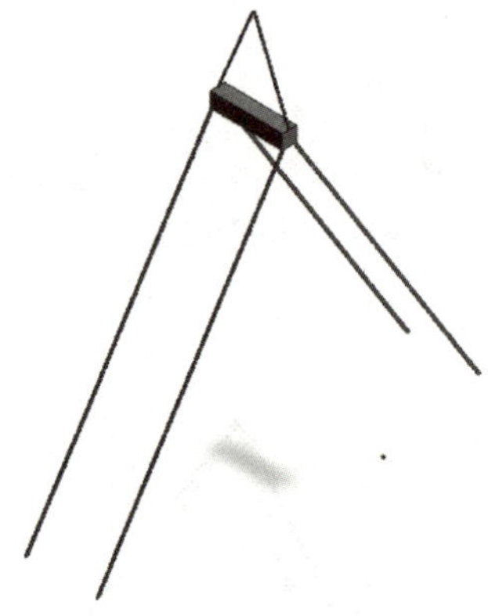

图 3-10 斜拉一横梁

大件吊装时,把一个力分解成四个力,主要有这十种方案;或者说,在只有一个吊钩时,有这十种吊具结构可以选择,这些结构实践中也都有应用。这十种方案是设计师在设计时,作为参考的基本结构形式。

在图 3-1～图 3-10 的十个方案中,如果从节省吊具费用的角度考虑,图 3-10 所示的方案是价格最低的吊具,只有一根横梁;但在实际生产活动中,图 3-3 所示的方案使用最多,是因为这种结构符合人的思维习惯,也容易被大多数人接受。作为一个设计师,选择吊具的型式,首先要考虑的是功能和安全,其次是方便,最后才是成本低,千万不要把降低成本放在第一位。

这些基本结构,在针对具体的被吊物体的时候,都会有一些细节的变化,设计师要根据实际的情况进行结构调整，如图 3-11～图 3-16 所示。

图 3-11　槽钢制作的方形框架和稳定吊装

图 3-12　槽钢和工字钢制作的交叉框架

图 3-13　上部四绳横梁顺梁分离型(一)

图 3-14　上部四绳横梁顺梁分离型(二)

图 3-15　斜拉二横梁(一)

图 3-16　斜拉二横梁(二)

第二节 力到多吊点传递

在运输实践中，根据结构和强度的要求，有的被吊物体提供了六个吊点、八个吊点、十个吊点，甚至更多，这种情况下，更要把起重机吊钩的力有效、安全地传递给吊点。被吊物体有四个以上的吊点时，为了实现多点吊装，需要精心设计吊具的传力结构。

在被吊物体设计的时候，吊具设计师要对吊点提出如下要求：吊点的性质要一致，结构要相同，位置要尽可能在同一高度上；如果吊具设计师熟悉产品的结构，也可以提出设置吊点的结构图和位置图，供被吊物体设计师参考。吊具设计时要让每一个吊点的相对位移基本相同，让每一个吊点的受力基本相同，让被吊物体处于稳定状态，除了吊点外，吊具不能与被吊物体发生干涉。

如果被吊物体具有多个吊点，要尽量避免用两台起重机吊装。因为使用两台起重机时通常是两个人操纵的，两个起重机吊钩之间的距离是时刻变化的。尤其在使用方形框架时，两个吊钩的距离过小或者过大都会导致连接处撕裂，情况严重的时候会导致吊装事故。如果在某些特殊的情况下，一定要使用两台起重机吊装，则需要对吊具进行特殊的设计，以保证每个吊点的受力基本相同；同时要避免使用方形框架。

在多吊点的情况下，除了传力的可能性和可靠性之外，还要考虑吊具管理的可操作性，既要传力可靠，也要管理方便，根据具体的操作环境，选用合适的结构。

一、关于六个吊点

被吊物体提供六个吊点，大多是因为难以找到四个合适的位置做吊点；同时，如果选择最外边的四个点做吊点，被吊物体的强度无法满足要求，所以在中间补充两个点，例如三转向架的内燃机车就是一侧三个吊点，共计六个吊点。

在一个吊钩和六个吊点的情况下，常用的吊具结构有如下四种。

(一)方案一

一纵梁一框架方案。采用这种方案吊装能均匀分配六个点的位移，保证六个点的高度一致。采用这种吊装方式，机车不承受纵向力，如图 3-17 所示。

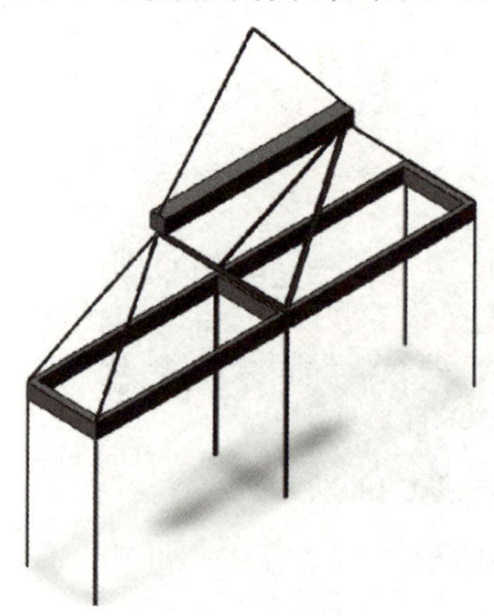

图 3-17 六吊点吊具结构示意(一)

（二）方案二

两根横梁方案。采用这种方案吊装时，需要把绳子的长度计算好，制作时保证绳子的长度一致，让下边的绳子能够按照要求受力，让每个吊点向上的力一致。这个方案要求被吊物体能够承受纵向载荷，如图 3-18 所示。

图 3-18　六吊点吊具结构示意（二）

（三）方案三

如果六个吊点处不能够承受纵向力，除了采用结构一的方案，还可以采用如图 3-19 所示的方案，把力传给六个吊点。在制作这种吊具时，要精确制作连接绳索的长度，以保证能够实现设计目标。

图 3-19　六吊点吊具结构示意（三）

（四）方案四

有的被吊物体中间段载荷较高，故提供了六个吊点，此时，还有以下四种方案供选择（图 3-20），这几个方案要求提供的六个吊点有相同的高度，这样在吊装时确保被吊物体不弯曲，不会发生永久的损害，保持原有的性能。

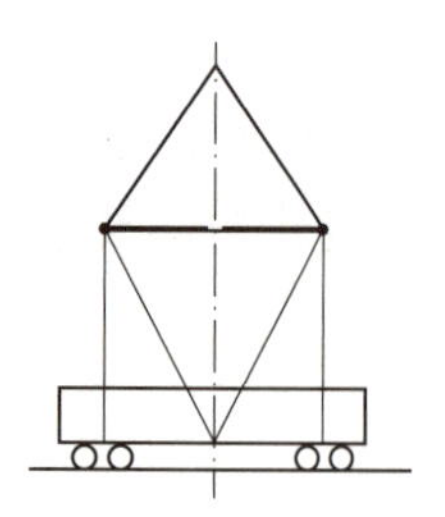
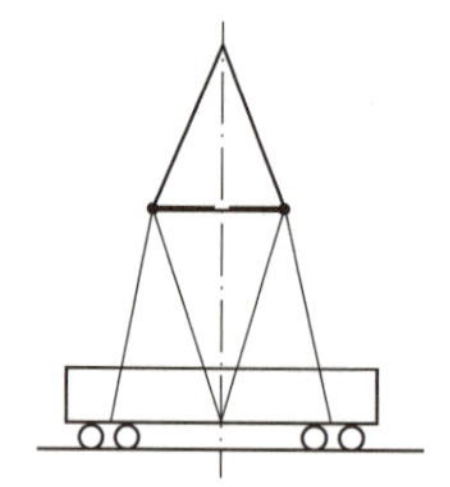
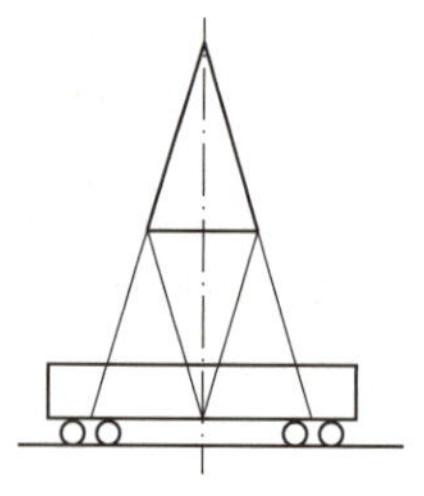
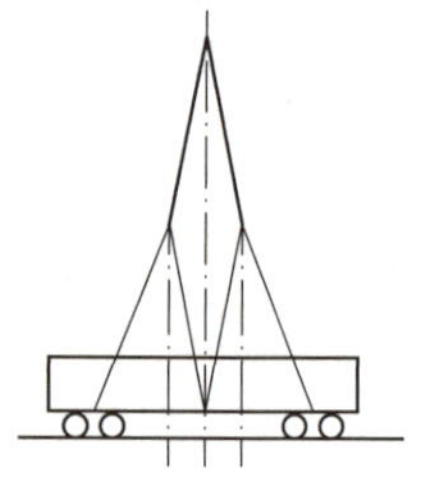

图 3-20　六个吊点的其他方案示意(图中为一侧三个吊点)

二、关于八个吊点

(一)方案一

有的被吊物体,提供了八个吊点,如果吊点可以承受纵向力(例如变压器)就采用如图 3-21 所示的方式。

图 3-21　八个吊点的吊装方案示意(一)

采用这种方式吊装,要让几根绳索的角度能够科学分配传递的力,让下边的绳索能够按照要求受力,让每个吊点向上的力一致。

(二)方案二

如果对吊点之间上下位移的吊装精度有比较高的要求,可以采用框架式吊具,如图 3-22 所示。

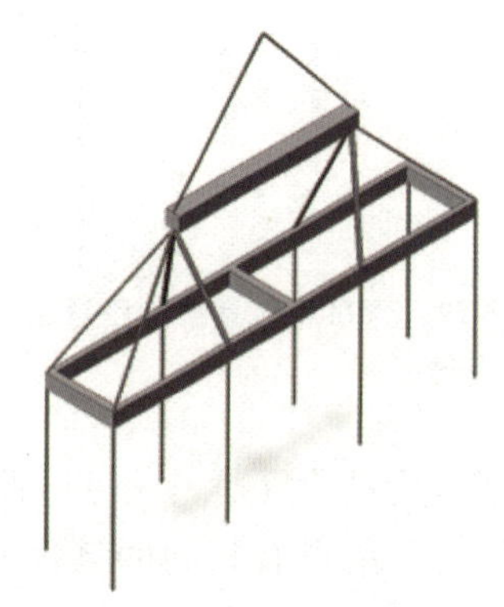

图 3-22　八个吊点的吊装方案示意(二)

采用这种方式吊装，一个吊钩的力，可以按照需要传递到八个吊点上，这个吊装结构是把一个力线分解成两个力，两个力分解成八个力，八个力作用在一个长方形框架上。

（三）方案三

在八个吊点的情况下，也可以采用如图3-23所示的方式吊装，通过二次传递，把一个力按照需要的数据分配到八个吊点上去，这种方案要平衡地分配两边的力。

图3-23 八个吊点的吊装方案（三）

图3-17～图3-23所介绍的方案，都需要准确地计算绳索的长度，实际制作时，相同长度的绳长度公差控制在10 mm之内。

（四）方案四

在八个吊点的情况下，还可以用横梁杆件组合的方式组合出能够吊八点的吊具，如图3-24所示。这种结构在现场利用现有材料进行吊装时容易实现，如果是重新设计吊具，就不宜采用。

图3-24 八个吊点的吊装方案（四）

三、关于十个吊点

有的被吊物体，提供了十个吊点，此时既可以采用一个框架的方式，也可以采用两套吊具组合的方式；如果原有的吊具结构较多，可以用原有吊具元件组合出一个新吊具，如果原有的吊具元件不足，只能重新设计。

（一）方案一

一个框架方式。采用这种吊装结构，一个吊钩的力可以按照需要传递到十个吊点，如果中间的吊点受力比较大，就要提高框架梁中间部分的刚度，以解决受力均匀问题，如图 3-25 所示。

图 3-25　十个吊点的吊装方案示意（一）

（二）方案二

两套吊具组合方式。采用两套吊具组合的方式时十个吊点的高度要精确测量，对吊具要很好地控制各个零部件的尺寸，尤其是钢丝绳的长度要准确、一致，可以把力按照需要传递到吊点，如图 3-26 所示。

图 3-26　十个吊点的吊装方案示意（二）

四、关于单向八个吊点以上吊具

有的被吊物体，是一个细长的杆件或者细长板材，提供了八个吊点（或者十个、十二个吊点，以下同），但是这八个吊点分布基本呈现一条线，或者根本没有现成的吊点，需要吊具设计师想办法找到吊点，此时可以使用一根大梁或者短横梁组合。

（一）一根大梁

起重机吊起一根大梁，大梁的长度覆盖吊点长度，在每个吊点对应的大梁上挂好绳索，让绳索与被吊物体相连接，就实现了吊装的目的。线性分布的吊点也要计算好被吊物体的重心位置，如图 3-27 所示。新设计的吊具宜采用此结构，根据变形需要，选择框架结构的尺寸，以满足变形的需要。

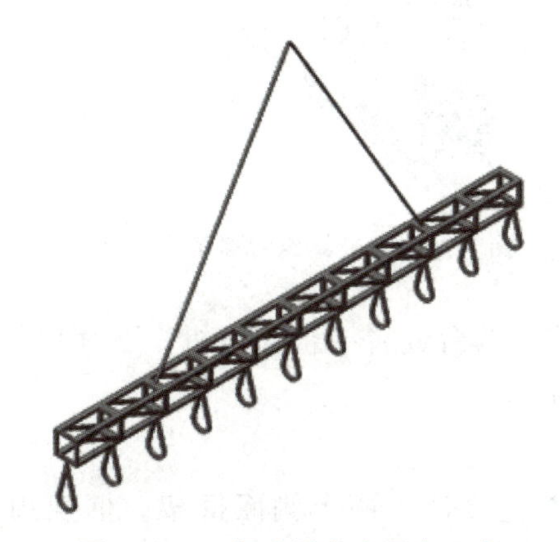

图 3-27　一根大梁多个吊点示意

例如：吊运不锈钢板，单个钢板尺寸 21 000 mm×200 mm×1 mm，一包 25 张，尺寸是 21 000 mm×200 mm×25 mm，非常软，如果只吊两点、四点或者六点，不锈钢板就会弯曲，导致报废。为了吊装钢板，采用了一根长框架梁，下边挂上合成纤维吊装带，用了 10 根，平均 2 000 mm 挂 1 根，顺利地完成了吊运。

（二）短横梁组合

适用于原有库存吊具元件比较多，用现有的元件通过组合的方式就能组装出一个新吊具，完成临时的吊装任务，对于细长杆件类被吊物体比较合适，如图 3-28 所示。这种情况适合于临时组装吊具，新设计吊具不建议采用。

这种组合的吊具，吊具高度比较高，适合在露天作业，例如在港口卸船时。如果是在厂房内部使用，可能会由于厂房高度的限制而比较困难。

五、关于二十个吊点

二十个吊点在实际生产中很少见，例如磁悬浮车车体运输时需二十个吊点。车体下有十根横梁，横梁是用来连接车体和轨道以产生拉力的电磁铁。长途运输时会拆掉电磁铁，十根横梁在车体的每一侧提供了十个吊点，两侧共计二十个吊点。吊运时二十个吊点

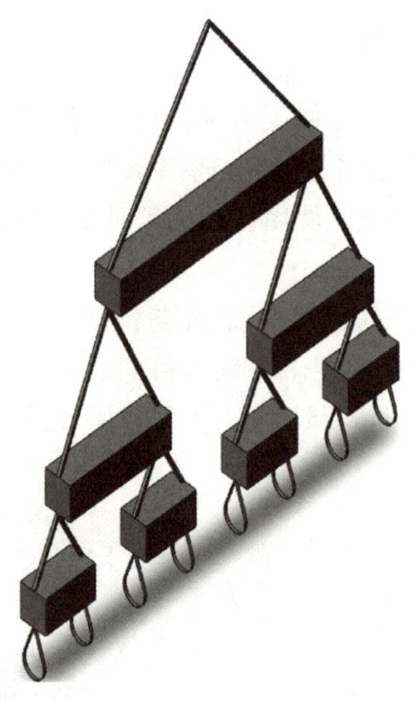

图 3-28　短横梁组合多个吊点示意

的高度差要求小于 5 mm，使用两台或者一台起重机。下面以笔者吊装磁悬浮车的实践为例，阐述二十个吊点的结构形式。

（一）吊具框架方案

为了运输磁悬浮车体，首先设计了两个侧面框架。框架用 200 mm 的方形钢管作为主材，框架长度约 25 000 mm，宽度约 2 000 mm，框架的下表面通过大型龙门铣床进行机械加工，保证底面的平面度小于 1 mm，上下表面的平行度小于 3 mm，一对框架梁同时加工，保持高度完全相同，把两个框架放在车体的两侧。让框架底面的安装孔与磁悬浮车体的横梁连接，保证横梁的平面度小于 5 mm。

为了保证车体十根横梁的平面度小于 5 mm 以保护横梁的结构形状，设计吊具时，在顶部设计了两个方形框架，也是用 200 mm 的方钢管制造，同样在龙门铣床上进行加工，保证平面度小于 1 mm，两侧的平行度小于 1 mm，一个方形框架上有一个吊点，两个框架提供了两个吊点。

把两侧侧面框架和两个顶部框架按照图纸要求进行组装。组装完成后就形成一个特殊的吊具：十根磁悬浮车的横梁、两个侧面框架和两个顶部框架组成了一个长方体的框架笼子，把磁悬浮车体装进其中，四周的框架提供了足够的精度和刚度，满足磁悬浮车体高精度运输的需要。

（二）运输过程

在磁悬浮车生产制造厂，用这套吊具把磁悬浮车装上铁路平板车，在千里之外的火车站，用这套吊具把磁悬浮车装上特殊公路平车，运送到达磁悬浮性能试验线后又用这套吊具把磁悬浮车吊上试验线的轨道，如图 3-29 所示。上线五天后，磁悬浮顺利起浮，沿着轨道正常运行。这套吊具满足了磁悬浮车严格的吊装技术要求，保证了磁悬浮车的质量。

图 3-29　磁悬浮车的多点吊装

第三节　框架和梁的结构

一、长方形框架

在吊具设计中，常使用长方形框架实现一点到多点的力的传递分解。使用框架的目的，一是为被吊物体提供多个垂直向上的力，把吊钩的一个力通过框架分解成四个、六个、八个或者更多的力；二是给被吊物体创造一个安全的空间，防止吊具和被吊物体相互干涉，防止损害被吊物体，防止引发事故。

（一）框架材料

吊具的长方形框架，可以用槽钢、工字钢、H 形钢、圆钢管、方钢管等材料制作；也有用钢板拼接，焊接成一个钢框架，图 3-12 中的框架梁就是用钢板和槽钢焊接成的。

1. 用钢板制作的方形框架。用钢板做框架的主要材料，可以按照设计师的要求，焊接出需要的结构，实现设计的功能，如图 3-30 所示。

图 3-30　使用钢板制造的框架

2. 用钢管制作的方形框架。用钢管做框架的主要材料，表面光滑、完整、美观，可以根据需要进行拼装，可以做成桁架结构的框架，如图 3-31 所示。

3. 用小角钢制作的桁架结构框架。用小角钢进行焊接，组成一个小支架梁，把几个支架梁组装到一起，拼成方形框架，如图 3-32 所示。

桁架结构框架的优点是重量轻。但是这样也有风险，即必须保证每个焊缝都要有较

图 3-31　使用钢管制造的框架

图 3-32　桁架结构的方形框架

高的质量，才能满足起重作业对框架结构的高质量要求。如果是单件制作，不宜采用这种方案；若是专业钢结构焊接厂制作，具有保证焊接质量的能力，可以采用。

焊接后要对每一段型钢材料进行探伤，要对每一条焊缝进行探伤，鉴于制造质量管理的困难，这种结构应用不多。

（二）框架的技术要求

方形框架设计时要考虑：强度、刚度、稳定性、操作空间、支撑座、组合体的分解方式。

1. 强度要足够。要留有足够的强度安全系数，可以用材料力学的方法或者有限元方法计算强度。许多设计实践当中，设计师可以借鉴传统结构进行基本的材料力学计算，有经验的设计师可以根据自己的经验判断新结构的强度是否足够，然后进行核算。

2. 刚度要足够。要留有足够的刚度安全系数，框架的刚度计算主要是计算材料的变形。相关内容会在后续章节进行详细阐述。

3. 稳定性。框架结构的稳定性有两个方面的内容，一个是杆件的稳定性，另一个是整体结构的稳定性。稳定性十分重要，刚度要足够不能失稳，对于压杆件要做稳定性复核；

有经验的设计师对于结构的稳定性也可以直观地进行判断，必要时进行复核。

目前的三维设计软件，都可以进行模拟计算，从而判断框架的强度和刚度是否足够，依据计算数据可以基本判断稳定性。

4. 操作空间。安装和使用吊具的操作空间是工艺性要求，绳子和卸扣不能相互干涉，拆装方便，要为扳手留下旋转的空间，为操作者留出站立和手臂移动的空间等。

5. 吊具支撑座。吊具的支撑座是为框架摆放、存储提供支撑的结构。一个框架轻则几百公斤，重则十几吨，如果没有支撑座，框架的下表面就会接触地面。在框架两端安装钢丝绳和卸扣时就需要重新垫高框架，而在现场又很难找到合适高度和强度的垫块。所以吊具设计的时候，要给框架设计一个支撑座。

6. 组合体框架。许多框架较大较重，设计师有时会设计成分体结构，运输到现场再进行组装，可以减少运输的困难。组合体应当结构完整，定位准确，连接可靠，拆装方便。

7. 框架的吊点。吊具的框架也是比较重的被吊物体，要设计出吊点来，留出能够安装卸扣的吊耳，当框架在吊具制造厂内运输、向码头运输或在现场组装时，作为吊装框架的吊点，框架的吊耳要采用正确的位置和方向。

8. 避免弯曲载荷。框架梁主要承受向内的压力载荷，要尽量避免让框架梁承受弯曲载荷。

二、横　　梁

吊具设计中，横梁是广泛采用的吊具结构。

（一）横梁的优点

1. 横梁的主要作用是撑开绳索，为被吊物体提供空间，保护被吊物体。

2. 横梁能够改变钢丝绳中力的传递方向，让力沿着设计师期待的方向传递。

3. 大多数横梁具有足够的稳定性，让设计师和现场的使用者能放心地使用。

4. 横梁易于保管，对保管条件要求不高。

5. 横梁的作用力分析比较直观和方便，吊具设计师和现场操作者都乐于采用这种结构。

（二）横梁制作材料

横梁既可以用槽钢、工字钢、圆钢管制作，也可以用厚钢板进行焊接，还可以用桁架结构制作。

变压器和双层铁路客车吊装中使用的横梁多用圆钢管制作。定子和燃机吊装中使用的横梁多用方形钢管和端部实芯钢块焊接构成，一端有一个大孔，四个小孔，可提供三种选择方式进行吊装，如图 3-33 所示。

槽钢、工字钢和钢管大多采用碳素结构钢制造，通常的材料是 Q235-A、Q345-A 等，这些型钢，根据强度计算的结果进行选用。

吊具横梁设计中也离不开厚钢板，通常的材料也是 Q235-A、Q345-A 等。吊具中的销轴，通常用 45 mm 厚钢板来制造，强度要求较高的时候，可以用 40Cr 等低合金结构钢。用来制造销的钢，要经过锻造后再加工，加工后进行适当的热处理。

图 3-33　定子或燃机吊装用横梁支架

第四节　吊具中绳与梁的关系

在吊具结构中，把起重机的拉力传给被吊物体的主要元件是绳，绳与梁的结合构成了吊具，不同的组合方式衍生出各种各样的吊具结构。在吊装结构中，梁的作用是把绳撑开，如果是撑开两根绳，就是一根梁；如果是同时撑开四根绳，就是一个框架梁。

在吊具结构中，把起重机拉力传递到吊点的绳称为主绳，把协助主绳来保持吊具结构完整起辅助作用的绳称为辅绳。从起重机吊钩到吊点使用一根绳传递力，称为一段绳结构，从起重机吊钩到吊点使用两根绳传递力称为两段绳结构。两段绳结构中，梁上面的主绳称为上吊绳，梁下面的主绳称为下吊绳。

一、两段绳结构

(一)结构介绍

图 2-7 所示就是被方形框架撑开的两段绳结构。从起重机吊钩开始，四根绳从框架上面吊起长方形框架；框架下连着四根吊绳的上端，四根吊绳的下端连接着铁路客车的四个吊点。起重机通过绳—框架—绳把拉力传递到铁路客车的四个吊点上，完成吊装作业。

在这个吊具结构中，框架上边是四根绳子，下边是四根绳子，吊钩通过上边四根绳子拉住框架梁，框架梁下边四根绳子拉住铁路客车，框架梁的作用是撑开绳子和传递力。也就是说，从吊钩到框架是一段绳，从框架到吊点又是一段绳，这样四个吊点，需要八段绳。吊点的力通过下段绳传给框架，框架再传给上段绳，上段绳传给吊钩。

两段绳结构符合大多数人的思维习惯，所以两段绳结构被大多数人认可，是一种被广泛采用的吊具结构。在码头、工厂或船上，用现有的零部件就可以组合出一副吊具来。其优点是绳索拆卸方便，绳索发生损坏时更换方便，缺点是增加了传力环节，风险环节增加，质量管理难度增大。

（二）两段绳和框架组合的作用

对于大件被吊物体，多数会提供四个吊点，吊具设计时需要用横梁或者框架把绳索撑开，为被吊物体留出足够的空间。如果吊具的绳索或者其他部件与被吊物体发生干涉，就会导致发生事故。如果吊具零部件和被吊物体发生了设计之外的干涉，可能引发吊装事故，因此在设计和使用中，要严格避免吊具零部件与被吊物体发生非设计的接触。

（三）绳与框架连接方式

两段绳结构首先要计算各段绳的受力，然后计算各个节点的受力情况，根据计算结果，选择合适的绳索和构件。如果是新设计的结构，终点要设计好绳与框架的连接方式，既要保证性能可靠，也要考虑装卸绳与梁之间方便。绳与框架连接方式主要有两种：卸扣连接和销轴连接。

1. 卸扣连接

横梁上做一个吊耳，安装上一个卸扣，卸扣再和绳的环扣连接，实现传递力的目的，卸扣的连接方式如图 3-34～图 3-36 所示。

图 3-34　卸扣连接绳和横梁示意

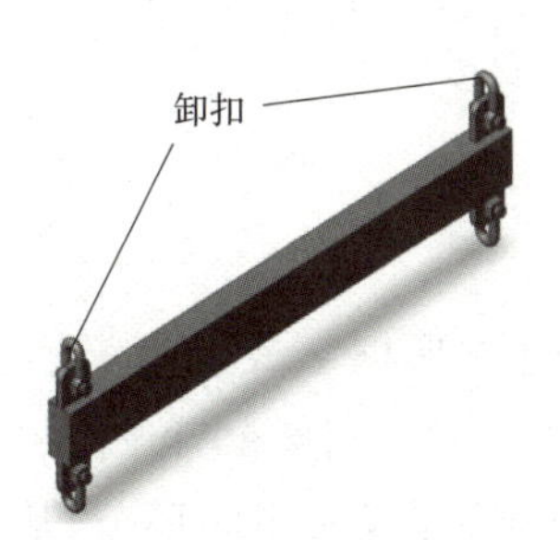

图 3-35　卸扣和横梁示意

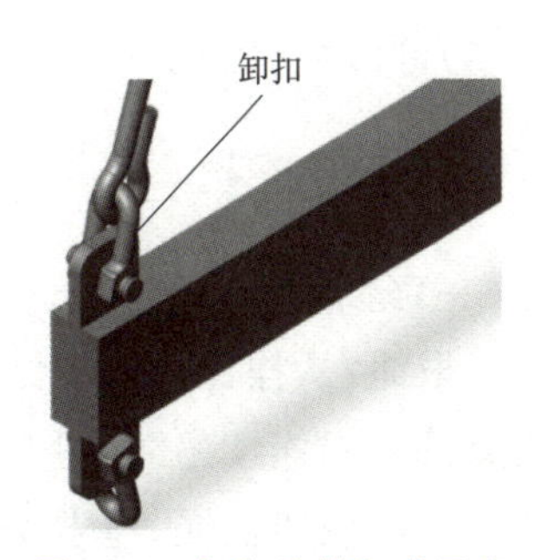

图 3-36　卸扣连接细节示意

卸扣连接具有如下优点：

（1）卸扣的结构简单。从吊具设计师到码头一线的装卸工人都喜欢使用卸扣，因为操作十分方便，所以用卸扣连接绳和横梁，成为一种广泛采用的连接方式。

（2）卸扣的性能可靠。制造卸扣的材料都是优质碳素钢和低合金结构钢，通常采用模锻的工艺制造、内部金属结构组织能够达到设计要求，表面进行合适的处理，安全系数有 4 倍、6 倍、8 倍等，如果不超过额定使用荷载且使用方式正确，不会发生断裂等事故，所以卸扣是十分可靠的吊具零部件。需要注意的是，绳的方向应该垂直于卸扣的销轴。

（3）卸扣的获得很容易。目前市场上能够买到各种结构和性能的卸扣，价格不高，这也是卸扣获得广泛应用的原因。

2. 销轴连接

横梁上做两个吊耳，两个吊耳之间预留合适的距离，把钢丝绳或者合成纤维吊带放进去，插上销轴，就可以将绳与横梁连接起来，如图 3-37 和图 3-38 所示。

销轴连接具有如下优点：

（1）连接件自己制造，可以控制质量，确保无缺陷。

图 3-37　销轴连接绳和横梁示意

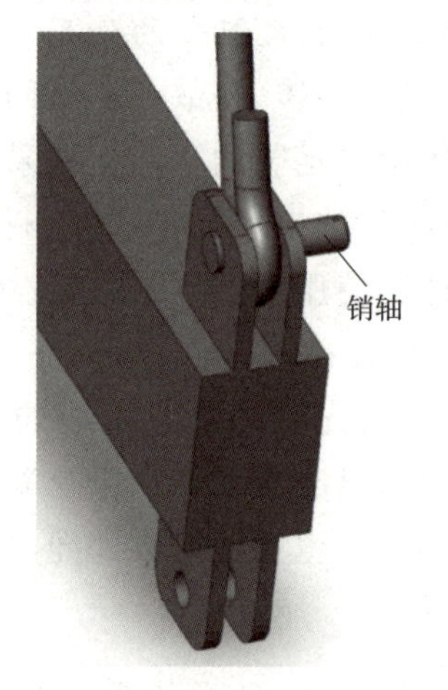

图 3-38　销轴连接细节示意

(2)连接方便,可以满足结构和尺寸上的特殊要求。

(3)可以根据需要选用合适的材料和形式,需要注意的是,绳的方向应该垂直于销轴。

二、一段绳结构

(一)结构介绍

一根绳,从挂在吊钩开始,越过方形框架或者横梁连接到吊点上,即从吊钩开始到吊点结束是一根连续的绳,图 2-27、图 2-28、图 2-30 和图 3-11 采用的就是一段绳结构。这样四个吊点就用四根绳,绳索是一整根,绳没有中间环节,从吊点到吊钩没有其他传力环节。吊点的力通过绳直接传给了吊钩,减少了力的传递环节,降低了事故概率,所以许多设计师偏向于选用这种结构。

一段绳结构中有方形框架梁时,应当尽量使用一个吊钩吊四根绳,这样可以防止钢丝绳与框架梁处的连接撕裂,避免事故的发生。使用一段绳结构进行吊装时,在设计吊具的时候,要考虑到现场一台起重机能力不够,必须要使用两台起重机进行吊装的情况。因此,设计的吊具不能采用结构固定的框架,应该设计成端梁可单独使用的组合型式。如果一台起重机的起重能力足够,可以使用图 3-11 所示的方式,简单、清晰、安全;或者采用图 2-28 所示的吊装方案,但这要求两个纵向吊点能够承受吊装产生的纵向压力,如果被吊物体的两个吊点之间不能承受这个压力,就不能采用这个结构。如果使用一台起重机的起重能力不足,必须使用两台起重机进行吊装,这个时候可以单独使用框架结构的端梁,采用图 2-30 所示的吊装方案,以避免事故。

(二)绳和梁的连接

一段绳结构当中,绳越过梁直接连接吊点,但绳中间和梁(或框架)也需要连接。一段绳结构中,梁只承载了撑开绳索的力,即梁受到的只是压力,常用的连接方式有压板连接和横梁撑开两种。

1. 压板连接

绳索是通过压板压在梁上，绳和梁之间通过摩擦传递力承担梁的重力和结构力，保持相对位置不动。绳通过梁之后改变了方向。压板连接只适用于钢丝绳，不能用于合成纤维吊装带，故合成纤维吊装带需要使用压板连接的方式经过梁的时候，通常只能采用两段绳结构。压板常用的三种结构如图 3-39 所示。

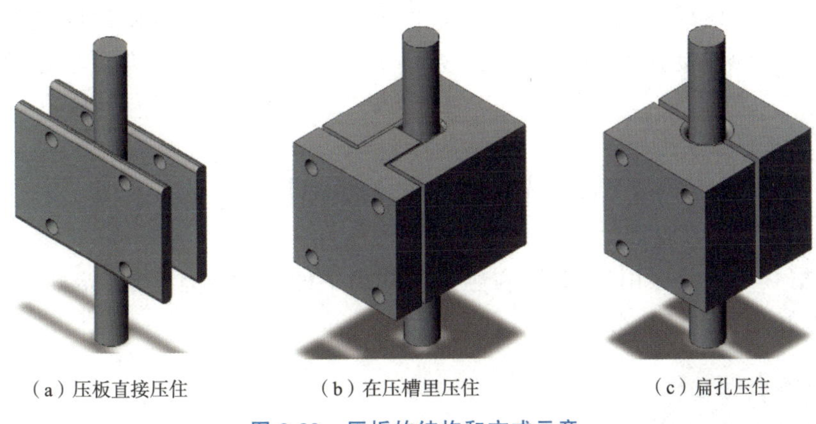

（a）压板直接压住　（b）在压槽里压住　（c）扁孔压住

图 3-39　压板的结构和方式示意

2. 横梁撑开

两根主绳通过横梁的两端到达吊点，横梁撑开两根绳，但是没有压板压住主绳，该横梁通过另外两个短辅绳挂在起重机吊钩上，拉住横梁，保持横梁和起重机吊钩的位置不变；这种方式，主绳可以用钢丝绳，也可以用合成纤维吊装带，如图 3-40 所示。

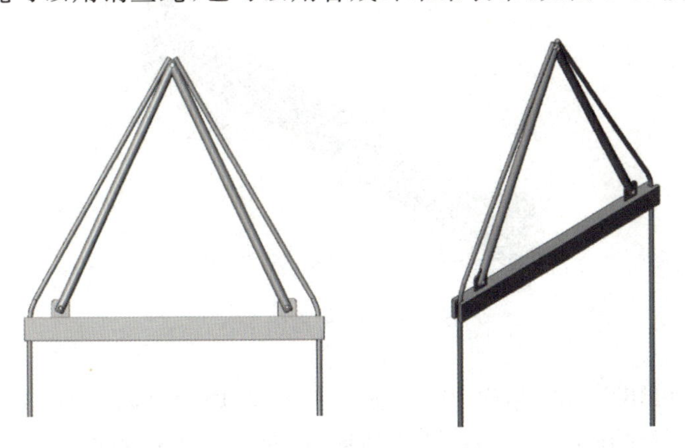

图 3-40　横梁撑开连接

在图 3-40 中间的两根绳是辅绳，外边的两根绳是主绳。辅绳上端挂在起重机吊钩上，下端连接在横梁上，只负责拉住横梁，横梁撑开两边的主绳，这样两边的主绳就在横梁处拐弯，力的方向就改变了，两边的主绳要在横梁端部的槽里，槽可设防跳结构。

主绳采用一段绳，结构简单环节少，质量控制环节清晰，有很多设计师喜欢这种方式。但是，主绳是一段绳也有缺点，就是横梁上部两侧的绳子不容易保持相同的长度，尤其是在多次使用的情况下，需要现场有人时刻观察，时时调整，增加了后期的管理难度，而且两套绳索在吊钩处互相挤压和压迫，降低了绳索的安全系数。横梁撑开时，每次使用的时候也需要使用者认真观察，检查绳的位置是否正确，两侧的绳是否入槽等。

每种连接方式，都有使用的条件，设计吊具的时候，要根据具体的情况进行选择。

本章只介绍了两种常用的绳和梁的连接方式，在生产实践当中，还有许许多多其他的连接方式。在生产现场，根据具体情况和条件处理具体的问题，以解决问题为目标，可以创造出各式各样的连接方式，对这些方式有两个基本要求，一是符合力学原理，二是安全系数足够。

第五节　横梁的典型结构

横梁是吊具中广泛应用的部件，在生产实践当中的作用非常重要，全面了解横梁的典型结构，对做好吊具设计十分重要。

一、横梁的典型结构

(一)1 号横梁

这款横梁是最常见的横梁结构，这款横梁的结构是：横梁两头上下四个吊耳，吊耳上安装一个卸扣，卸扣可以连接钢丝绳(或者吊带，以下同)上边用两根钢丝绳，汇聚到一起，挂在起重机的吊钩上，下边用两根钢丝绳，连接到被吊物体上，如图 3-41 所示。

图 3-41　通用横梁示意

横梁本体，可以用方钢管制作，也可以用工字钢、槽钢、圆钢管等制作，还可以用钢板或者用细钢管、角钢拼接成一个桁架结构的横梁；吊耳用钢板制作。

优点：结构直观简单，制作方便，应用广泛。

缺点：横梁受到上部钢丝绳斜向拉力作用，横梁受到一个附加弯矩的作用，产生了弯曲应力，为了克服这个应力，就需要加大横梁的断面尺寸，增加了横梁的重力，增加了成本。

(二)2 号横梁

这款横梁的结构是：横梁两端有四个孔，安装四个卸扣，卸扣上安装钢丝绳，两根钢丝绳汇聚一点，挂在起重机的吊钩上，下边的两根绳连接到被吊物体上，如图 3-42 所示。

图 3-42　无弯矩横梁示意

上边的两个孔正好在横梁的中心线上(这是这个横梁的核心要点),两侧的两根钢丝绳的斜向拉力,分解成一个向上的拉力和一个向横梁中心的压力,因此对横梁没有产生弯矩,所以在横梁内没有产生弯曲应力,相比 1 号横梁,2 号横梁的尺寸可以适当减小,这样就可以降低横梁的重量,也可以降低横梁的费用。

横梁本体和吊耳的制作与 1 号梁相同。

优点:横梁没有受到弯矩的作用,只受到沿轴线方向的压力,尺寸断面可以做得相对小一些,直观、使用方便。

缺点:需要技术人员进行设计,制造稍复杂。

(三)3 号横梁

这款横梁的结构由四部分组成,两端是两个连接钢丝绳的端子,中间是两根横梁;横梁两端有四个孔,安装四个卸扣,卸扣上安装钢丝绳,两根钢丝绳汇聚一点,挂在起重机的吊钩上,下边的两根绳连接到被吊物体上,如图 3-43 所示。

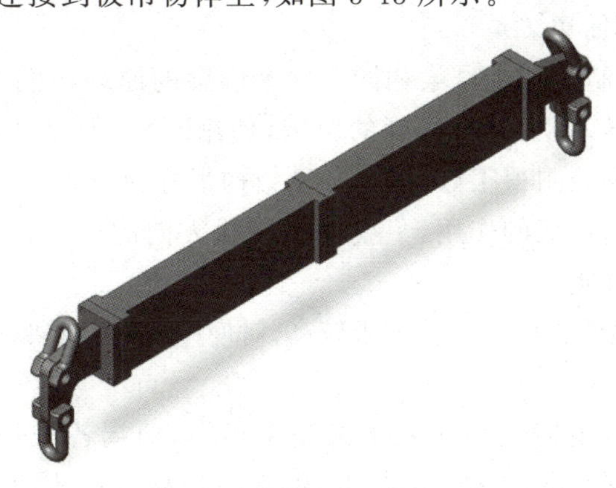

图 3-43　组合无弯矩横梁示意

上边的两个孔正好在横梁的中心线上(这是这个横梁的核心要点),钢丝绳的斜向拉力,分解成一个向上的拉力和一个向横梁中心的压力,这个力对横梁没有产生弯矩,因此没有产生弯曲应力,相比 1 号横梁的结构,3 号横梁的尺寸可以适当减小。

横梁本体和吊耳的制作与 1 号梁相同。

这个横梁的原理和图 3-42 相同，只是结构不同，这个横梁的结构采用了组合横梁结构，两端的端子可以通用，中间横梁可以根据长度的需要进行更换，满足不同吊装尺寸的要求。

优点：横梁没有受到弯矩的作用，只受到沿轴线方向的压力，尺寸断面可以做得相对小一些，直观，使用方便。

缺点：需要技术人员进行设计，零部件的制造精度要求较高。

（四）4 号横梁

这款横梁的结构是：一根横梁，两头中间开出槽来，在横梁的中间设计两个孔，穿上销轴；使用的时候，一个销轴挂 3 根绳，上边两根，在销轴上靠两侧，挂在起重机的吊钩上，中间一根绳，向下连接到被吊物体上，如图 3-44 所示。

图 3-44　直通无弯矩横梁示意

横梁的特点是一端只开一个孔，上下绳都挂到一个销轴上，上边的绳产生的带有角度的拉力，对横梁只有向中心的压力，这个力没有产生弯矩，因此横梁没有弯曲应力，相比图 3-41～图 3-43 的结构都简单。

横梁本体和吊耳的制作与 1 号梁相同。这个横梁的原理与图 3-42、图 3-43 的原理相同，只是具体结构的差异，由于绳索长度的原因，使用不多，但是从原理角度看，是一个好结构，如果绳的长度能够控制得很好，也是一种结构很好的横梁。

优点：横梁没有受到弯矩的作用，只受到沿轴线方向的压力，尺寸断面可以做相对小一些，简单、直观、使用方便。

缺点：对同点两根绳的长度一致性要求较高，对使用者的素质要求较高，因此应用不多。

（五）5 号横梁

这种横梁的结构是：主横梁和 4 号横梁完全相同，两端各增加了一个摆块和四个卸扣；横梁的上边有两个钢丝绳连接到卸扣上，汇聚后连接到起重机的吊钩上，下边的两根绳和卸扣连接，另一端和被吊物体相连接，如图 3-45 所示。

横梁的特点是一端只开一个孔，上下绳通过卸扣和摆块挂到一个销轴上，上边的绳带有角度的拉力对横梁只有向中心的压力，没有产生弯矩，因此没有弯曲应力，相比图 3-41～图 3-43 的结构都简单。

横梁本体和吊耳的制作与 1 号梁相同。

图 3-45　摆板无弯矩横梁示意

优点：横梁没有受到弯矩的作用，只受到沿轴线方向的压力，尺寸断面可以做得相对小一些，直观、使用方便。这样的结构，克服了图 3-44 中对绳要求较高的缺点，变得易于操作。

缺点：由于增加了摆块，对保管和运输提出了较高的要求，不能摔，要轻拿轻放。

（六）6 号横梁

这款横梁是与 2 号横梁具有相同的性能，仅仅是支撑材料由方钢管换成了圆形钢管，圆形钢管在各个方向的力学性能相同，如图 3-46 所示。

图 3-46　圆管无弯矩横梁示意

（七）7 号横梁

这款横梁的结构是：横梁上部中间一个吊耳，用来连接起重机的吊钩，横梁两端的下面各有一个孔，使用时在孔上安装一个卸扣，卸扣连接绳索，绳索的下端连接被吊物体，是常见的横梁结构，如图 3-47 所示。

横梁的特点是横梁受弯曲力矩的作用，横梁的断面受到弯曲应力和剪切应力的复合作用，即：横梁是靠弯曲载荷传递给两端的钢丝绳，所以横梁的端断面要比 5 号梁做得大。

横梁本体和吊耳的制作与 1 号梁相同。由于弯曲载荷的存在，横梁要进行仔细的探伤检查，杜绝先天的结构缺陷。

优点：结构可靠，制造方便，保管保存容易，检查技术状态也相对容易，所以有比较广泛的应用。

缺点：尺寸会做得较大，重量较重，成本相对较高。

图 3-47　三点固定横梁示意

（八）8 号横梁

这款横梁的结构是：横梁上部中间一个 U 形吊环，用来连接起重机的吊钩，横梁两端的下面各有一个孔，使用时在孔上安装一个卸扣，卸扣连接绳索，绳索的下端连接被吊物体，是常见的横梁结构，如图 3-48 所示。

图 3-48　圆钢吊环三点固定横梁示意

这个横梁的特点与 7 号梁基本相同，只是上部的吊耳换成了一段圆钢支撑的 U 形环。

U 形环的空间较大，方便操作，但是 U 形环的刚度可能要差于 7 号梁的结构，所以这个结构适合于重量较轻的被吊物体的吊运。

如果想吊较重的被吊物体，需要用直径较大的圆钢做 U 形环。

横梁的特点是横梁受弯曲力矩的作用，横梁的断面受到弯曲应力和剪切应力的复合作用，即：横梁是靠弯曲载荷传递给两端的钢丝绳，所以横梁的端断面要比 5 号梁做得大。

优缺点与 7 号横梁基本相同。

（九）9 号横梁

这款横梁的结构是：横梁由两块板做成，在中性面上开一排孔，中间的孔用来安装上面的吊耳，两端的孔用来安装下面链接钢丝绳的吊耳。和 7 号梁相比，吊耳的位置是可以移动的，两端的吊耳的位置也是可以移动的，可以适应重心不同的被吊物体的吊装，是一个柔性的吊具横梁，如图 3-49 所示。

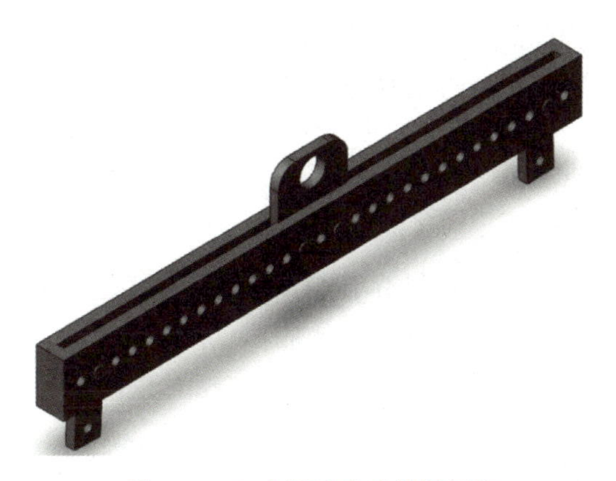

图 3-49　三点通孔移动横梁示意

横梁的特点是:横梁受弯曲力矩的作用,横梁的断面受到弯曲应力和剪切应力的复合作用,即:横梁是靠弯曲载荷传递给两端的钢丝绳,由于是两片横梁的组合,所以横梁的端断面要比 5 号梁做得大。

横梁本体可以用方钢管制作,也可以用工字钢、槽钢等制作,还可以用钢板拼接,吊耳可用钢板制作。由于弯曲载荷的存在,横梁要进行仔细的探伤检查,杜绝先天的结构缺陷。

优点:结构可靠,制造方便,保管保存容易,检查技术状态也相对容易,对有些被吊物体体积、重量、重心、变化频繁的场所,有比较广泛的应用。

缺点:加工较复杂,尺寸会较大,重量较重,成本相对较高,但是如果是在车间内或者货场内重复使用,成本就显得不多了。

(十)10 号横梁

这款横梁的结构是:横梁是由整体横梁构成,上面焊接一个长吊耳,在吊耳上开一排孔,让吊钩连接吊梁的位置能够调整,在横梁的下面,两端各焊接一个长吊耳,吊耳上开一排孔,连接下面钢丝绳的位置也是可调的。和 7 号梁相比,吊耳的位置是可以移动的,两端的吊耳的位置也是可以移动的,可以适应重心不同的被吊物体的吊装,是一个柔性的吊具横梁。和 9 号梁相比,原理和目标是相同的,只是实现的结构稍有不同,如图 3-50 所示。

图 3-50　三点移动方横梁示意

横梁的特点是横梁受弯曲力矩的作用，横梁的断面受到弯曲应力和剪切应力的复合作用，即：横梁是靠弯曲载荷传递给两端的钢丝绳，所以横梁的端断面要比5号梁做得大。

横梁本体和吊耳的制作与1号梁相同。由于弯曲载荷的存在，横梁要进行仔细的探伤检查，杜绝先天的结构缺陷。

优点：结构可靠，制造方便，保管保存容易，检查技术状态也相对容易，对有些体积、重量、重心、变化频繁地被吊物体，有比较广泛的应用。

缺点：加工较复杂，尺寸会较大，重量较重，成本相对较高。

（十一）11号横梁

这款横梁的特点是钢丝绳直接通过横梁，横梁只承受压力，没有弯矩的作用，如图3-51所示。在横梁的两端，用一个压板压住钢丝绳，压紧的力是四个螺栓旋紧产生的压力。

图3-51　压板夹紧圆管横梁

这个梁的上部边缘，要有一个圆角，圆角要大于钢丝绳直径的2.5倍以上，让钢丝绳能够转弯，并且不能损害钢丝绳的强度。这个梁要增加两个支架，一段一个，让横梁放置的时候不磕碰两边的压板，防止损坏压板和螺栓，也防止压坏钢丝绳。里边的压板可以用20 mm厚的钢板制作，煨弯，也可以用厚钢板加工出圆角的方式，圆角的边缘至少要远于钢丝绳的切点，以防止卡断钢丝绳。

二、横梁的结构分析

图3-41～图3-49的九幅图中，可以分为两类：第一类，横梁上面用钢丝绳连接横梁和起重机吊钩，这类横梁基本不受弯曲载荷；第二类，横梁上面有一个吊点，吊点的力通过横梁的弯曲载荷传递到横梁端部的吊耳上去。

两类横梁都有广泛的应用，各种工况条件下都会有针对性地选择，选择横梁类型时首先要根据吊装现场现有的资源，如果稍加改动就能利用，就会降低生产成本；另一个是使用者的习惯。如果是现场频繁变化的被吊物体，重心也经常变化，用8号和9号横梁比较合适，能够根据吊点的尺寸调整吊绳的位置，也可以根据被吊物体的重心位置，调整横梁上部吊耳的位置，以实现安全可靠吊运的目的。

作为单独使用的横梁，2 号、3 号和 5 号横梁是值得推广的结构，安全、简单、成本低，但目前实际使用得不多。横梁的具体细节结构，除了上面图示之外，根据现场的情况和设计师的个人偏好也会有所变化。

第六节　吊耳的结构和方向

一、横梁吊耳的结构、方向和位置

在横梁上，通过卸扣或者销轴来连接绳索的带孔板件，称为吊耳。如果载荷不高，吊耳就是一块板，根据强度和工艺性的要求，选定吊耳的高度和长度，选好吊耳中间的孔。

吊耳一般是焊接在横梁上，多数情况下，吊耳的方向都是顺着横梁的长边方向；在某些特殊的情况下，吊耳也会和横梁的长边方向垂直。

（一）平行主梁方式一

1. 结构：钢板开孔，焊接在横梁上。

2. 方向：横梁的上部，平行于横梁的长边方向。

3. 位置：在横梁上部两个方向的中间位置，如图 3-52 所示，这是吊耳的基本型式。

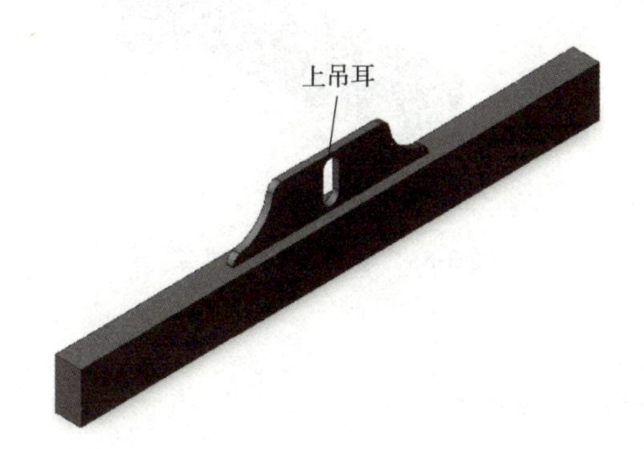

图 3-52　平行主梁方式一

（二）平行主梁方式二

1. 结构：钢板开孔，焊接在横梁上。

2. 方向：横梁下部平行于横梁的长边方向，开一个孔。

3. 位置：横梁下部沿长边方向对称布置，如图 3-53 所示。

（三）垂直主梁方式一

1. 结构：钢板开孔，焊接在横梁上。

2. 方向：横梁下部垂直于横梁的长边方向，开两个孔。

3. 位置：横梁的端部的下面，如图 3-54 所示。

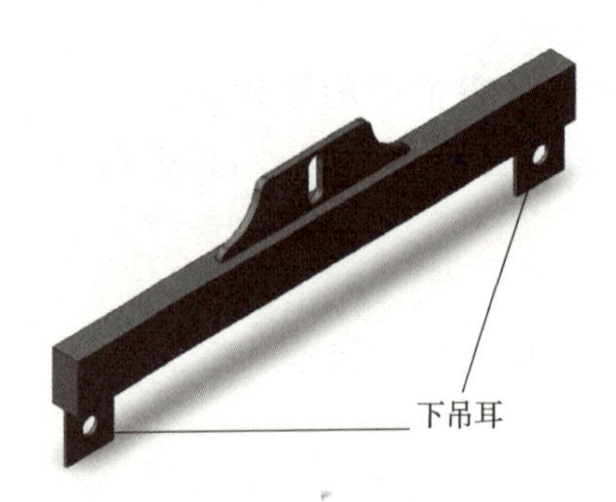

图 3-53　平行主梁方式二

图 3-54　垂直主梁方式一

(四)垂直主梁方式二

1. 结构:钢板开孔,焊接在横梁上。

2. 方向:横梁下部垂直于横梁的长边方向,开一个孔。

3. 位置:横梁的端部的下面,如图 3-55 所示。

图 3-55　垂直主梁方式二

(五)垂直主梁方式三

1. 结构:钢板开孔,焊接在横梁上。

2. 方向:横梁的上部,垂直于横梁的长边方向。

3. 位置:在横梁上部长边方向的中间位置,如图 3-56 所示。一般不采用这种方式,除非结构有需求。

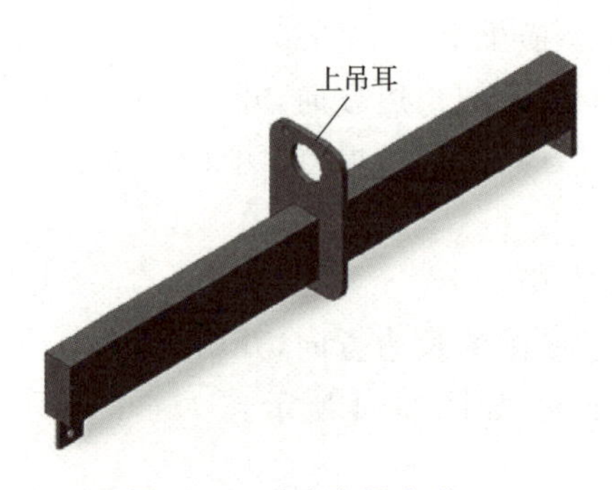

图 3-56　垂直主梁方式三

（六）实际使用中的横梁吊耳

实际生产中应用的各种横梁和吊耳如图 3-57 和图 3-58 所示，吊具设计师的喜好风格不同，设计出的吊耳也是形态各异。

图 3-57　实际使用的吊耳（一）

图 3-58　实际使用的吊耳（二）

二、框架梁吊耳的结构、方向和位置

（一）吊耳的结构

一个横梁一般有四个吊耳，方形框架一般有八个吊耳，由于重量和结构的需要，框架上的吊耳会设计成不同的结构，设置到不同的位置。

框架上的吊耳也分为单吊耳和双吊耳，单吊耳就是用卸扣连接吊耳与钢丝绳，双吊耳就是用销轴连接吊耳和钢丝绳；如果结构允许，优先选用卸扣连接的方式，在有些特殊的地方要采用销轴连接。

框架上吊耳的主要作用是把起重机通过上吊绳传过来的力，通过吊耳传给框架；框架下吊耳的作用是把传过来的起重机拉力传递给下面的下吊绳。

因此，吊耳的特点是：

1. 传递。把力完整地传递下去，不占用，不浪费。

2. 可靠。不增加额外的负担，不对框架产生附加的应力，不降低框架的强度。

3. 简单。结构简单，方便制作，降低成本。

4. 安全。吊耳的结构应该是可靠的，具有足够的安全系数，具备足够的稳定性。

5. 方便。使用过程中操作要方便。

（二）吊耳的要求

由于框架的上吊绳是以一定的倾斜角度连接在框架上面吊耳与吊钩之间。上吊绳对吊耳的作用力要大于其所要承受的竖向荷载，作用点是在吊耳上，作用力的方向是指向框架的几何中心，因此对框架上部吊耳的要求如下。

1. 吊耳的强度。零件和焊缝的强度要足够，一般情况下，安全系数在 6 以上。

2. 吊耳的方向应该与上吊绳在水平面投影的方向一致，吊耳的中心线要和上吊绳投影的中心线重合。

（三）吊耳的位置

1. 吊耳中心线的投影应该在框架的对角线上，如图 3-59～图 3-61 所示。沿着对角线可以放置在框架的外侧、中间和内侧。

图 3-59　框架梁吊耳的方向

图 3-60　框架梁吊耳的方向俯视图

图 3-61　吊耳方向剖面图

2. 吊耳的孔中心线要与框架的中性面重合，一般不要高于框架中性面的中心线，如图 3-62 所示。但是现实中大多数的框架梁的吊耳都是焊接在框架梁的上表面，如图 3-63 所示。

图 3-62　吊耳孔中心线在框架中性面附近

图 3-63　吊耳在框架梁的上平面

3. 吊耳是设计在框架的内侧还是外侧，要根据框架具体的条件决定；吊耳无论是设计在框架边梁的中心线上还是在框架拐角的节点上，只要结构处理好，都能满足吊装要求。如果吊耳孔的中心线既与框架的中性面重合，又与框架边梁的中心线重合，那就是最理想的选择。吊耳在框架的外侧如图 3-64 所示，吊耳在框架的内侧如图 3-65 和图 3-66 所示。

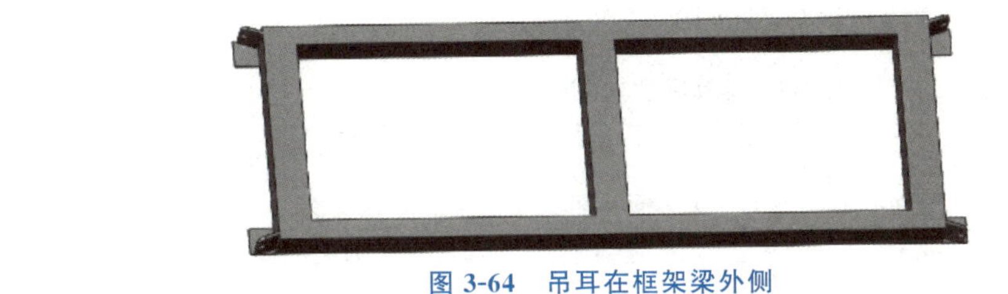

图 3-64　吊耳在框架梁外侧

图 3-65　吊耳在框架梁内侧

图 3-66　吊耳在框架梁内侧（俯视）

4. 吊耳沿对角线方向时，孔的中心线在梁的中性层平面上，如果吊耳在框架的中间，吊架的完整性就破坏了，需要在中性层下面进行补偿性设计，增加结构的强度和刚度。有专业的吊具制造厂，专门生产这样的框架梁，如图 3-67 所示。

图 3-67　吊耳在框架的四角的位置

5. 框架下面的吊耳由于作用力垂直于框架，因而吊耳的方向和吊耳连接孔的中心线位置没有特殊要求，放在框架梁的下表面即可。

（四）吊耳的厚度

吊耳厚度的选择，要遵循两个原则：第一个是强度、刚度和稳定性原则，设计吊耳时，一定要满足这三个要求，确保吊耳的功能性和安全性；第二个是工艺性原则，单吊耳是为了配合卸扣使用的结构，要保证吊耳能够顺利装卸，厚度以小于卸扣开口 3～5 mm 为宜，卸扣开口小于 20 mm 的吊耳，吊耳厚度比卸扣开口小 3 mm；卸扣开口大于 20 mm 的吊耳，吊耳厚度比卸扣开口小 5 mm。

（五）吊耳孔

吊耳孔直径的选择依赖于卸扣的销轴的直径，见表 3-1。根据强度计算，选择一个合适的卸扣，根据卸扣销轴的直径选择吊耳孔的直径。

表 3-1　吊耳孔的直径和销轴直径的关系

序　　号	1	2	3
卸扣销轴的直径 D(mm)	10～20	20～50	50～100
吊耳孔的直径(mm)	$D+3$	$D+5$	$D+10$

（六）传统的框架吊耳设置方式

很多地方能够见到这种框架，吊耳在框架的上面，吊耳的平面方向平行于框架边梁的长边的方向，框架两面均这样布置，如图 3-68 所示。这种框架的设计是不合理的，应该避免采用。

图 3-68　通用框架

第四章　吊点设计

第一节　什么是吊点

一、吊点的概念

吊点是吊具把力传给被吊物体的连接点，是吊具和被吊物体的机械连接点，吊点的位置在被吊物体上。

关于吊点有两个研究内容，一是力的传递方式，即吊具传递给被吊物体的是拉力、压力还是摩擦力；二是吊点的结构，即让被吊物体具有怎样的结构才能接受吊具传递过来的力。根据吊点的结构，可以确定吊具和被吊物体的接触临界面的方式，即点接触、平面接触、圆柱面接触或者是球面接触。

二、吊点的作用

吊点的作用就是接受来自吊具的拉力，并把拉力传递给被吊物体。吊点是吊具与被吊物体的分界点，在吊具和被吊物体之间，有一个分界面，它的一边属于吊具，一边属于被吊物体，这个分界面就是临界面。吊具在临界面处把向上的拉力传递给被吊物体，被吊物体通过临界面接受来自吊具的拉力。

三、吊点的来源

吊点的来源多种多样，有的是被吊物体设计师主动设计的，有的是吊具设计师要求的，有的是吊具设计师自己选择的、能够利用的现有结构，有的是由吊具设计师创造的结构。

（一）被吊物体设计师设计的吊点

作为成熟产品，在设计阶段都需设计吊点，有的吊点经过了数十年的改进，已经很成熟了，在设计吊具的时候可以直接选用，例如约 400 t 重的发电机定子在设计时预先设计了四个吊销，产品出厂的时候也提供了吊销的位置和结构图纸，可以直接使用。

（二）吊具设计师设计的吊点

有些基本不会被吊装的物体，在生产时不会设计吊点。当这些物体在某些情况下需要吊装时，可以由吊具设计师提出对吊点的结构要求，由被吊物体的设计师进行审核，并决定能否加到被吊物体上去。如果新增吊点不会影响被吊物体的结构和性能，就把吊点的结构加到被吊物体上。或者由被吊物体的设计师提出吊点结构，由吊具设计师审核是否满足吊装的要求，能满足就加到被吊物体的结构上。

被吊物体设计师设计的吊点或者吊具设计师设计的吊点，都要进行试验验证。经过实践的检验后，进行总结、修改和提高，让吊点更安全、操作更方便、性能更优良、成本更低。

(三)吊具设计师选择的吊点

有些被吊物体已经生产完毕，设计阶段没有设计吊点，在吊装时就需要吊具设计师主动选择吊点。对选择的吊点，要进行强度和刚度的复核，有些需要对稳定性进行复核，以确保吊点可靠，保证吊装过程的安全。例如，自重 3 t 以下的载货小汽车，可以用钩子直接钩轮毂的孔，即把轮毂的孔作为吊点，这就是吊具设计师的选择。

(四)吊具设计师设计辅助装置，创造吊点

有些被吊物体已经生产完毕，找不到合适的点作吊点，此时，可以利用原有的结构，设计一个装置安装上去，使之成为吊点。例如：磁悬浮车没有合适的吊点，需要设计一组托架，安装到横梁上去，成为吊点；原材料、木材、钢材、大型水管、木箱等的吊装都是吊装操作者自己选择吊点；特殊材料和设备由吊具设计师选择吊点，供吊装操作者使用。

第二节　吊点的分类

在被吊物体上有许多结构可以作为吊点，吊具设计师可以利用，有的结构非常适合作吊点，有的结构稍加改造也能成为性能优良的吊点，吊点应该简单、可靠、容易辨识。

一、吊点的分类

常用的吊点类型有：孔、销、安装孔、梁、边缘、被吊物体表面、内孔等，在不同的情况下进行选用。

(一)孔

孔作为吊点有许多优点，结构简单、强度可靠、制造容易、操作简单、容易辨识、匹配方便，是一个非常好用的吊点。有的被吊物体结构侧面有孔可以利用，也可以要求产品设计师增加吊装孔，吊具设计师也可以设计一个带孔的结构安装到被吊物体上构成一个新孔。例如：内燃机车、电力机车、单轨车等轨道车辆设计的时候，会在车辆的侧面设计四个孔，为未来的吊装做好准备；普通车床的床身，在中部的两端设计两个贯穿的孔，用于吊装时各插入一根圆钢进行吊装，这两个孔就是车床设计时同步设计的吊点；自重 3 t 以下小汽车，可以利用轮毂的孔作吊点，直接吊装。

(二)销

销作为吊点有许多优点，结构简单、强度可靠、制造容易、操作简单、容易辨识、匹配方便，能简化吊具结构，是一个非常好用的吊点。销大部分是产品设计师应吊具设计师要求而添加的结构，有的销后来成为产品结构的一部分。作为一件需要移动的较重的新产品，产品设计师设计时可以选择设计一组销，吊具设计师也可以设计一个带销的结构安装到被吊物体上构成一个新销。例如：大型变压器和发电机的定子，在两面设计了四个（或者八个）销轴，吊装的时候直接挂钢丝绳；钢铁厂的钢水包，侧面上部设计有两个销轴；工厂的大型模具，在底板的旁边有四个销，这些销是产品设计时同步设计的吊点。

（三）安装孔

安装孔是设计产品的时候为其他结构预留的安装孔，在吊装时可以临时作为吊点。例如：有的被吊物体底面或者上面有螺纹安装孔。安装孔是常用的一种吊点，吊具设计师可以根据自己的需要进行二次设计。有些产品的侧面不适合设计一个孔，也不能设计一个销，需要吊具设计师选择合适位置。例如：高铁列车的侧面既不能设计一个孔也不能设计一个销，所以高铁列车在四角端部边梁的下边设计了一组安装孔。吊具设计师也可以在产品设计阶段要求增加安装孔作为吊点。例如：进口的摆式列车、进口的高铁列车、出口的双层客车，均在四角的边梁下有一组向下的螺纹孔，吊装时可以设计一个装置安装在此成为吊点；磁悬浮车在吊装时也可利用在磁悬浮车横梁下的螺纹孔作为吊点。

（四）一段梁

把一段梁作为吊点也是一个常用的选择。有的物体侧面没有孔，没有销，也没有安装孔，而且产品已经做完了，前期没有作吊点设计，这个时候可以找一段梁，做一个辅助吊钩卡上去，形成一个吊点。例如：出口国外的双层客车、铁路客车和地铁客车，最初没有设计吊点，在枕梁的外边的四角各有一段梁，吊装时做了四个吊钩卡在梁上，作为吊点。

（五）表面

有的物体形状简单，如长方形块体、薄板等，表面没有孔、销、安装孔和梁，也不能做出这些结构，因此这些物体无法提前提供典型吊点结构。吊具设计师可发挥自己的想象力，利用自己的知识和经验，选择合适的表面、边角作为吊点。例如：无论是平吊厚钢板，还是立吊薄钢板，都可以利用吊钩和钢板之间的摩擦力夹住钢板实现吊装，设计吊具时需要测定摩擦系数，计算摩擦力，试验验证。

（六）被吊物体本身

有些长杆类物体难以找到孔、销、顺梁作吊点，表面又不能夹持（或者不方便夹持），对于长杆类被吊物体，可以把他们本身看成一个大“销”，用绳索直接吊装本体作吊点。例如：原木、钢管、电杆、混凝土管等较长的直杆类被吊物体或者直杆类钢结构，用绳索从被吊物体两端将被吊物体“兜”起来，在吊装实践中，多数情况下都可以利用这种办法进行吊装；吊装铁路客车的时候，若确实难以找到吊点，就把铁路客车看成一个“大长件”，从两头兜起来。这个选吊点的方法要判断好被吊物体的重心位置，如果使用一台起重机、两根绳进行吊装，则要选好两根钢丝绳的距离，计算好摩擦角。

（七）中心孔

一些被吊物体有比较大的中心孔，这些中心孔可以用作吊点。例如：铁路车轮、汽车轮胎、设备端盖、热轧和冷轧后的卷板等圆形被吊物体，铁路客车的侧墙、端墙等中间有大孔的被吊物体。这类特殊结构的被吊物体，吊具设计师要仔细查看后直接利用或改造设计中间的各种孔作为吊点。

重要的零部件或重要的被吊物体吊点的选择，都由技术部门制定技术方案，由产品设计部门设计好吊点。重件的吊装一定要做好吊点的准备工作，做好吊具，才能实现顺利吊装。对于新出现的重件，吊具设计师应当提出对吊点的要求，看产品设计师能否加上新吊点结构，如果无法增加新结构，就要充分利用原有结构选择合适的几点作为吊点。

二、吊点设计基本方法

面对被吊物体，多数情况下需要吊具设计师自己选择吊点，这时有几件事要做好。

1. 吊具设计师要亲自观察被吊物体，仔细查看，了解被吊物体，认识被吊物体，对被吊物体了解清楚，认识透彻，才能设计好吊点。

2. 要对被吊物体的吊点进行初步的构想，选择力的传递方式：是从上面拉还是从下面托，或者是从侧面夹，这是判断吊具提供力作用方式的依据。

如果吊具施加给被吊物体的作用力的作用点低于(或等于)被吊物体的重心，称为把被吊物体托起来，如果作用力的作用点高于被吊物体的重心，称为把被吊物体拉起来。例如：磁力吊具吊钢板，力是从钢板的上面施加的，作用点在钢板重心的上方，吊具是把被吊物体拉起来；真空吊具吊钢板，力是从钢板的下面施加的，作用点在钢板重心的下方，吊具是把被吊物体托起来。

3. 初步设计吊具与被吊物体的接触方式：是点接触，还是平面接触、柱面接触、球面接触或混合接触。

4. 初步设计吊点的结构：被吊物体上的结构是否可以直接利用且不需要改动，如果需要改动，设计初步的方案；初步设计吊具和被吊物体的接触点的具体结构。

初步考虑好被吊物体、吊具、吊点的关系，有了吊点的初步设想后，就可以进行具体的吊点的结构设计。

第三节　孔做吊点

孔是比较理想的吊点。孔结构简单，不影响被吊物体的外观，使用方便，平时不需要特殊管理，应用最广泛，许多大型设备设计四个、六个或者八个孔作为吊点。孔有横向孔和竖向孔，做吊点首选横向孔，一是方便吊具设计，二是方便未来吊具的使用，特殊情况下可以选竖向孔。

本节所涉及内容除非特殊说明，均为横向孔。

被吊物体通常开四个孔。在某些情况下，为了让被吊物体的吊点具备足够的吊装性能或方便后续工作的顺利开展，也可以多开孔（如六个、八个）或者少开孔（如两个），安排多少个孔由被吊物体设计师核算后确定。

产品设计师面对重大件产品的吊装需求，设计时要预留吊点，这个吊点的形式要优先选择孔，可在被吊物体的四角预留四个孔，孔的位置要左右对称、前后对称。吊具设计师如果提前介入，要向产品设计师提出四个吊装孔的技术要求。

一、对孔的要求

（一）孔的位置

吊具设计师提出要求，由被吊物体设计师来决定孔的位置。

1. 对称布置。通常安排四个孔做吊点，四个孔左右对称、前后对称布置，在一个平面上构成一个长方形。确定孔的位置时要把被吊物体的重心安排在长方形对角线的交点上；如果被吊物体的重心无法安排在对角线上，要按照均等分布四个平行力的原则去安排孔的位置；若四根绳的受力不能均等时，最大拉力一般不要超过最小拉力的两倍。

2. 非对称布置。如果结构限制，四个孔也可以选择非对称位置，此时要检查被吊物体的重心的位置，重心不能靠近四点连成的四边形的边线，更不能越过边线到四边形的外边；如果四个点连线不能把重心围在中心，就要增加吊点，把重心围在多边形靠近中心的位置。

3. 高度位置。一般由被吊物体设计师确定，选择合适的高度位置，首选高于重心的位置，其次选与重心等高的位置，再次选择低于重心的位置。

4. 适应被吊物体。孔的设计不能影响被吊物体的强度，更不能影响被吊物体的性能，要适应被吊物体的结构特点。

（二）孔的直径

吊具设计师提出要求，由被吊物体设计师来确定孔的直径。

1. 满足工艺要求。安装吊销之后，孔才能被有效使用，孔的直径应该方便吊销的操作，孔的直径要满足加工的要求，不能制造困难。

2. 满足强度要求。开横向孔的时候，可以按照四个孔均匀受力来确定孔的直径；如果要根据孔的位置计算出孔的受力情况，通常按照最大受力孔的强度确定所有孔的直径。插入孔的销应该有 6 倍的安全系数，如果受到结构的限制，也不应该低于 4 倍，销的材料可以按照 45 号钢的强度来核算，在销的上面和下面分别受剪应力和弯曲应力，由一个吊具设计师来复核一下强度。

3. 最小直径。质量大于 40 t 的重大件，孔的直径不要小于 50 mm。

（三）孔的深度

横向孔深度一般要大于直径的两倍，例如：ϕ60 mm 的孔，深度要大于 120 mm。

1. 满足需求。孔的深度要满足吊装的工艺要求，要满足被吊物体的强度、刚度和稳定性的要求，要满足被吊物体结构的要求。

2. 吊具设计师除了要核算吊销的强度，还要核算被吊物体边缘的强度，尤其是扭转强度。孔的深度由被吊物体的设计师来决定。

（四）孔的结构

1. 首选圆孔，其次选方孔，依需要选择。圆孔的工艺性好，能够做到很高的精度；圆孔是轴对称结构，对孔的强度有利；圆孔配对的吊销容易制造，能够达到较高的精度。方孔可以防止吊销转动，保持正确的位置；方孔有利于提高销的强度，方孔可以用拼接的方法制造，工艺适应性好，制造比圆孔稍复杂，精度难以精确控制。

2. 通孔和盲孔。孔应当设计成通孔，方便观察和使用；如果结构限制，可以做成盲孔。

3. 防脱结构。孔要和吊销结合，应当具有防止吊销脱落的功能和结构，由吊具设计师和被吊物体的设计师协商确定。

（五）孔的材料

孔应当在一块材料上加工制造，避免用几个零件拼出一个孔，如果制造有困难，可在孔的内壁增加一个套，构成一体。套的材料与相邻材料有效连接，强度足够，安全系数符合要求。孔的表面的粗糙度应该达到 $Ra=1.6$ 以上，防止损害吊具吊销。

（六）孔的方向

这个要素由被吊物体设计师来选择，优先满足被吊物体结构的要求，其次满足吊装工艺性要求。

1. 横向孔。横向孔是指孔的轴线是水平方向的孔。设计孔的时候优选横向孔，尽量避免竖向孔。对于大多数产品，横向孔是非常合适的方向和结构，吊装工艺性好，成本不高，一般被吊物体设四孔足够，特殊需要可以开六孔、八孔。

2. 竖向孔。竖向孔是指孔的轴线指向地心的孔。这里说的竖向孔，是指被吊物体上表面能够看见的孔，有些被吊物体结构上有竖向孔，或者能够选择设计一个竖向孔，四个在被吊物体顶部的竖向孔，要对孔的结构进行处理，简单的竖向圆孔就很难安装吊钩等零件，要对孔的内部结构进行设计，与吊具设计师进行协商，实现有效连接、操作方便、安全可靠的吊装目标。

3. 螺纹孔。如果做成横向光孔有困难，可以做成螺纹孔，用螺栓连接。

二、孔做吊点的九个案例

（一）铁路机车

大部分铁路机车质量为 80～140 t，出于铁路救援的需要在产品设计阶段设计了四个孔，位置在机车底架的枕梁部位，两侧两端对称布置，孔的直径约 130 mm，深度超过 200 mm，各种机车型号不同，孔的直径会有差别，这个孔可以在装船卸船的时候作为吊点使用。孔内插入一个销，销与车体结合成一个整体，绳索的力作用在销上，力的作用方式是从销的下面把铁路机车托起来，如图 4-1～图 4-3 所示。如果把插入孔里的销作为吊具的一个零件，机车提供的吊点就是孔。

图 4-1　铁路机车的销孔和销

图 4-2　铁路机车销孔细节

图 4-3　铁路机车销孔的位置

(二)车床

长度 6 m 的车床，质量约 12 t，机床导轨的精度很高，为了保证吊装操作不损害机床的精度，机床床身在设计时就设计了两个贯穿的孔作为吊点，一个孔插一根圆钢，用四根长度合适的吊带吊起来，如图 4-4 所示。力的作用方式是从下面把被吊物体托起来。

图 4-4　车床的水平孔

(三)重庆单轨车

长度 13 m、宽度 2.8 m、高度 4.3 m 的重庆单轨车，拆解后本体质量约 15 t，是铝合金车体，对吊装要求很高。车体在设计的时候，在枕梁的部位设计了四个横向孔用来吊装，如图 4-5 所示。力的作用方式是从下面把被吊物体托起来。吊具的销轴有防止销脱落的结构。

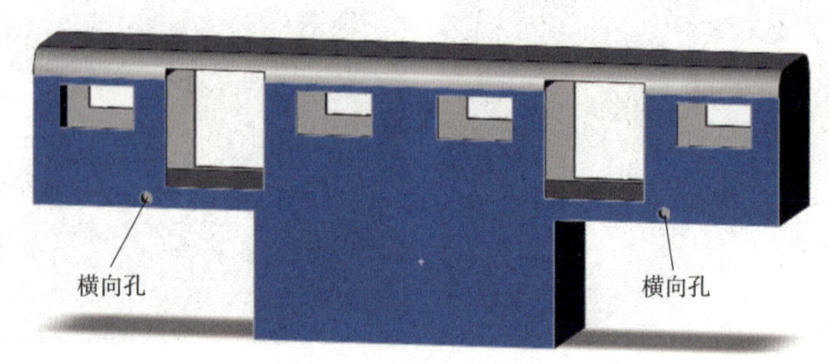

图 4-5　重庆单轨车的横向孔位置

（四）大型铸铁平台

铸造的大型铸铁平台，都在铸件的侧面铸造四个横向孔，吊装的时候插上四根圆钢就可以用钢丝绳直接吊起来，如图 4-6 所示。

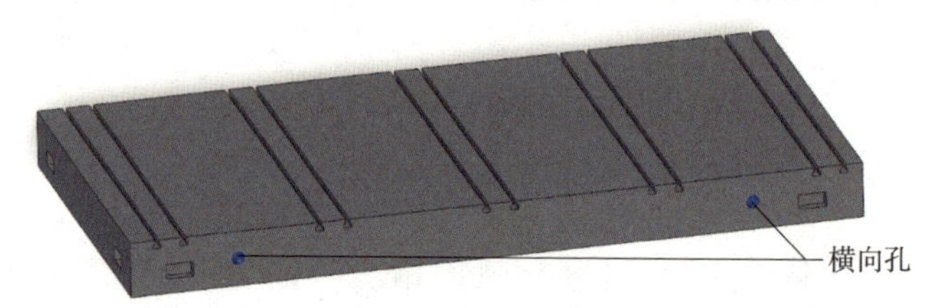

图 4-6　铸铁平台的孔

（五）铁路平板车

铁路平板车的横向孔在枕梁的内侧，低于平车上平面 50 mm，直径 50 mm，如图 4-7 和图 4-8 所示。

图 4-7　铁路平板车的孔

图 4-8　通过孔吊在空中的铁路平板车

（六）集装箱

集装箱的吊点是一个竖向孔，开在上表面四角，是非常成功的案例。成功之处在于标准化、通用化，应用在全球海量的集装箱上，如图 4-9 所示。

（七）火车车轮

火车车轮的吊点是竖向孔，10 个火车车轮叠加在一起，中间有一个 100 mm 的大孔，底下做一个托架，中间穿一根直径 100 mm 的圆钢，用起重机吊钩直接吊这个圆钢，就可以一次性吊起来 10 个火车车轮，这也是用被吊物体自己的中心孔作吊点的案例，如图 4-10 所示。

图 4-9　集装箱上表面四角的竖孔

图 4-10　火车车轮的内孔及组合吊装

（八）电站锅炉钢结构

电站锅炉钢结构的立柱吊装是用竖向孔，一根立柱质量为 20 t，立起来安装时需要竖起来吊装，利用端部的四个安装孔作吊点，做一个连接结构，用 50 t 平臂吊把立柱吊起来，如图 4-11 所示。

（九）风力发电机组的立柱

风力发电机组的立柱吊装的时候就是利用立柱的竖向连接孔作吊点，在连接孔上设计一个专门用来吊装的结构，汇聚到一点，用起重机慢慢吊起来，如图 4-12 所示。

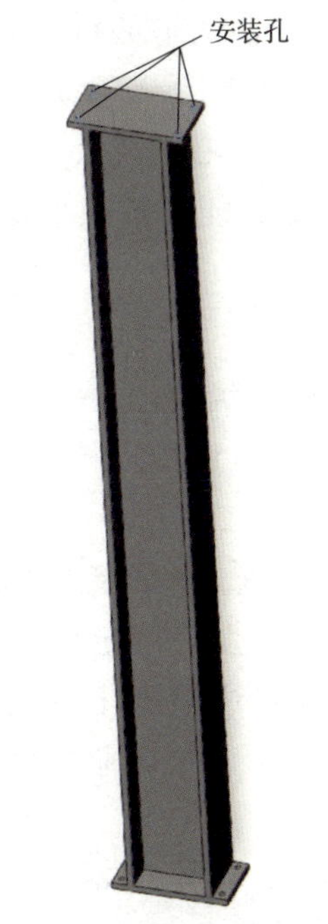

图 4-11　钢结构两端的竖孔

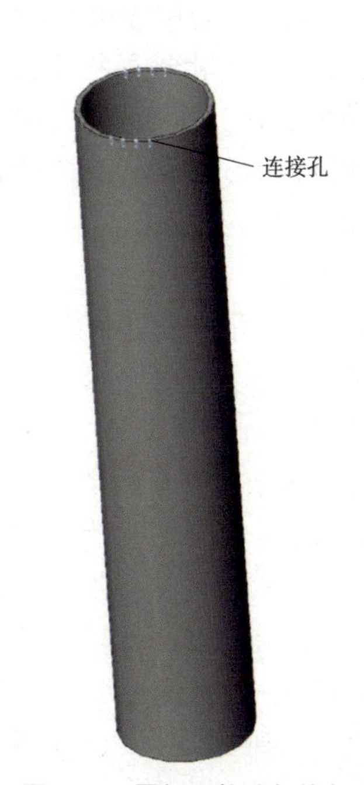

图 4-12　圆钢立柱端部的竖孔

第四节 销做吊点

销是比较理想的吊点。销结构简单，使用方便，平时不需要特殊管理，应用最广泛，许多大型设备设计四个、六个或者八个销作为吊点。做吊点都是横向销，一是方便吊具设计，二是方便未来的使用，一般不选竖向销。

被吊物体通常设四个销。在某些情况下为了让被吊物体的吊点具备足够的吊装性能或方便后续工作的顺利开展，也可以多设(如六个)或少设(如两个)，安排多少个销由被吊物体设计师核算后确定。

一、对销的要求

(一)销的位置

销的位置一般由吊具设计师提出要求，由被吊物体设计师来决定。

1. 对称布置。通常安排四个销做吊点，四个销左右对称、前后对称布置，在一个平面上构成一个长方形。确定销的位置时要把被吊物体的重心安排在长方形对角线的交点上；如果被吊物体的重心无法安排在对角线上，要按照均等分布四个平行力的原则去安排销的位置；若四根绳的受力不能均等时，最大拉力一般不要超过最小拉力的两倍。

2. 非对称布置。如果结构限制，四个销也可以选择非对称位置，此时要检查被吊物体重心位置，重心不能靠近四点连成的四边形的边线，更不能越过边线到四边形的外边；如果四个点连线不能把重心围在中心，就要增加吊点，把重心围在多边形靠近中心的位置。

3. 高度位置。一般由被吊物体设计师确定，根据结构的可行性选择合适的高度位置，首选高于重心的位置，其次选与重心等高的位置，再次选择低于重心的位置。

4. 适应被吊物体。销的设计不能影响被吊物体的强度，更不能影响被吊物体的性能，要适应被吊物体的结构特点。

(二)销的直径

销的直径一般由吊具设计师提出要求，由被吊物体设计师来确定。

1. 满足工艺要求。安装吊销之后，销才能被有效使用，销的直径应该方便吊销的操作，销的直径要满足加工的要求，不能制造困难。

2. 满足强度要求。开横向销的时候，可以按照四个销均匀受力来确定销的直径；如果要根据销的位置计算出销的受力情况，通常按照最大受力销的强度确定所有销的直径。插入销的销应该有 6 倍的安全系数，如果受到结构的限制，也不应该低于 4 倍，销的材料可以按照 45 号钢的强度来核算，在销的上面和下面分别受剪应力和弯曲应力，由另一个吊具设计师来复核一下强度。

3. 最小直径。质量大于 40 t 的重大件，实心销的直径不要小于 50 mm。

(三)销的长度

横向销深度一般要大于直径的两倍，例如：$\phi 60$ mm 的销，深度要大于 120 mm。

1. 满足需求。销的长度要满足吊装的工艺要求，要满足被吊物体的强度、刚度和稳定性的要求，要满足被吊物体结构的要求。

2. 吊具设计师除了要核算吊销的强度，还要核算被吊物体边缘的强度，尤其是扭转强度。销的深度由被吊物体的设计师来决定。

（四）销的结构

1. 首选圆销，其次选方销，依需要选择。圆销的工艺性好，能够做到很高的精度，是轴对称结构，对销的强度有利，配对的吊销容易制造，能够达到较高的精度。方销可以防止吊销转动，保持正确的位置，有利于提高销的强度，可以用拼接的方法制造，工艺适应性好，但制造比圆销稍复杂，精度难以精确控制，方销的下面的两个角要进行处理，以适应钢丝绳的转弯半径的要求。

2. 固定销和活动销。如果销既不影响外观，也不影响性能，可以设计成固定结构，成为被吊物体的一部分。如果销在完成吊装后要拆除，则要把销设计成活动销，核算好工艺性和结构强度的需求。

3. 防脱结构。销要和钢丝绳结合，完成吊装，所以对于悬臂销轴应当具备防止钢丝绳脱落的功能和结构，通常是一个法兰，如果吊具设计师需要其他结构，需和被吊物体设计师协商。

（五）销的材料

销应当用一块材料加工制造，避免用几个零件拼出一个销。如果制造有困难，可做成空心销，内部加肋板，满足强度、刚度和稳定性的需要。实心销至少要采用 45 号钢制造，进行锻造、热处理和探伤，用钢板做成的空心的销轴也要进行探伤，检查材料本体和焊缝。销的表面的粗糙度应该达到 $Ra=1.6$ 以上，防止损害吊具吊销。

（六）销的方向

为了满足吊装工艺性要求，通常选横向销。横向销是指销的轴线是水平方向的销。对于大多数产品，横向销是非常合适的方向和结构，吊装工艺性好，成本不高，一般被吊物体设四销足够，特殊需要可以开两销、六销或八销。

（七）销轴寿命

销轴是有使用寿命的，到期就应报废。对于频繁使用，甚至每天都要使用多次的销轴，要经常进行检查，发现问题就应该进行整改。销轴最终制造完成后，要进行表面探伤检查。

二、销做吊点的四个案例

在工程实践当中，设置永久销轴的典型设备有：大型变压器、发电机定子、钢厂的钢水包等。

（一）大型变压器

大型变压器质量在 100 t 以上，66 万 kW 的变压器本体质量达到约 378 t。在变压器本体设计的时候，考虑到运输的需要，在变压器的两侧设计了八个吊销，每个销的直径都大于 200 mm，如图 4-13 和图 4-14 所示。销是变压器的永久的固定结构。

图 4-13　变压器的销

图 4-14　变压器销的结构

根据变压器本体的质量及拟选用的销的结构和材料，设计师会选用不同的吊销直径。力的作用方式是从下面把被吊物体托起来。除了在运输过程中吊装使用外，在安装后的使用过程中，遇到检修时依然要使用这个吊点。

（二）大型发电机的定子

发电机的定子质量在 100 t 以上，100 万 kW 的发电机定子本体质量达到 300 多吨。定子本体设计的时候，考虑到运输的需要，在定子本体的两侧设计了四个吊销，大容量发电机定子吊销直径比较大，根据定子本体的质量，吊销选用了不同的直径，如图 4-15 和图 4-16 所示。力的作用方式是从下面把被吊物体托起来。

图 4-15　发电机定子的销

图 4-16　发电机定子销的正面

（三）燃机

燃气发电的机组都有一个燃气轮机（简称燃机），F 级的燃气轮机加上底座的质量超过 400 t，在燃机本体设计的时候，考虑到运输的需要，在燃机本体的两侧设计了四个吊销，大容量燃机吊销直径比较大，根据燃机本体的质量，吊销选用了不同的直径，如图 4-17 和图 4-18 所示。力的作用方式是从下面把被吊物体托起来。

图 4-17　吊装中燃机的销

图 4-18　去掉吊具后燃机的销

（四）钢水包

钢水包是一个钢结构被吊物体，里边安装了耐热材料，可以盛放 1 500 ℃以上的钢水，在钢水包上部的两侧各设计了一个大销轴作为吊点，大部分钢水包都是这样的结构，如图 4-19 所示。力的作用方式是从上面把被吊物体拉起来。

钢水包的销轴是每次钢水出炉的时候都要用到的吊点，这个销轴除了具有吊装销轴的功能外，还是倾倒钢水的转轴，空载和满载时两个销轴的位置都高于重心。

钢水包的销轴是每天多次重复使用的销轴，一直使用至报废，而变压器和燃机的销轴仅仅是在设备运输过程中有限地使用几次，设备安装完成后就不再使用。

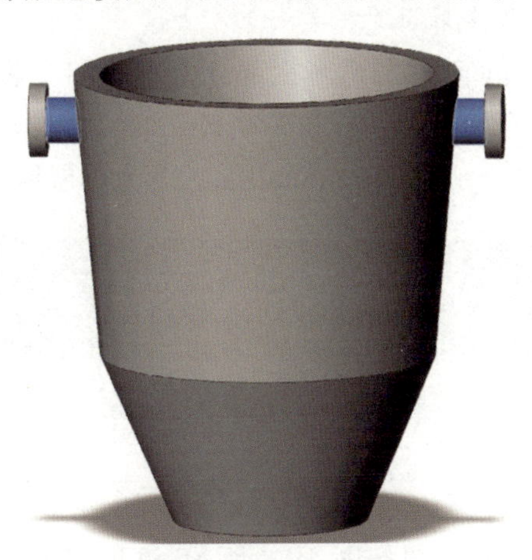

图 4-19　钢水包的销

第五节　安装孔做吊点

许多被吊物体无法在侧面设计一个孔或者设计一个销。被吊物体设计师只能在被吊物体的下面设计一些安装孔提供给吊具设计师。

直接开在被吊物体上的孔或者销轴称为一次吊点，通过吊杆提供给吊具的吊点称为二次吊点，不管是一次吊点还是二次吊点，吊具希望看到的吊点界面是：孔或者销。

一、对安装孔的要求

安装孔可以是光孔，也可以是螺纹孔。吊具设计师要在安装孔上进行二次设计，设计一个转换机构，把转换机构通过安装孔连接到被吊物体上，这个转换机构伸出被吊物体，提供一个界面给吊具。

转换机构可以是吊杆、吊座、吊梁或者吊架。以吊杆为例：吊杆一端连接在安装孔上，吊杆另一端伸出被吊物体的侧面，提供给吊具，吊点界面可以设计成一个孔或者一个销。

在被吊物体下表面设计安装孔，可以采取垂直孔或水平孔。

1. 垂直孔。在被吊物体的底面距离边缘一段距离的地方开孔，孔的轴线指向地心，就是垂直孔，可以开一个、两个或者四个孔，能够把吊杆（吊架）用螺栓连接在被吊物体上即可。

2. 水平孔。在被吊物体的底面距离边缘一段距离的地方开孔，孔的轴线呈现水平状态，就是水平孔。水平孔有两个基本方向：横向孔和纵向孔。孔可以开一个、两个或者四个，能够把吊杆（吊架）用螺栓联结在被吊物体上即可。

安装孔的位置、尺寸、深度、结构、材料等要求，与本章第三节“孔做吊点”的要求基本相同，可以参照处理相关参数。

二、安装孔做吊点的五个案例

（一）铁路客车四个垂直安装孔（方案一）

铁路客车分为车上部分和车下部分，车上部分由车体和安装的设备构成，车下部分主要是两个转向架。一般 25 型客车的尺寸为 26 700 mm×3 104 mm×3 600 mm，双层铁路客车的尺寸为 26 700 mm×3 104 mm×4 750 mm，图 4-20 为单层铁路客车，去掉了转向架。

图 4-20　铁路客车钢结构

车体钢结构在底架四角距离边缘 300～500 mm 处，开四组孔，每组开四个 M24 的螺纹孔，如图 4-21 所示，安装孔的详图如图 4-22 所示，这四组十六个孔均是垂直孔。安装销杆后，被吊物体的断面如图 4-23 所示，孔的边缘距离边梁的边线大于 300 mm。

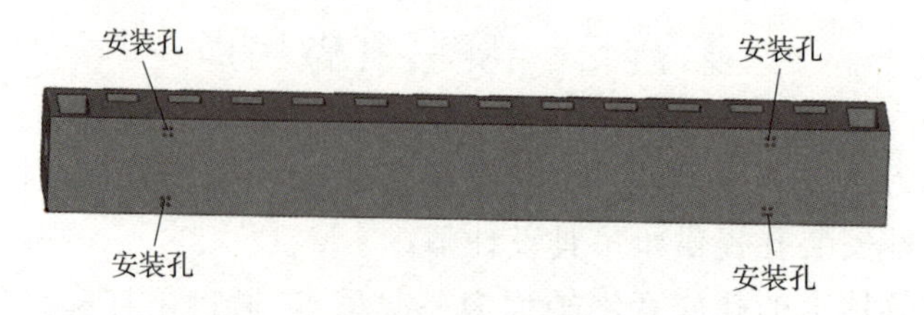

图 4-21　铁路客车钢结构底面安装孔

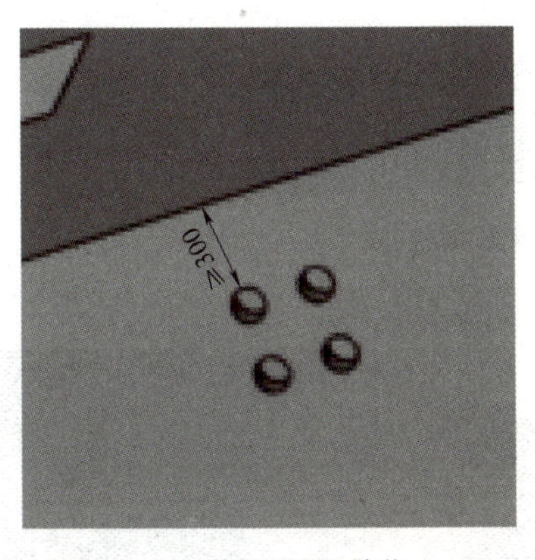

图 4-22　安装孔详图(单位:mm)

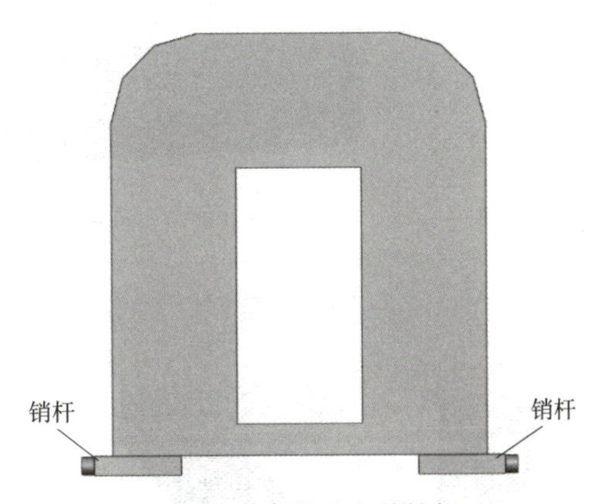

图 4-23　安装孔安装销杆

销杆伸出钢结构侧墙外面，提供给吊具的界面是一个销，吊具的钢丝绳就可以连接这个销杆，实现吊装。铁路客车安装销杆后如图 4-24 所示。

图 4-24　铁路客车钢结构在垂直孔安装销杆

(二)铁路客车四个垂直安装孔(方案二)

如果安装孔距离边缘比较近(例如 50 mm)，不适合做销杆，则可以做一个连接座，用一连杆把对称的连接座连起来，构成新的孔或者销，这组孔是垂直孔。

车体底部设计了四组垂直孔，孔紧靠边缘，如果设计销杆，车体的边梁要承受较大的扭矩，可能会导致边梁扭曲失效。这时可以设计一个安装座，伸出被吊物体外侧的安装座部分做一个孔，安装座就可以和吊具的绳索连接了，如图 4-25 和图 4-26 所示。被吊物体两侧的安装座利用下部的孔相互连接，解决安装座处于边缘的扭矩问题。安装了四个吊座后底架下面的状态如图 4-27～图 4-29 所示。

图 4-25　铁路客车钢结构在竖孔

图 4-26　铁路客车钢结构在垂直孔安装吊座

图 4-27　安装了四个吊座的车体钢结构

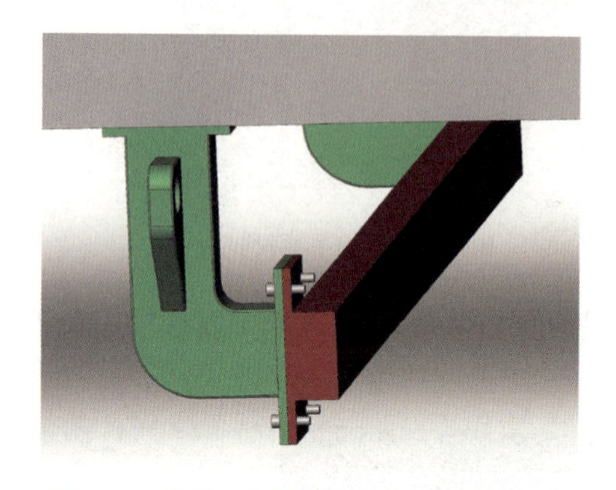

图 4-28　安装一个吊座转化为一个孔的结构

图 4-29　安装一个吊座转化为一个孔实际效果

（三）铁路客车四个垂直安装孔（方案三）

车体下有四个垂直孔，孔距离边缘 100 mm，根据车体的结构强度做一个吊座，吊座提供了横向四个大孔，大孔里插上销，销提供一个界面给吊具，构成了吊点。

这种结构是模仿内燃机车吊点的结构原理：创造一个大孔，插进一个销，结构和尺寸都相似。有些出口铁路客车和进口高铁动车的吊点采用此结构，如图 4-30～图 4-32 所示。

图 4-30　铁路客车钢结构下部安装水平销孔

图 4-31　铁路客车钢结构下部安装水平销孔局部

图 4-32　安装水平销孔后插入吊销实物

(四)铁路客车四个纵向水平安装孔(方案一)

车体钢结构在距离边缘 300 mm 左右的地方,设计一个纵向水平孔,孔中心线平行于边缘,孔共计四个,位置对称,如图 4-33 所示。

图 4-33　车体钢结构横梁纵向开孔

安装吊架后的断面状态,如图 4-34 所示,吊架的具体结构如图 4-35 所示,提供给吊具的是一个纵向的销。

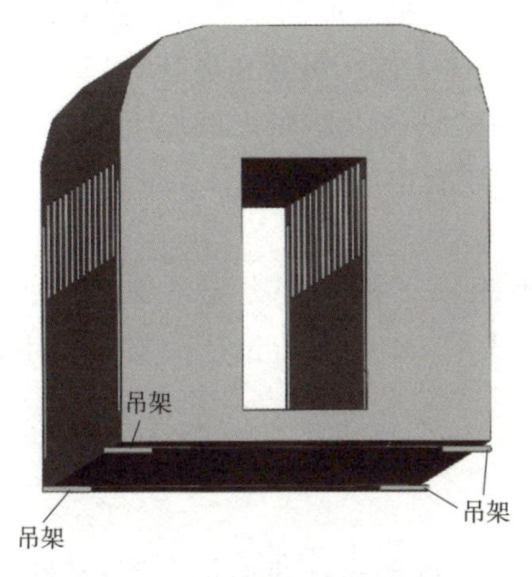

图 4-34　车体钢结构横梁安装吊架

图 4-35　车体钢结构横梁纵向开孔安装吊杆

(五)铁路客车四个纵向水平安装孔(方案二)

铁路客车水平孔靠近边缘或就在边梁上,这个时候转轴靠近横梁,以承担吊装时产生的扭矩,吊杆是分体结构,如图 4-36～图 4-38 所示。

图 4-36　铁路客车钢结构沿边梁方向的安装孔

图 4-37　铁路客车钢结构沿边梁方向的安装孔

图 4-38　安装孔上挂吊带

第六节　长杆类物体本体作吊点

吊点是设计出来的，也是选择出来的，对长杆类物体如何设计和选择呢？

对于这种长杆类物体，古代人类认识得非常早，吊装这类物体的方法出现的也很早，也很简单。例如，伐木后用一根绳系在一根原木中间，两个人用一根杆子直接抬起来，使用这个方法就是因为原木的重心基本在几何中心，绳子系在重心处。古人很早就利用了重心，现代人们吊运一根原木时依然用这种方法，只是不再用人力来抬；如果原木比较重，两个人抬不动，就用两根绳系两头，四个人用两根杠子抬起来，这个方法就是把重心放在中间，两边四个人均分木头的重量。

在原木装卸的港口，大多数原木都是用一根绳或者两根绳兜起来的方式进行吊装，实践中用两根绳的方式较多。在建设工地，一捆钢筋、一根钢梁、钢管和电杆等柱类物体也是用两根钢丝绳兜起来，钢管、原木和电杆的外表面就是吊点。在机械加工工厂的车间里，包括一摞钢板、一捆钢管、一捆型钢、一块钢坯等，还有中间工序的各类零部件，大多数采用两根绳从下边兜起来的方式进行吊装。

这些被吊物体，都属于长杆类物体。这种用两根绳子把长杆类被吊物体兜起来的方式，是非常简单、经济、高效的方式，这种吊装方式下，吊点就是长杆类物体的本体外表面。

一、两根绳子吊原木

钢丝绳和木头的接触点就是吊点（两个吊点），捆扎的两点在重心的两侧，对称布置，绳子从原木上绕了一圈，以改变绳子在木头上的摩擦状态，增加绳子与木头的摩擦力，防止绳子滑动，如图 4-39 和图 4-40 所示。

图 4-39　两根绳子吊原木图（一）

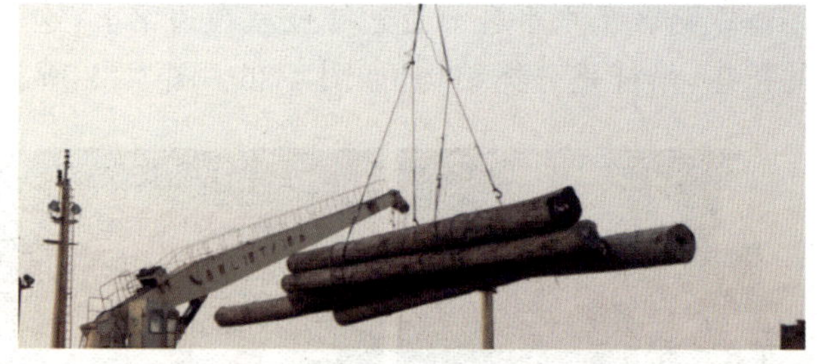

图 4-40　两根绳子吊原木图（二）

二、两根绳子吊木箱

木箱通常默认的重心在几何中心，大多数情况下都是用两根钢丝绳从木箱底部，兜起来进行装卸，从而实现吊装的目的，如图 4-41～图 4-44 所示。

这是最常用、最普通的吊装方式，也是最典型的吊装方式。

图 4-41　一台起重机两根绳吊两个方木箱

图 4-42　一台起重机两根绳吊一个长木箱

图 4-43　两个起重机两根绳吊一个长大木箱

图 4-44　两根钢丝绳从木箱底下吊装

三、两根绳子吊钢结构捆扎件

几十件几百件钢结构的捆扎件捆在一起时对外呈现的依然是一件杆类被吊物体，依然可以用从下面兜起来的方式进行吊装，如图 4-45 所示。捆扎件的外表面与钢丝绳的接触点就是吊点。

图 4-45　两根钢丝绳吊钢结构

四、两根绳子吊起重机大梁

起重机大梁又长又重，还是一件巨大的杆件，依然可以用从底下兜起来的方式进行吊装，是双绳吊大梁，钢丝绳和本体表面接触点是吊点，如图 4-46 和图 4-47 所示。

图 4-46　两根双绳从底下兜起重机大梁图

图 4-47　两根绳从地面兜起来锅炉大板梁图

五、两根绳子吊铁路客车

将两根绳从长杆类物体下边兜起来的方式进行衍生和拓展，也可以用来吊装铁路客车。

用两根绳子直接从车体底部兜起来，事先测量好重心位置，计算好绳索的位置，让重心在两根绳的中间，吊具绳索的汇聚点也在重心的上方，这样就能进行平稳地吊装。绳与车体的接触点是边梁上的一个点，这个点就是吊点，全车有四个吊点，铁路客车是被托起来的。吊具设计师把铁路客车车体钢结构作为一个杆件看待，用两根绳兜起来，如图 4-48～图 4-50 所示。

图 4-48　铁路客车车体做吊点图

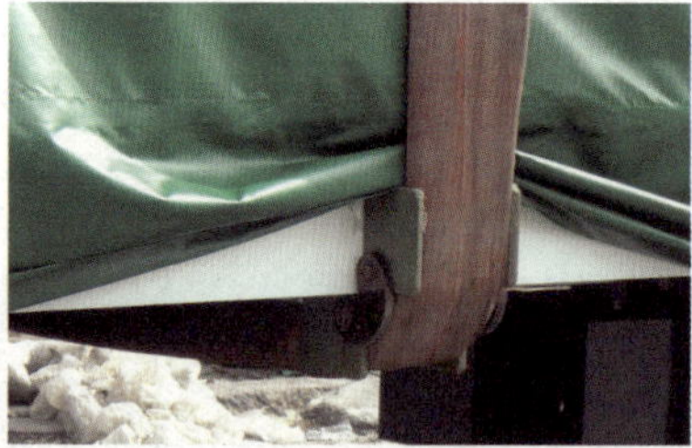

图 4-49　吊点加垫图

图 4-50　铁路客车双绳吊具图

六、两根绳子吊医疗车

把医疗车看成长杆类物体选用车轮下表面作吊点，用绳网直接兜起，这也是用被吊物体下表面作吊点的案例，如图 4-51 所示。

绳网吊汽车要注意以下问题。

图 4-51　双绳吊医疗车图

1. 选车轮下表面做吊点不是十分合适，因为车轮是转动的，吊点不是固定位置，违反了吊点选用要遵循结构稳定性的原则，由于整车没有设计吊点，选择其他点很困难，不得以选用了车轮下表面做吊点。解决稳定性的办法是：

(1)把绳从单根变成一个网，相当于加宽了绳的宽度。

(2)每个轮用两个边绳兜起来，防止转动。

(3)邻近的两个轮共用一个绳网，互相牵拉，以保持相对稳定。

(4)前后两组绳网提供平行向上的力，每个轮两侧受力相等。

(5)轮子外侧绳网的边缘高于转动中心。

通过上述措施，限制了车轮的转动，所以吊装是安全的。

2. 设计绳网注意事项：绳网的前后宽度是两个车轮的距离＋一个车轮的半个周长＋200 mm，车宽度方向的长度是车轮外侧宽度＋车轮的直径＋200 mm。一个车轮两个吊带，吊带的长度要大等于车的高度约 2 倍，如果上部没有框架支架，要接辅助绳到起重机的吊钩，以减小前后车轮吊带的角度，防止车吊起来后车轮转动，保证车轮处于稳定状态。

3. 作业工序如下：

地面铺好绳网，开车到绳网上，吊起来到船上，绳网压在车轮下，到卸货港再一起吊下去。如果船上有位置，车辆开动，医疗车向前移动一段距离，就可以把绳网拿下来，如果用集装箱船运输，绳网就很难拿下来了。

4. 吊装时医疗车是被托起来的。医疗车的重心在大梁的上部，要测好重心的位置，调整吊钩的垂线使通过重心，保证吊起来基本平衡。

5. 如果使用集装箱桥吊吊装，四个吊钩计算两端受力时垂直升力可以不同，但是水平分力一定要相同，这样可以保证车吊起来不窜动。医疗车窜动在地面不会产生很大影响，因为地面空间足够，但船上空间小，卸船时如果在医疗车吊起来的一瞬间发生窜动，会造成被吊物体之间的碰撞，导致货损。

七、总　　结

两根绳兜起来的吊装方式，要防止被吊物体在绳索上滑动和失稳，也就是吊点发生变化，可以采取以下措施：

1. 在自锁角的范围内去确定吊点。
2. 用一个吊车吊装时，两根钢丝绳要分开足够的距离，吊点间距离大于长度的一半。
3. 采取限制吊点滑动的措施，固定吊点。
4. 用两绳平行的方法进行吊装。
5. 判断重心位置，对重要设备设施进行测量。
6. 对于底面小的高箱(例如 700 mm×400 mm×2 000 mm 的木箱)在木箱的上部要用绳索缠绕，并与兜底的钢丝绳做适当连接后才能用钢丝绳直接兜底进行吊装。
7. 吊木箱的时候，钢丝绳不能太短，太短可能会横向压破木箱，对箱内的设备造成损害，解决办法一是增加钢丝绳的长度，二是使用横梁撑开钢丝绳。
8. 吊装上升速度要慢，水平移动开始加速的时候要慢，正常行走的时候保持匀速。

第七节　其他吊点设计

一、梁做吊点

若地铁客车已经制造完成，在车体侧面加不了孔也加不了销；车体下面也加不了安装孔，没有各种孔和销可以利用，被吊物体的四角只有一段梁可以利用。这时可以做一个吊钩钩住这段梁，在吊钩外侧做一个销轴，以实现设计吊点的目的，如图 4-52 所示。

图 4-52　一段顺梁安装吊钩

吊钩钩住边梁后要用螺栓固定，螺栓的作用是防止吊钩落下来，如图 4-53 和图 4-54 所示。

作者在工作中选边梁作为吊点，用这种吊钩向两个国家运输了 600 多辆轨道车，实践证明吊点结构可靠、性能良好、直观简单、操作方便。

图 4-53　吊钩和车体的连接

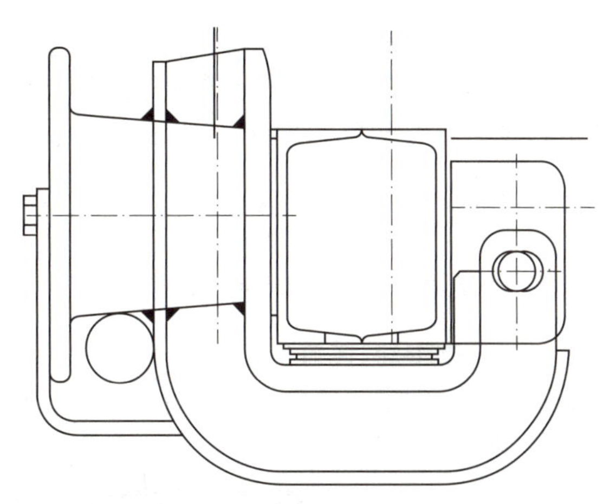

图 4-54　吊钩和车体的连接结构示意

这种吊钩的吊具销轴和钢丝绳的连接有两种方式:垂直连接和倾斜连接。

1. 垂直连接。吊钩的上边缘会压被吊物体的外表面,所以选用吊钩的高度要合适,上边缘处应当具有足够的强度和刚度,能够承受吊钩上边缘的压力,不能因为吊钩上边缘的压力破坏被吊物体的结构。

2. 倾斜连接。吊钩的内侧上边和直立边缘会与被吊物体外表面接触,这个直立表面应当有足够的强度,不能因为直立边缘的压迫导致被吊物体表面结构的损害,如果是油漆表面,要适当处理,还要避免较厚的腻子涂层。

二、选用被吊物体两侧面作吊点

利用被吊物体两侧的平面作吊点,多是用来吊装钢板,尤其是吊装厚板,大多使用夹持的方法来吊装,这种方法通常用在吊装高度不高,现场人员很少的工作场地。

两侧的平面作吊点就是用夹钳夹住钢板,使钢板在被夹住后一起随吊具移动;夹钳的夹持接触部位都是专门设计的材料,硬度很高,能够卡住钢板,让钢板不至于脱落。

目前在市场上已经有典型的夹持机构,一般的使用单位到市场上直接采购即可。对厚钢板可夹持两个相对的立面,如图 4-55 所示。

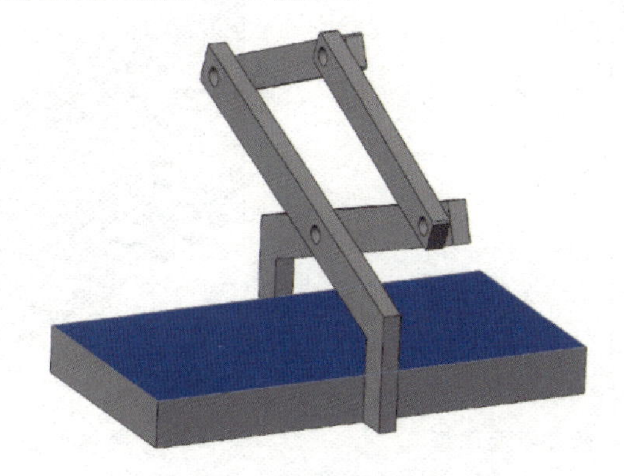

图 4-55　厚板侧面夹持结构

平面夹持的吊点应该满足一定的力学条件:向上的拉力是通过摩擦传给被吊物体的,因此,摩擦力应该大于等于被吊物体的重力:$F \geqslant W$,其中,摩擦力 $F=2N\mu$,N 为吊具对被吊物体一侧的压力;μ 为吊具与被吊物体接触点的摩擦系数。被吊物体的重力 $W=mg$。吊装的时候,夹具要满足:$N \geqslant \frac{mg}{2\mu}$。

三、选用平板被吊物体两边线作吊点

对单张厚钢板,还可以用两个或者四个钩子钩起来,钩子钩住两边进行吊装,钢板边缘就是吊点。市场上能够买到各种钩子,有带自锁机构的钩子,根据设计构思去选用,如图 4-56 和图 4-57 所示。

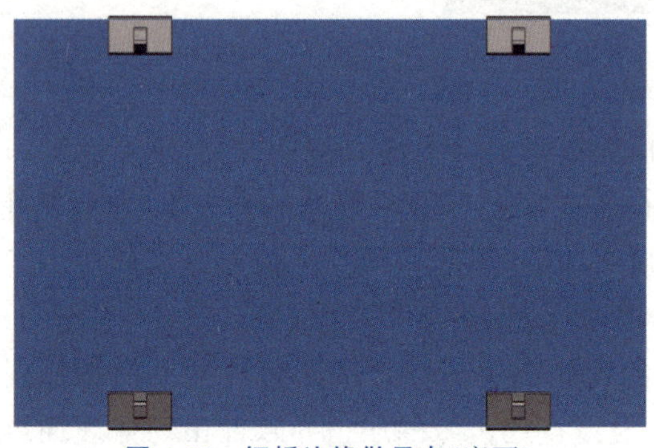

图 4-56　钢板边缘做吊点(底面)

图 4-57　钢板边缘做吊点(侧面)

四、选用薄平板被吊物体两侧大平面作吊点

对单张厚度小于 10 mm 的钢板,把钢板立起来,夹持钢板的两个侧面,用自锁机构夹紧(或者用紧固机构夹紧),进行吊装,两个侧面就是吊点,如图 4-58 和图 4-59 所示。

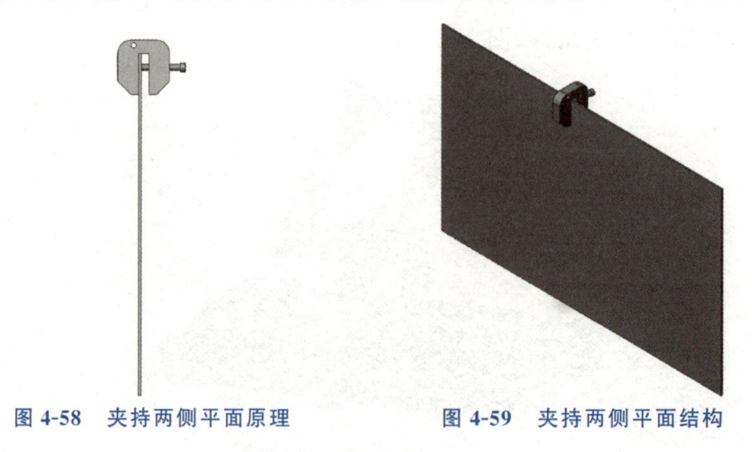

图 4-58　夹持两侧平面原理　　图 4-59　夹持两侧平面结构

夹钳可以用一个，也可以用两个，根据钢板的宽度来选择，如果用两个夹钳，夹钳的上方应该用一根横梁来连接，保证作用到钢板上的力是平行的。

五、选用被吊物体大孔作吊点

利用被吊物体的大孔作吊点，例如轧钢后卷好的一卷钢板的吊具是一个C形大钩，直接插进钢卷的内孔里，许多吊具制造厂有标准图样，很多车站和码头都有各种尺寸的吊钩，如图4-60和图4-61所示。

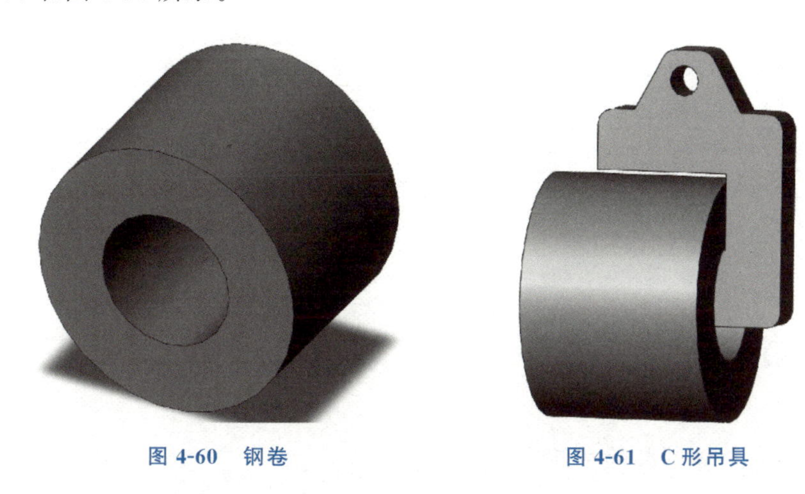

图 4-60　钢卷　　　　图 4-61　C形吊具

在钢厂、车站和码头，有各种规格的吊钩、吊具用来吊成卷的卷钢，根据卷钢的内径、外径、宽度和重量，选用合适的吊钩来吊卷钢。

设计吊钩的时候，要计算好卷钢的重心，使吊钩的吊索正好通过卷钢的重心，这样吊起来就是稳定的；吊钩的头部要适当处理，增加摩擦力，防止卷钢滑落；有时采用双向吊钩，从孔的两侧分别用两个钩子钩住钢卷，可以防止钢卷脱落。吊钩受弯曲载荷，需校核弯曲强度；下部横钩受剪切载荷，需校核剪切强度，大孔内表面是吊点，钢卷是被拉起来的。

表4-1是一种C形卷板吊具的规格数据，其结构如图4-62所示。

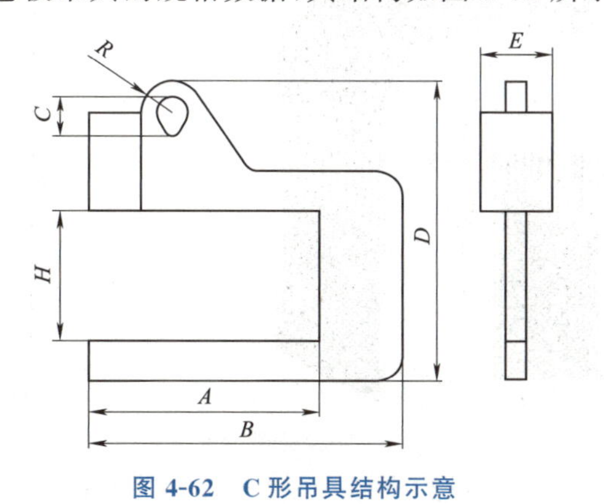

图 4-62　C形吊具结构示意

表 4-1　C 形吊具规格

额定载荷(t)	钢卷宽(mm)	钢卷内径(mm)	A(mm)	B(mm)	C(mm)	D(mm)	E(mm)	H(mm)	R(mm)
3.2	≤300	≥400	300	590	155	845	250	431	51
	350～500	≥400	500	725	155	924	250	451	51
5	750～900	≥400	900	1 225	200	1 144	324	501	61
	900～1 100	≥500	1 100	1 450	200	1 331	318	601	61
	1 100～1 300	≥500	1 300	1 670	200	1 332	375	601	61
10	750～900	≥500	900	1 290	300	1 555	435	651	91
	900～1 120	≥500	1 120	1 555	300	1 767	477	851	91
	1 100～1 300	≥500	1 300	1 758	300	1 722	478	751	91
	1 300～1 500	≥500	1 500	1 955	300	1 854	467	851	91
16	900～1 100	≥600	1 100	1 540	310	1 850	594	851	91
	1 100～1 250	≥600	1 250	1 710	310	1 871	533	851	91
	900～1 100	≥600	1 100	1 570	370	1 982	633	861	111
25	1 100～1 300	≥700	1 300	1 810	370	2 058	716	861	111
32	1 400～1 600	≥700	1 660	2 240	550	2 450	700	851	131

六、选用被吊物体的凸起和结构作吊点

1. 铁路客车的钢结构，利用折棚柱的槽钢底面作为吊点，如图 4-63 所示。图为生产车间内部工序之间客车钢结构的吊装示意，吊装时用两台桥式起重机同时吊起来。

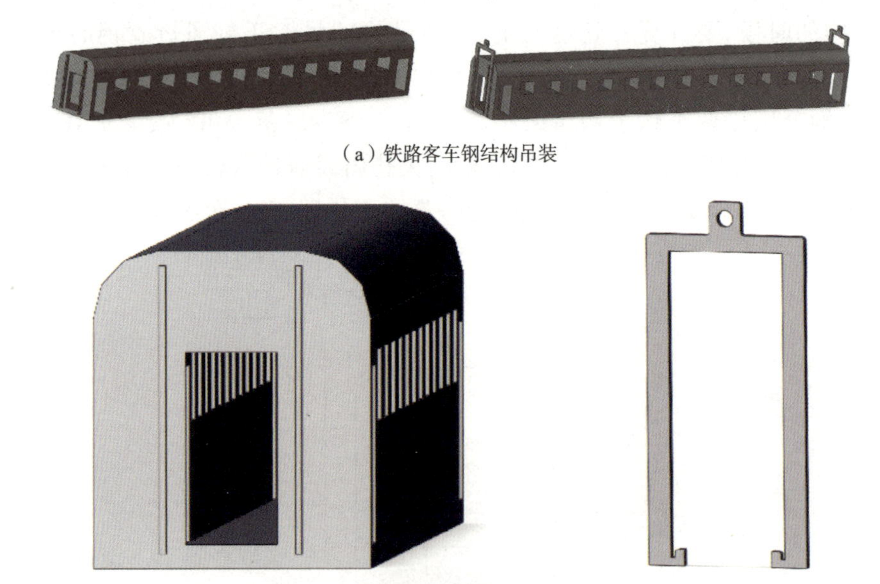

(a) 铁路客车钢结构吊装

(b) 折棚柱槽钢及吊具

图 4-63　折棚柱的槽钢底面作为吊点

2. 客车的中梁用工字钢的两个翼板作吊点，如图 4-64 所示。图为客车的中梁吊装示意，吊装时用两台桥式起重机同时吊起来。

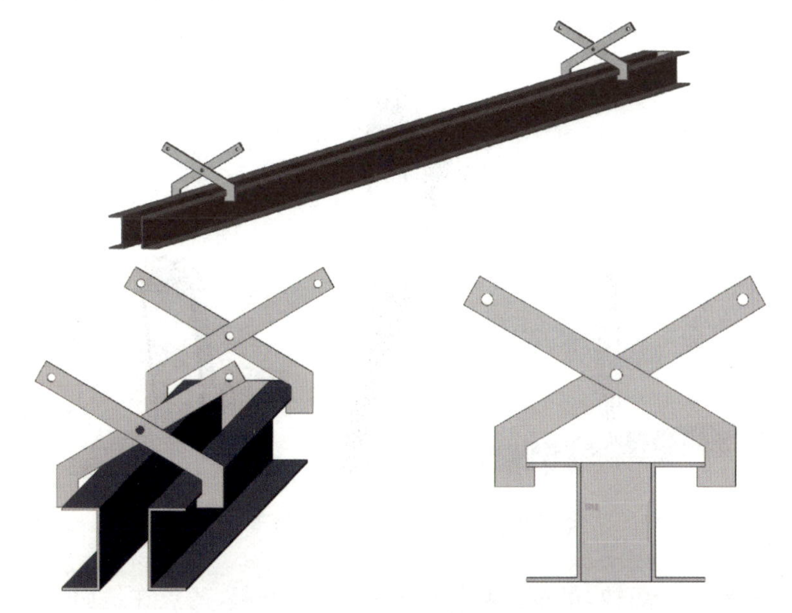

图 4-64 工字钢的翼板作吊点

3. 火车车轮的轮对用车轮的边缘作吊点，如图 4-65 所示。

图 4-65 车轮的边缘作吊点

七、选用工艺孔做翻转吊具的吊点

在工业生产车间的场地上，有一类吊具专门用来给被吊物体翻转，有的需要翻转 90°，有的需要翻转 180°，其目的是完成加工、焊接和打磨等工序或装配工序。

设计翻转吊具，要准确测定被吊物体的重心。测量方法在第一章已经详述。

被吊物体翻转均是依靠起重机进行的，再无其他动力。被吊物体能正向翻转过去，工作完成之后还能再翻转回来。被吊物体的翻转有两种吊装方法。

1. 把被吊物体吊起来升高到一定高度，在空中进行翻转，转到需要的角度放下来，地面要事先做好盛放的器具。

使用这种方法的条件是吊点在重心的下方，如图 4-66 所示，要控制好距离重心的高度，还要选好转轴的结构，吊起来后，让被吊物体慢慢地翻转，如果转动中心线距离重心太远，转动速度会很大，这样的工况是比较危险的。完成这种方式的翻转，需要进行技术准备，准确测出被吊物体的重心，准备转轴，控制转动速度的措施，所以这种翻转方式使用不多。

图 4-66　翻转吊具的吊点靠近重心

2. 一边吊起来一边翻转，吊被吊物体的两点，两点升起，两点在地面上，起重机一边吊起来，一边向落地的两点缓慢移动，控制好绳索与被吊物体的角度，当被吊物体翻到 90°的时候，就可以把被吊物体吊离地面，这样就完成了 90°的翻转，如图 4-67 所示。放下有三种方式：一种是保持翻转 90°状态放下，第二种是继续翻转 90°放下，第三种是返回原来的状态（翻转－90°）放下，这种翻转，吊点在重心之上，是比较安全的。

图 4-67　翻转吊具的吊点远离重心

翻转吊具的吊点，有两个地方可以选择，第一个地方是重心的正下方，选一个合适的点，这是实现第一个翻转方法的吊点；第二个地方是被吊物体的一端，选两个点，这两个点也要低于被吊物体的重心，这样才能够在翻转 90°的时候被吊物体能够继续自动翻转，当然，如果要想翻转－90°，就要增加机构，以实现自动翻转。在翻转的临界状态，要十分注意，有些时候需要人为的干预，要根据具体工件情况，想好办法。

八、选用钩作吊点

如果被吊物体上有一个钩或者四个钩，可以选它们作为吊点，钩也是比较理想的吊点。

若被吊物体上设计有四个钩，用钢丝绳直接挂上就可以吊起来。钩的优点是使用方便，挂上和摘下十分顺利，但是要防止绳索自行脱落，所以在使用的时候要时刻注意观察，尤其是在起吊的瞬间，以及落地后又要进行调整的时候。钩作为吊点用在重量不同的被吊物体上时，需要足够的强度、刚度和稳定性。

一种发电机定子的生产厂在端部设计了四个钩作为吊点，在运输的时候稳定地实现了吊装，如图 4-68 和图 4-69 所示。

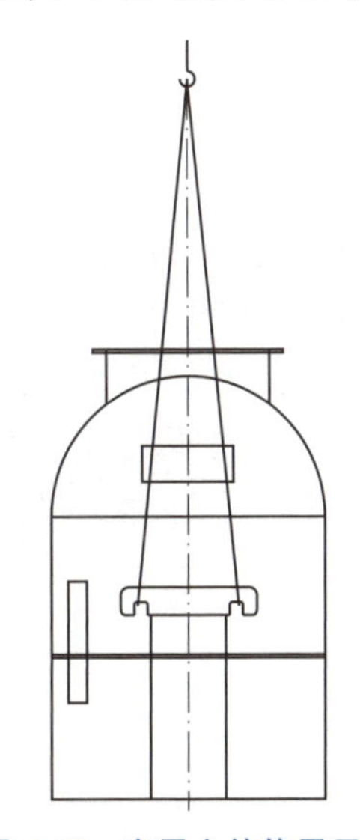

图 4-68　定子上的钩子示意

图 4-69　定子上的钩子实物

锅炉钢结构运输时，大多数情况下是多根钢梁捆扎在一起，可以在外面的包装框架上做 4 个钩子，以方便稳定地吊装，如图 4-70 所示。

图 4-70　钢结构捆扎梁上的钩子

九、设计和选择吊点要因地制宜

1. 寻找和改造。被吊物体的吊点，有的是利用被吊物体天然自身的结构，但多数是对被吊物体的结构进行适当的加工、改造后形成的；一些重要的被吊物体，需要吊具设计师在产品设计早期阶段提前介入，设计的产品就带有吊点。

2. 吊点的继承。选择被吊物体的吊点，要借鉴过去已经使用的好的做法，每个人都需要从头开始，一点一滴的学习，向前人学习，向同行学习，向实践学习，向不同的行业学习，通过学习，掌握现有工件的吊点的设置方式和方法。

3. 实践锻炼。选择吊点是吊具设计的一项重要工作，找好吊点，吊具设计就成功了一半。吊具设计人员选择吊点，也是需要学习的一项基本功，多看、多思考、多交流、多实践，经验就会积累起来。

4. 努力创新。在吊点设计中，总会出现过去没有见过的新结构、新工件、新问题。吊具设计人员需要不断思考，结合被吊物体的特点有针对性地提出新的吊点方案，从而解决生产实践中需要解决的问题。

5. 因地制宜。吊点是继承还是创新，要结合被吊物体的实际情况，结合现场的条件和使用地点以及起重机的性能、操作人员的能力和水平，因地制宜地选择合适的吊点。

6. 大件被吊物体提供的吊点多用两种结构：一个是销轴，一个是圆孔。因此，在被吊物体的吊点设计的时候，可以首先考虑设计孔，如果孔有困难，可以考虑设计一个销轴，如果孔和销轴都有困难，可以过渡一下，在被吊物体上安装一个部件，部件的一端安装在被吊物体上，另一端提供给吊具设计师的界面是孔或者是销轴。

第八节　吊点设计的管理

被吊物体的吊点是被吊物体的重要性能，是被吊物体固有的属性，但是这个属性不是凭空产生的，是产品设计师在设计阶段赋予的性能。

1. 要让被吊物体具有良好的适应吊装的性能，在产品设计阶段吊具设计师就要提前介入。

(1)技术管理部门(或经营部门)下达《×××产品设计任务书》时，要明确提出这项要求；如果技术管理部门不清楚，要与吊具设计师沟通，把要求写清楚。如果是委托另外一家公司进行设计，要签订《吊具技术条件》，把要求约定清楚。

(2)产品设计师要在产品设计阶段，在图纸上就要让产品具有这个属性；如果对《×××产品设计任务书》内容有异议，要及时进行反馈，达成新的共识后要对《×××产品设计任务书》进行修改，签字确认。

(3)第一次设计出产品的时候，要对吊点的性能进行评审、测试，如果评审不合格，要进行整改。

(4)对于老产品，要让吊具设计师确认：吊点的性能是否满足要求，如果吊具设计师需要改进，要与产品设计师进行沟通。

(5)生产制造过程中，要保证吊点的质量可靠。

2. 设计吊点，还要协调好产品的强度等要素。

(1)确保吊点工艺性良好、方便装夹、方便检查、方便观察、操作简单，与吊具连接的质量易于保证。

(2)核算被吊物体的变形是否在许可范围内。

(3)核算被吊物体的强度是否足够。

(4)核算被吊物体的稳定性是否足够。

(5)检查是否能够与吊具很好地匹配。

(6)检查是否能够与起重机进行很好地匹配。

3. 如果被吊物体是旧机器、旧设备、旧材料和旧结构，要对这些被吊物体进行检查。

(1)检查吊点强度、刚度和稳定性是否足够，防止在吊装过程中吊点失效。

(2)检查这个被吊物体的强度是否足够，防止被吊物体断裂、变形过大和稳定性失效。

(3)检查被吊物体是否有其他附加零部件，会在吊装过程中脱落。

(4)检查被吊物体是否与地面固定点有连接。

(5)检查被吊物体是否变形，是否与吊钩、吊绳和吊架发生干涉。

第五章　吊具设计中的力学计算

起重作业是通过起重机的升力，克服物体重力，实现物体位移的一个过程。吊具是把起重机吊钩的力传给被吊物体的工具，主要作用就是传递力和分配力；力既是起重作业中的核心要素，更是吊具设计中的核心数据；在吊具设计中，力是如何传递的，起重机吊钩的一个力是如何分解成二个、四个或者六个力的，这是吊具设计中力学设计和计算的基本问题。计算力的大小、方向和作用点，是设计好吊具的前提，也是一个吊具设计师的基本功。

在第一章详细讨论了牛顿三定律在吊具设计中的作用，分析了牛顿三定律的应用条件和吊具设计中应该注意的事项；本章应用理论力学和材料力学的方法，对典型构件的力进行合成与分解，对吊具中的绳索和构件进行受力分析和计算，以确定吊具相关部件的结构和尺寸。

第一节　吊具材料的核验

在吊具的零部件内部，有一个复杂的力的传递和分配的过程。设计吊具时要把力传递的路径和方式研究清楚，为设计吊具的型式和结构提供基础；设计吊具时还要把吊具构件和材料内部的力和应力研究清楚，为确定吊具零部件的尺寸提供基础。本节简述一下材料力学的基础知识。

一、材料应力、应变

（一）应力

材料受到力的作用，内部就会产生变形，变形就会在材料内部产生压力（或者拉力），这种单位面积上的压力（或者拉力），称为应力。应力是材料的内力，本质是材料内分子（或者原子）之间的作用力。

在一个杆件里，受到压力 F，杆件的截面积是 S（余同），它内部的应力是

$$\sigma = \frac{F}{S}$$

如果杆件受拉力，称为杆件内部产生拉应力，受压产生压应力，单位是 Pa，杆件内部应力状况如图 5-1 所示。

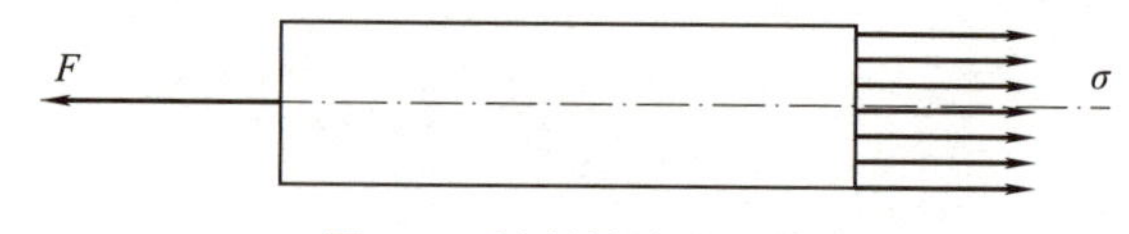

图 5-1　材料拉应力示意

(二)许用应力

在材料的屈服强度σ_s之下的数值当中,做适当降低,规定一个杆件安全工作的最大数值,就是许用应力$[\sigma]$,这是材料力学中常用的计算方法。

在吊具杆件的设计当中,杆件中的应力$\sigma \leqslant \frac{[\sigma]}{n}$,这既是吊具杆件强度的保证条件,也是强度计算的边界条件。n是安全系数,吊具中杆件的安全系数取值比普通的机械设计取值大,不能用一般的机械设计中的许用应力来计算吊具零件的强度,吊具安全系数的取值在第一章已详细论述。

(三)剪切应力

杆件除了受到拉力和压力外,还会受到剪切力的作用,在材料的内部产生剪切应力。

在材料的一个截面上,应力沿着截面切线方向的分力,叫做剪切应力。在有些吊具的横梁结构中,力量主要是靠剪切应力传递的,如图5-2所示。

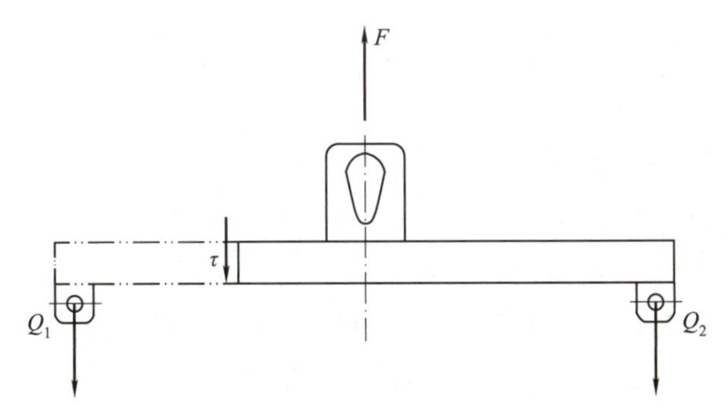

图5-2　横梁剪切应力

这个横梁的一个截面有弯矩的作用,用剪切应力传递了力,两端向中间传递剪切应力,合力等于中间向上的拉力。若横梁的许用剪切应力为$[\tau]$,横梁截面面积为S,则材料内部的剪切应力应满足

$$\tau = \frac{Q_1}{S} \leqslant [\tau]$$

(四)吊具材料的变形

材料做成吊具构件后,在力的作用下会产生变形,吊具的性能对构件的变形也有一定的要求,在某些结构下,变形要受到一定的约束。

1. 胡克定律:包括吊具在内的大多数材料在受到力的作用后,杆件会发生变形,这个变形都有一个弹性变形阶段,在此范围内轴向拉、压杆件的伸长或者缩短的量,都与作用力(N)、杆件的长度(l)成正比,与杆件的截面积成反比。

$$\Delta l = \frac{Nl}{ES}$$

式中,E为弹性模量(杨氏模量);S为截面面积。

2. 应变：$\varepsilon=\dfrac{\Delta l}{l}$，胡克定律又可以表达为 $\sigma=E\varepsilon$。

3. 泊松比。在材料的弹性变形阶段，横向应变 $\varepsilon_{横}$ 和纵向应变 $\varepsilon_{纵}$ 保持着一定的比例关系，用一个表达式可表达为 $\mu=\left|\dfrac{\varepsilon_{横}}{\varepsilon_{纵}}\right|$。

这里 μ 就是泊松比，也称为横向变形系数，这是一个材料的力学性质，与材料的形状和尺寸无关。

（五）弯曲和应力

在吊具的各种结构中主要的变形形式是弯曲，在弯曲的过程中，构件的内力有剪切应力，也有弯曲产生的拉压应力，所以弯曲是一种比较复杂的变形形式。

对于弯曲构件，一个截面上的弯矩是 M，惯性矩是 I，则这个界面上的应力为

$$\sigma=\frac{My}{I}$$

式中，σ 为构件在 y 高度上的应力；y 为从中性面到计算点的距离。

（六）吊具设计中的力学计算

在吊具设计中，主要的力学计算包括三类问题：

1. 强度校核：已知吊具构件的结构、构件的截面积 S、材料的许用应力$[\sigma]$以及所受载荷，校核强度是否满足，从而检验吊具构件是否安全。

2. 设计界面：已知载荷和许用应力$[\sigma]$，根据强度条件设计界面尺寸。

3. 确定许可载荷：已知吊具构件的截面积 S 和许用应力$[\sigma]$，根据强度条件确定构件的许可载荷。

二、稳定性校核

（一）压杆稳定

在静力条件下，杆件有五种受力状态，受拉伸、压缩、弯曲、扭转和剪切。压杆在压力作用下，轴线能够维持原有直线状态的平衡状态，称为稳定平衡状态。压杆在压力作用下，轴线不能维持原有直线状态的平衡状态，称为不稳定平衡状态，也称为压杆失稳。使压杆从稳定平衡状态过渡到不稳定平衡状态的载荷，称为临界载荷，用F_{lj} 来表示。

压杆稳定性校核的临界压力欧拉公式为$F_{lj}=\dfrac{\pi^2EI}{(\mu_{长}L)^2}$。

压杆稳定性校核的临界应力欧拉公式为$\sigma_{lj}=\dfrac{F_{lj}}{S}=\dfrac{\pi^2EI}{(\mu_{长}L)^2S}$，截面的惯性半径 $i=\sqrt{\dfrac{I}{S}}$。其中，i 为惯性半径，I 为截面的惯性矩。

压杆的柔度：$\lambda=\dfrac{\mu L}{i}$。其中，$\mu_{长}$ 为压杆端部约束条件对应的系数，L 为压杆的长度，

$\mu_{长}$是压杆端部约束条件对应的系数，取值见表 5-1。压杆的柔度也可以称为细长比，全面反映了压杆的长度、截面尺寸、形状和约束条件对临界应力的影响；柔度是压杆问题当中一个非常重要的参数。

表 5-1　压杆的长度系数

压杆端部支撑情况	一端自由、一端固定	两端铰支	一端铰支、一端固定	两端固定	一端固定、一端可移动但不能转动
挠曲线图形	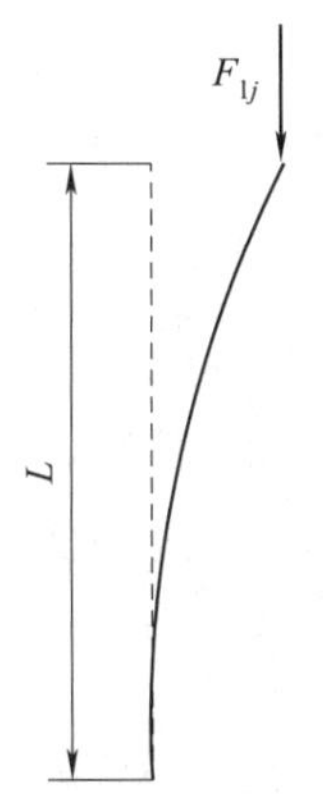 F_{lj} L	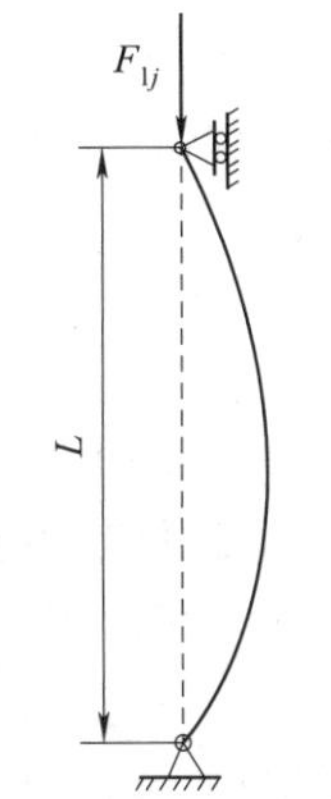 F_{lj} L	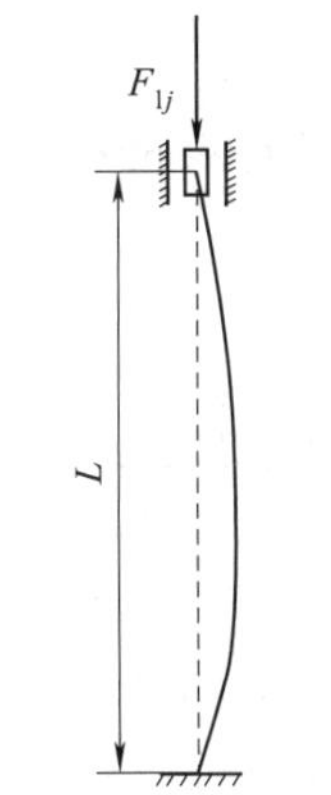 F_{lj} L	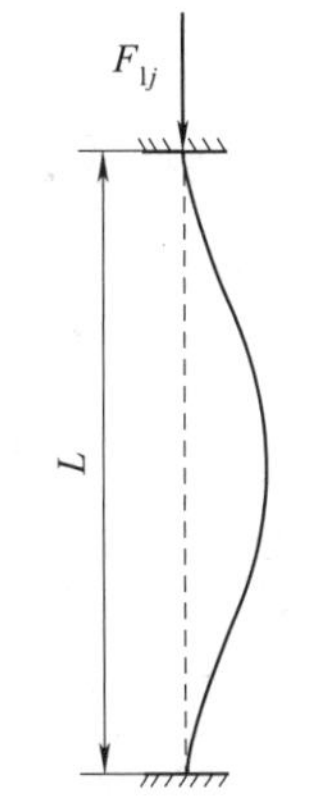 F_{lj} L	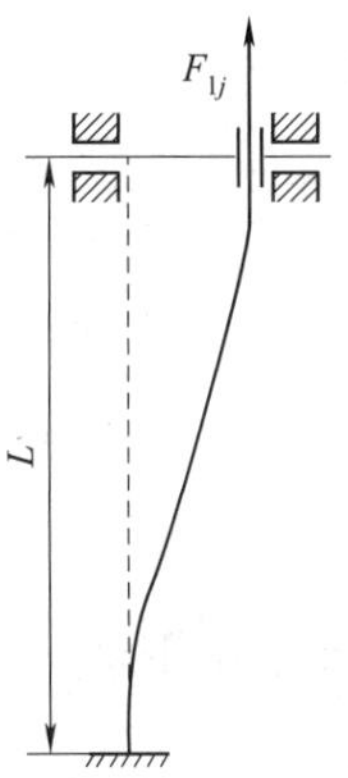 F_{lj} L
长度系数 $\mu_{长}$	2	1	0.7	0.5	1

欧拉公式适用条件有三条：

(1)理想压杆：压杆的轴线是直线，压力与压杆轴线重合，压杆材料的材质是均匀的。

(2)压杆的变形：线弹性、小变形，或者说$\sigma_{lj} \leqslant \sigma_p$，$\sigma_p$ 是材料的比例极限。

(3)压杆的两端连接方式：铰支座。

临界应力欧拉公式可以写成：$\sigma_{lj} = \dfrac{\pi^2 E}{\lambda^2}$。因为欧拉公式是从弹性挠曲线导出的，所以这个公式只能适用于弹性范围，即只有当$\sigma_{lj} \leqslant \sigma_p$(比例限)时才适用。

由此可以推导出：$\lambda_1 = \sqrt{\dfrac{\pi^2 E}{\sigma_p}}$。

这个公式表明：材料确定了，λ_1 就是确定的，与材料的形状无关。对 Q235 钢，E=206 GPa，σ_p=200 MPa，代入公式得到 $\lambda_1 \approx 100$。

所以，欧拉公式的使用条件也可表述为 $\lambda \geqslant \lambda_1$，如果 $\lambda < \lambda_1$，欧拉公式就不能使用了。

(二)直线经验公式

当$\sigma_{lj} \geqslant \sigma_p$ 的时候，欧拉公式就不成立了，在实际工程实践当中采用经验公式。最常用的是直线经验公式：$\sigma_{lj} = a - b\lambda$。式中，$a$、$b$ 是与压杆材料有关的常数，取值见表 5-2。

表 5-2　不同材料常数取值

材　料	a(MPa)	b(MPa)
Q235 钢,σ_s=235 MPa	304	1.12
35 号钢,σ_s=306 MPa	461	2.568
铸　铁	332.2	1.454
松　木	28.7	0.190

直线经验公式的使用范围:在材料屈服之前。所以$\sigma_{lj}=a-b\lambda\leqslant\sigma_s$,化简得到$\lambda\geqslant\dfrac{a-\sigma_s}{b}$。

令$\lambda_2=\dfrac{a-\sigma_s}{b}$,因此$\lambda_2$也是材料的一个固有属性,与杆件的形状无关。对 Q235 钢:$\lambda_2=\dfrac{a-\sigma_s}{b}=\dfrac{304-235}{1.12}=61.6$。

因此直线经验公式的使用范围是:$\lambda_2\leqslant\lambda\leqslant\lambda_1$。当$\lambda\leqslant\lambda_2$的时候,就会发生强度失效,而不是失稳问题了,由此可以得到结论:稳定问题总是发生在强度破坏之前。所以,任何情况下都有$\sigma=\dfrac{F}{S}\leqslant\sigma_s$。

除了直线经验公式,还有其他的经验公式,例如:抛物线经验公式、折减系数法等,机械行业多采用应用直线经验公式。

(三)压杆分类

不同柔度的压杆,应当采用不同的临界压力公式进行临界压力计算,因此根据柔度,可以把压杆分为三类:

1. 大柔度杆(或者:细长杆):$\lambda\geqslant\lambda_1$,用欧拉公式求临界应力。

2. 中柔度杆:$\lambda_2\leqslant\lambda\leqslant\lambda_1$,用直线经验公式求临界应力。

3. 小柔度杆(或者:短粗杆)$\lambda\leqslant\lambda_2$,直接进行强度计算。

在设计吊具横梁的时候,尽量采用小柔度杆,彻底杜绝失稳。

(四)临界应力图

压杆临界应力如图 5-3 所示。压杆稳定的问题,都可以在这张图中得到解决,图中清晰地表现了各种杆件的压杆稳定问题以及相互关系。

(五)压杆的稳定校核

工作安全系数$n=\dfrac{F_{lj}}{F}$,稳定安全系数为n_w,满足稳定性要求时,应该有$n_w\geqslant n=\dfrac{F_{lj}}{F}$。强度安全系数的取值,可以在 1.2~2.5,最大可以取 3~5。稳定安全系数的取值可以在 2~5,最大可以取 8~10。

(六)稳定的校核问题

在压杆稳定校核的时候,也有三个方面的问题:稳定性校核问题、确定许可载荷、截面

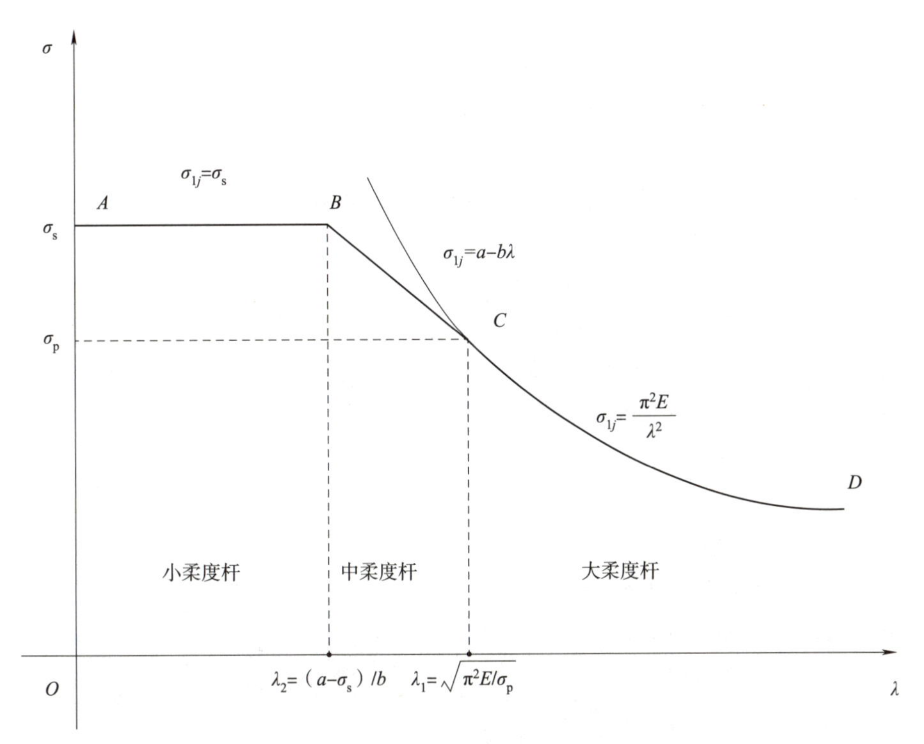

图 5-3　临界应力图

设计。在设计吊具的时候，作为压杆的横梁，要根据情况处理这三类问题。

1. 压杆稳定性校核

(1)计算 λ_1、λ_2、λ。

(2)确定压杆属于哪一种压杆(大柔度杆、中柔度杆或小柔度杆)。

(3)根据杆的类型求出σ_{1j} 和F_{1j}。

(4)计算压杆所受到的压力 F(或者是应力)。

(5)校核 $n=F_{1j}/F\geqslant n_a$，n_a 为材料的稳定安全系数。

2. 确定许可载荷

(1)计算 λ_1、λ_2、λ 。

(2)确定压杆属于哪一种压杆(大柔度杆、中柔度杆、小柔度杆)。

(3)根据杆的类型求出σ_{1j} 和F_{1j}。

(4)$F\leqslant F_{1j}/n_a$。

3. 压杆稳定的截面设计

(1)计算实际压力。

(2)求出F_{1j}，$F_{1j}=n_aF_1$。

(3) 先假设为大柔度杆，有欧拉公式求出 I，$F=\dfrac{\pi^2EI}{(\mu l)^2}$，进一步求出直径 d(若为圆界面杆)。

(4)先计算 λ_1 和 λ。

(5)检验比值 $\lambda \geqslant \lambda_1$ 是否成立,若成立,则结束。

(6)若 $\lambda \geqslant \lambda_1$ 不成立,则为中柔度杆,按照经验公式求出直径 d(若为圆截面杆)。

根据上述理论,可以对吊具中的压杆进行稳定性校核,以避免在吊具使用中发生压杆失稳现象,确保吊运过程、被吊物体、起重设备和人员的安全。

(七)偏心压杆折减系数 φ

实际生产当中,横梁结构的作用力都不通过压杆的主轴,压力与主轴有一段距离,这类压杆称为偏心压杆。

对于偏心压杆,可以建立微分方程,求解得到临界力,这样做比较烦琐。在工程实践当中,经过多年的总结,一般采用折减系数的方法进行处理。

$$\sigma = \frac{F}{\varphi S} \leqslant \sigma_p$$

式中 σ——压杆里的应力;

σ_p——压杆材料的应力极限;

F——压杆上的作用力;

S——压杆的截面积;

φ——偏心压杆的折减系数。

部分型材偏心压杆的折减系数 φ 取值范围见表 5-3。

表 5-3 部分型材偏心压杆折减系数

ε	0.2	1	5	10	20	30	0.2	1	5	10	20	30
λ	φ											
0	0.865	0.563	0.199	0.105	0.053	0.035	0.930	0.720	0.277	0.147	0.075	0.050
10	0.848	0.548	0.196	0.104	0.053	0.035	0.920	0.695	0.271	0.145	0.074	0.050
20	0.831	0.529	0.193	0.103	0.052	0.035	0.900	0.662	0.263	0.141	0.072	0.049
30	0.832	0.509	0.189	0.101	0.052	0.034	0.875	0.630	0.254	0.138	0.071	0.048
40	0.788	0.487	0.183	0.100	0.052	0.034	0.830	0.597	0.243	0.135	0.070	0.047
50	0.760	0.465	0.177	0.098	0.051	0.033	0.788	0.558	0.234	0.130	0.069	0.046
60	0.730	0.442	0.171	0.096	0.050	0.033	0.736	0.523	0.224	0.126	0.068	0.045
70	0.693	0.419	0.165	0.094	0.049	0.033	0.676	0.482	0.213	0.122	0.066	0.044
80	0.651	0.396	0.159	0.092	0.049	0.033	0.630	0.446	0.203	0.118	0.065	0.043
90	0.602	0.373	0.153	0.090	0.048	0.032	0.571	0.411	0.192	0.114	0.063	0.042
100	0.549	0.350	0.147	0.088	0.048	0.032	0.530	0.379	0.183	0.110	0.062	0.042
110	0.494	0.328	0.142	0.086	0.047	0.031	0.470	0.352	0.173	0.106	0.060	0.041

续上表

ε	0.2	1	5	10	20	30	0.2	1	5	10	20	30
λ	φ											
120	0.443	0.306	0.136	0.083	0.046	0.031	0.431	0.320	0.165	0.102	0.059	0.041
130	0.397	0.284	0.134	0.081	0.045	0.030	0.388	0.293	0.156	0.098	0.057	0.040
140	0.354	0.262	0.126	0.079	0.045	0.030	0.348	0.271	0.149	0.095	0.055	0.040
150	0.306	0.242	0.121	0.076	0.044	0.030	0.306	0.247	0.141	0.091	0.054	0.039
160	0.272	0.225	0.116	0.074	0.043	0.029	0.272	0.227	0.134	0.087	0.053	0.038
170	0.243	0.207	0.112	0.071	0.043	0.029	0.243	0.209	0.127	0.084	0.052	0.038
180	0.218	0.192	0.108	0.069	0.042	0.028	0.218	0.191	0.120	0.080	0.051	0.037
190	0.197	0.177	0.104	0.067	0.041	0.028	0.197	0.176	0.114	0.078	0.049	0.036
200	0.180	0.164	0.099	0.065	0.040	0.028	0.180	0.165	0.107	0.075	0.048	0.035

三、平面力系的平衡条件

在吊具的设计当中，吊起一个物体停在空中不动，物体处于静止稳定状态，这种现象称为平衡状态，在平衡状态当中，有一部分受力状态属于平面力系问题，应该用平面力系的方法处理。

吊具设计当中，如果各个受力属于平面力系，这个力系平衡的充分且必要条件是力系的主矢量 $\boldsymbol{R}$ 和对于任意一点的主矩 M_0 分别为零，即：$R=0,M_0=0$。

这个平衡条件，也可以用解析式来表达：$\sum_{i=1}^{n}X_i=0$，$\sum_{i=1}^{n}Y_i=0$，$\sum_{i=1}^{n}M_0(F_i)=0$。

这就是平面力系平衡方程的基本形式。根据这组方程，平衡条件可以描述为：平面力系平衡的必要且充分条件是：力系中各力在平面直角坐标系各坐标轴上的投影的代数和等于零，且对任意一点力矩的代数和等于零。

在吊具设计中，有很多是在平面力系中的平衡问题，例如用一根绳和两根绳进行的吊装，或者被吊物体上有一个或者两个吊点的吊装。这些问题对吊具是平面力系问题，对被吊物体也是平面力系问题，如果在平面力系内设计吊具，要分别对吊具和被吊物体进行平衡条件的核算，对于吊具和被吊物体组合的吊装系统来说，平面力系的平衡条件仅仅是必要条件，而不是充分条件。

（一）一根绳单点吊原木的平衡

单绳吊原木如图 2-5 所示。

1. 对原木，受到两个力的作用，第一个是钢丝绳向上的拉力，第二个是地球的吸引力，两个力大小相等，方向相反，作用在一条直线上，所以对于任意坐标系都有：$\sum_{i=1}^{n}X_i=0$，

$\sum_{i=1}^{n} Y_i = 0$，$\sum_{i=1}^{n} M_0(F_i) = 0$。

2. 对钢丝绳，受到三个力的作用，第一个是原木的向下的拉力，第二个是地球对钢丝绳的吸引力，第三个是起重机吊钩对钢丝绳向上的拉力，对于钢丝绳收到的三个力，同样有：$\sum_{i=1}^{n} X_i = 0$，$\sum_{i=1}^{n} Y_i = 0$，$\sum_{i=1}^{n} M_0(F_i) = 0$。

3. 对于原木和钢丝绳的位置关系：

如果钢丝绳恰好系在原木的重心处，吊起来原木是水平的状态。如果钢丝绳的系紧点不在重心的位置，这时原木和钢丝绳会在力矩的作用下自动找到平衡点，原木就会立起来，所以钢丝绳系在原木上的时候，一定是系紧的，而不能仅仅是兜上，这样才安全。

4. 对于原木来说，如果系紧点不在重心处，就会发生倾斜，这种结果对于原木和杆件类物体，影响不大，是可以继续操作；但是对于多数物体，吊装过程中是不能翻转的，所以其他类一个吊点的物体，为了在吊装过程中物体不翻转，需要保证吊点在物体重心的正上方，否则不能进行吊装；如果接触点不在上方，也要保证合力的作用点在上方。

（二）一根绳两点吊原木的平衡

图 5-4 中，吊具是两根绳子，被吊物体是一根原木，绳子与原木能够可靠连接。

图 5-4　一根绳两点吊原木

1. 对于梁：受到三个力的作用，第一个是左边钢丝绳的拉力，第二个是右边钢丝绳的拉力，第三个是地球的吸引力。

2. 对于一段钢丝绳：受到三个力的作用，第一个是横梁的拉力，第二个是起重机吊钩的拉力，第三个是地球的吸引力。

以上两种情况，符合平面力系的平衡条件，都有：$\sum_{i=1}^{n} X_i = 0$，$\sum_{i=1}^{n} Y_i = 0$，$\sum_{i=1}^{n} M_0(F_i) = 0$。

3. 两根绳吊一根梁，梁会自动调节角度，让梁的重心在起重机滑轮和吊钩构成的直线的延长线上，绳和梁的连接点一般是在两端上边，这样的状态既符合平面力系的平衡条件，也符合稳定性的平衡条件。

（三）方形铁箱的平衡

对方形铁箱（图 5-5）来说，如果吊两点，情况会有些复杂（假设箱内物质是均匀的，重心在几何中心）。

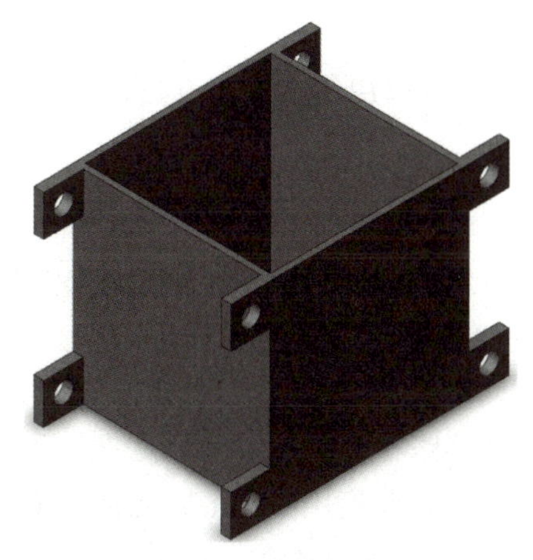

图 5-5　方形铁箱

1. 若这两点是铁箱上边的对角线两点，重心在吊点连线的下方，符合平面力系的平衡方程的条件。

2. 但若是吊箱底下的两点，箱子的重心就在吊点的连线以上了，虽然也符合平面力系的平衡条件，但仅仅是满足了必要条件，还不能保证吊装过程的安全。

如果重心高于绳和箱体的连接点，还要满足势能方程的二阶导数大于零，这个问题在下一章讨论。

（四）钢水包

对于钢水包（图 4-19）来说，从吊销轴线与钢水包所在轴线构成的平面剖开，两边的质量是对称的，整体重心就在钢水包体的轴线上，当钢水包盛满钢水的时候，重心有所提升，但是不会超过两个销轴的共同轴线。

所以用专用吊钩来吊钢水包是稳定的，满足平面力系的平衡条件。

（五）总结

总之，在一个被吊物体上找两点作为吊点，除了力的平衡，还要满足两个条件：

1. 尽量最远的距离，例如吊点具有相同的高度时，箱子选对角线。

2. 吊点的连线应当高于物体的重心。如果现场无法判断物体的重心，要选最高点做吊点，第一次起吊，要做尝试性起吊，然后换几个点起吊以判断重心的位置，无论采用何种方法最后都要找到重心的位置。

四、空间力系的平衡条件

空间力系指物体所受各力的作用线都分布在空间的任意力系，平面力系是空间力系的一个特例。

在吊具设计中，当被吊物体是铁路客车、机车、变压器、发电机定子、燃气轮机等这些重大物体时，通常采用 4 根、6 根或者 8 根吊绳的方案进行吊装，这些吊具和被吊物体的受力状态都是空间力系。

空间力系的平衡条件是：空间力系平衡的充分且必要条件是力系的主矢量和对任意一点的主矩分别为零。

空间力系的这一平衡条件也可以用解析式来表达：$\sum x=0$，$\sum M_x(F)=0$；$\sum y=0$，$\sum M_y(F)=0$；$\sum z=0$，$\sum M_z(F)=0$。

这就是空间力系的平衡方程。根据这组方程，空间力系的平衡条件可以描述为：空间力系平衡的必要且充分条件是力系中各力在空间直角坐标系各个坐标轴上的投影的代数和等于零，同时对各轴之矩的代数和等于零。

如果空间力系中各力的作用线平行，这种力系称为空间平行力系。在吊装过程中，空间平行力系出现的比较多，例如吊铁路客车的受力状况就是空间平行力系，四个吊绳提供了四个向上的平行的力，地球对铁道客车的吸引力是重力，方向向下，四个升力和一个重力平衡。

这种情况下：空间平行力系的平衡方程是 $\sum z=0$，$\sum M_x(F)=0$，$\sum M_y(F)=0$。

图 5-6 和图 5-7 所示的两个吊装方式，都是用一个方形框架撑开钢丝绳，框架以下的钢丝绳垂直向下到达吊点，钢丝绳都是平行的，因此钢丝绳提供给铁路客车的是四个平行的力，垂直向上。这种情况下，被吊物体受到的力满足方程组：$\sum z=0$，$\sum M_x(F)=0$，$\sum M_y(F)=0$。

图 5-6　铁路客车的吊装

图 5-7 框架集装箱特种车的吊装

对于六个吊绳，或者更多吊绳的状态，也同样要满足平衡方程的条件，设计吊具的时候，要分析清楚，计算准确。

对方形框架吊具，要掌握重心的位置，通过调整上边的四根绳子的长度，让吊钩的力的作用线通过重心，这样被吊物体能够保持水平状态。设计铁路客车、机车的吊具时，吊具设计师应当向车的生产厂索要设计重心，同时索取八个车轮的称重的重量，自己计算车重心，与设计提供的重心进行比较。

空间平行力系只是空间力系的一个特殊状态，在吊具设计中，任何情况下都要满足空间力系的平衡条件。

第二节 横梁的力学计算

横梁的力学计算是要根据基本的材料力学理论，计算横梁上下表面的应力，从而判断一个横梁能够承受的载荷的极限值，为设计和使用横梁提供安全保障。通过计算主要解决横梁设计中的两个问题，一是具有横梁结构、尺寸和载荷，校核横梁强度；二是具有横梁的结构、载荷和强度要求，求横梁的最小尺寸。

一、经典横梁结构受力分析：1 号横梁

这是一款经典的横梁，如图 3-41 所示。1 号横梁结构简单、直观，易于普及。在工业生产、交通运输、科研和建设施工现场等领域有广泛的应用。梁上两根绳，绳下端与横梁连接，绳上端汇集一起挂到起重机吊钩子上，梁下边两根绳，绳上端连接横梁，绳下端连接到物体，受力状况如图 5-8 所示。

（一）横梁受力分析

从左到右，横梁各个截面的应力值，基本相同，因此可以采用等截面设计。横梁用方

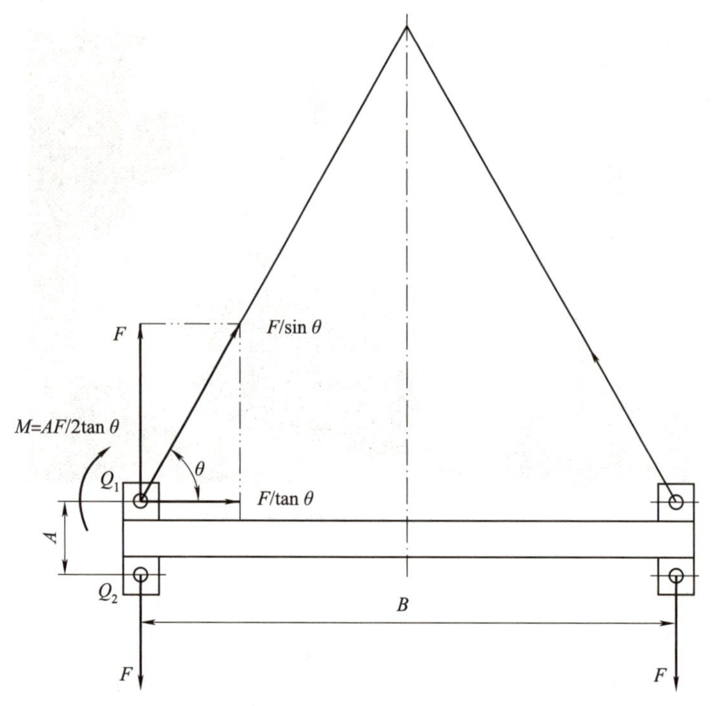

图 5-8　1 号横梁受力图

钢管①制作，横梁断面相关结构参数如图 5-9 所示，方钢管壁厚 $B_1=10$ mm。

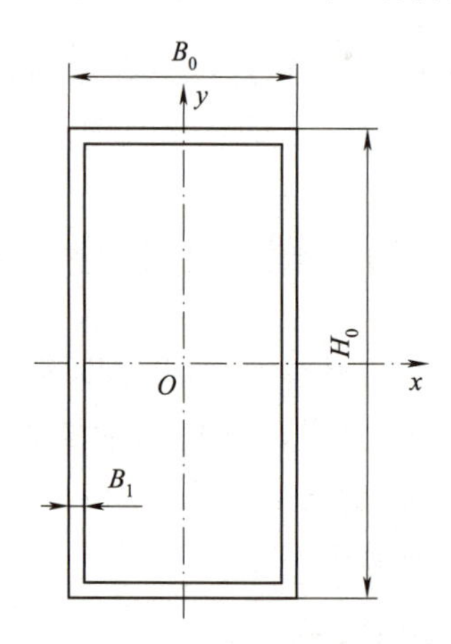

图 5-9　1 号横梁断面示意

方钢管的惯性矩：$I_x=[H_0{}^3B_0-(H_0-0.020)^3(B_0-0.020)]/12$；

$I_y=[B_0{}^3H_0-(B_0-0.020)^3(H_0-0.020)]/12$。

方钢管的截面积：$S=H_0B_0-(H_0-0.020)(B_0-0.020)$。

1. Q_1 孔受力。在绳索的拉力作用下，Q_1 孔处，绳索对孔的拉力 $F/\sin\theta$，$F/\sin\theta$ 在

① 横梁可用多种形状的材质制作，本节只讨论最为常见的方钢管制作的横梁。

Q_1 孔分解成向上的拉力 F；分解成水平拉力 $F/\tan\theta$。

Q_1 孔向上的分力 F 与下部 Q_2 孔的拉力 F 平衡；而另一个水平分力 $F/\tan\theta$，方向如图 5-8 所示，作用点是孔的圆心。这个力对梁产生两个效果，一个是均匀压力 $F/\tan\theta$，另一个是产生的力矩：$M=\dfrac{AF}{2\tan\theta}$，方向如图 5-8 所示。

2. Q_2 孔受力。被吊物体作用在此孔上的拉力 F，方向向下，没有水平分力。横梁下边 Q_2 两孔的距离为 B，横梁每个 Q_2 孔受到的力是拉力 F。

3. 梁上下表面产生的应力分析。

M 在横梁的中性面上半部分产生压应力，在下半部分产生拉应力；$F/\tan\theta$ 在横梁的整个断面产生均匀的压应力，在 M 的作用下，横梁的两端会产生向上弯曲。

M 产生的应力 $\sigma_1=\dfrac{MH_0}{2I_x}=\dfrac{AFH_0}{4I_x\tan\theta}$，在横梁上表面是压应力，下表面是拉应力。

$F/\tan\theta$ 产生的应力 $\sigma_2=\dfrac{F}{S\tan\theta}$，是压应力。

梁上表面的压应力

$$\sigma_1+\sigma_2=\frac{AFH_0}{4I_x\tan\theta}+\frac{F}{S\tan\theta} \tag{5-1}$$

梁下表面的应力

$$\sigma_1-\sigma_2=\frac{AFH_0}{4I_x\tan\theta}-\frac{F}{S\tan\theta} \tag{5-2}$$

（二）横梁强度校核

例如：$\theta=60°$、$A=400$ mm、$B=3\ 000$ mm、$F=150\ 000$ N（吊 30 t 的重物），横梁选用方形钢管，方形管外高度 $H_0=300$ mm，宽度 $B_0=150$ mm，壁厚 $B_1=10$ mm，钢管的 $\sigma_s=235$ MPa，计算方钢管上下表面的应力。

方钢管的惯性矩：$I_x=[H_0{}^3B_0-(H_0-0.02)^3(B_0-0.02)]/12$

$=[0.3^3\times0.15-(0.3-0.02)^3\times(0.15-0.02)]/12$

$=9.968\ 6\times10^{-5}(\text{m}^4)$；

方钢管的截面积：$S=H_0B_0-(H_0-20)(B_0-20)$

$=0.3\times0.15-(0.3-0.02)\times(0.15-0.02)=0.008\ 6(\text{m}^2)$；

1. 对上表面，把上述数据代入公式（5-1），求得 $\sigma_1+\sigma_2=36.15$ MPa。横梁的安全系数选 6，则应力为 $36.15\times6=216.9$ MPa$<\sigma_s=235$ MPa。

2. 对下表面，把上述数据带入公式（5-2），求得 $\sigma_1-\sigma_2=-15.99$ MPa，这里的负号表示方向，也就是说横梁下表面承受的也是压应力，乘以 6 倍的安全系数依旧小于 $\sigma_s=235$ MPa。因而吊 30 t 的物体是安全的。

设计此类梁的时候，定性分析就可以判断上表面的应力大于下表面，通常只校核上表面。

（三）横梁临界尺寸计算

在生产过程中，设计师在设计吊具时横梁的截面尺寸通常是未知的，大多数需要根据材料的临界应力选定梁的尺寸和吊绳与横梁的夹角 θ 。而梁的尺寸和夹角 θ 通常不是唯一的，需要设计师在满足强度要求的前提下，综合考虑空间、经济等因素选择合适的尺寸。在 F 和 A 已知的情况下，计算时首先选定 θ 的值，然后代入公式(5-1)和公式(5-2)，即可求得梁的截面尺寸。在设计吊具时，可以使用电子表格做应力计算表，一次计算出多种应力数据，直观地观察应力变化的趋势，提供多种必选方案，方便计算数据时查询和做出选择决定。

若吊 30 t 重的物体，则 F=150 000 N(吊 30 t 的重物)，钢的 σ_s=235 MPa，按 6 倍安全数，梁承受的应力应小于39.1 MPa。

1. θ=60°时横梁上表面在 H_0、B_0 不同数值下所对应的 $\sigma_1+\sigma_2$、$\sigma_1-\sigma_2$ 的相关数据分别见表 5-4 和表 5-5。表 5-4 中应力为压应力、表 5-5 中应力为拉应力。

表 5-4　横梁上表面应力值(MPa)

H_0(m)	B_0(m)										
	0.14	0.15	0.16	0.17	0.20	0.23	0.26	0.29	0.32	0.35	0.38
0.10	151.98	143.39	135.72	128.84	111.84	98.82	88.53	80.19	73.28	67.48	62.53
0.12	120.34	113.85	108.04	102.79	89.75	79.66	71.62	65.07	59.61	55.01	51.06
0.14	98.95	93.86	89.28	85.13	74.73	66.62	60.10	54.76	50.30	46.51	43.25
0.16	83.57	79.47	75.75	72.37	63.86	57.16	51.74	47.28	43.52	40.33	37.57
0.18	72.00	68.62	65.54	62.74	55.62	49.98	45.39	41.58	38.37	35.62	33.25
0.20	63.00	60.17	57.58	55.21	49.17	44.35	40.40	37.10	34.31	31.91	29.83
0.22	55.82	53.41	51.20	49.18	43.98	39.80	36.36	33.48	31.03	28.91	27.07
0.24	49.96	47.89	45.99	44.23	39.72	36.06	33.04	30.49	28.31	26.43	24.79
0.26	45.10	43.30	41.64	40.12	36.16	32.93	30.24	27.97	26.03	24.34	22.86
0.28	41.01	39.43	37.98	36.64	33.14	30.27	27.87	25.83	24.08	22.55	21.21
0.30	37.52	36.14	34.85	33.66	30.54	27.98	25.82	23.98	22.39	21.01	19.79
0.32	34.52	33.29	32.15	31.09	28.30	25.99	24.04	22.37	20.92	19.66	18.54
0.34	31.92	30.82	29.79	28.84	26.33	24.24	22.47	20.95	19.63	18.47	17.44
0.36	29.63	28.65	27.73	26.87	24.60	22.70	21.09	19.70	18.48	17.41	16.47
0.38	27.62	26.73	25.90	25.12	23.06	21.33	19.85	18.57	17.46	16.47	15.59
0.40	25.83	25.02	24.27	23.57	21.69	20.10	18.74	17.57	16.53	15.62	14.80

表 5-5　横梁下表面应力值(MPa)

H_0(m)	B_0(m)										
	0.14	0.15	0.16	0.17	0.2	0.23	0.26	0.29	0.32	0.35	0.38
0.1	112.61	105.73	99.63	94.19	80.91	70.89	63.06	56.78	51.63	47.34	43.70
0.12	84.25	79.21	74.73	70.71	60.88	53.41	47.56	42.86	38.99	35.76	33.02

续上表

H_0(m)	B_0(m)										
	0.14	0.15	0.16	0.17	0.2	0.23	0.26	0.29	0.32	0.35	0.38
0.14	65.64	61.79	58.35	55.26	47.66	41.87	37.31	33.64	30.61	28.08	25.93
0.16	52.64	49.60	46.88	44.44	38.39	33.75	30.09	27.13	24.70	22.65	20.92
0.18	43.13	40.68	38.48	36.49	31.57	27.77	24.77	22.34	20.33	18.64	17.21
0.2	35.94	33.92	32.11	30.47	26.38	23.22	20.71	18.67	16.99	15.57	14.37
0.22	30.35	28.66	27.14	25.77	22.33	19.66	17.53	15.80	14.37	13.17	12.14
0.24	25.90	24.48	23.19	22.03	19.10	16.82	14.99	13.50	12.27	11.23	10.35
0.26	22.31	21.09	19.99	18.99	16.47	14.50	12.92	11.63	10.56	9.66	8.89
0.28	19.36	18.31	17.36	16.49	14.31	12.59	11.21	10.08	9.15	8.35	7.68
0.3	16.90	15.99	15.17	14.41	12.50	10.99	9.78	8.79	7.96	7.26	6.67
0.32	14.84	14.04	13.32	12.66	10.98	9.65	8.57	7.69	6.96	6.34	5.81

从表 5-4 和表 5-5 可见：

(1)单侧 15 t(双侧 30 t)载荷下，梁的安全系数选 6，如果选梁的宽度是 150 mm，则高度需要大于 300 mm，这与(二)中的计算结果是一致的。

(2)相同的 H_0 和 B_0 条件下，下平面的拉应力小于上平面的压应力数值。

2. $\theta=75°$时横梁上表面在 H_0、B_0 不同数值下所对应的 $\sigma_1+\sigma_2$、$\sigma_1-\sigma_2$ 的相关数据分别见表 5-6 和表 5-7。表 5-6 中应力为压应力、表 5-7 中应力为拉应力。两个表中标黄位置对应的 H_0 和 B_0 即为横梁的临界尺寸，所选择的 H_0 和 B_0 需同时满足 5-6 和表 5-7 的要求。

表 5-6　横梁上表面应力值(MPa)

H_0(m)	B_0(m)								
	0.14	0.15	0.16	0.17	0.2	0.23	0.26	0.29	0.32
0.1	87.46	82.51	78.10	74.14	64.36	56.87	50.95	46.15	34.01
0.12	69.25	65.52	62.17	59.15	51.65	45.84	41.22	37.44	27.67
0.14	56.95	54.02	51.38	48.99	43.01	38.34	34.59	31.51	23.34
0.16	48.09	45.73	43.59	41.65	36.75	32.89	29.78	27.21	20.20
0.18	41.44	39.49	37.72	36.10	32.01	28.76	26.12	23.93	17.81
0.2	36.26	34.62	33.14	31.77	28.30	25.52	23.25	21.35	15.92
0.22	32.12	30.73	29.47	28.30	25.31	22.91	20.93	19.27	14.40
0.24	28.75	27.56	26.46	25.46	22.86	20.75	19.01	17.54	13.14
0.26	25.95	24.92	23.97	23.09	20.81	18.95	17.40	16.10	12.08
0.28	23.60	22.69	21.86	21.08	19.07	17.42	16.04	14.86	11.18
0.3	21.59	20.79	20.06	19.37	17.58	16.10	14.86	13.80	10.39
0.32	19.87	19.16	18.50	17.89	16.28	14.96	13.83	12.87	9.71

表 5-7 横梁下表面应力值(MPa)

H_0(m)	B_0(m)								
	0.14	0.15	0.16	0.17	0.2	0.23	0.26	0.29	0.32
0.1	52.26	49.07	46.24	43.71	37.55	32.90	29.26	26.35	23.96
0.12	39.10	36.76	34.68	32.82	28.25	24.79	22.07	19.89	18.10
0.14	30.46	28.67	27.08	25.65	22.12	19.43	17.32	15.61	14.21
0.16	24.43	23.02	21.76	20.62	17.81	15.66	13.96	12.59	11.46
0.18	20.02	18.88	17.86	16.94	14.65	12.89	11.49	10.37	9.43
0.2	16.68	15.74	14.90	14.14	12.24	10.78	9.61	8.67	7.88
0.22	14.08	13.30	12.60	11.96	10.36	9.12	8.14	7.33	6.67
0.24	12.02	11.36	10.76	10.22	8.86	7.80	6.96	6.27	5.69
0.26	10.35	9.79	9.28	8.81	7.64	6.73	6.00	5.40	4.90
0.28	8.98	8.50	8.06	7.65	6.64	5.84	5.20	4.68	4.24
0.3	7.84	7.42	7.04	6.69	5.80	5.10	4.54	4.08	3.69

从表 5-4～表 5-7 对比可以得出：在单侧 15 t(双侧 30 t)的载荷下，梁的安全系数选 6，$\theta=60°$时如果梁的宽度 B_0 选 150 mm，则梁的高度需要大于等于 300 mm；$\theta=75°$时如果梁的宽度 B_0 选 150 mm，则梁的高度需要大于等于 200 mm。由此可见钢丝绳与横梁的夹角对横梁的强度影响较大，在起重高度允许的情况下，选择大一点的角度为宜。

在数据表中，可以清楚地看到 H_0、B_0 和应力的关系，根据需要选择合适的横梁截面尺寸，然后进行稳定性核算。

1 号横梁在具体应用的时候，针对具体结构和载荷，还要计算吊耳的强度，以满足强度性能和安全要求。吊耳的厚度要和卸扣的内宽匹配，小于卸扣内宽 2～5 mm 即可；对重载货物，要计算吊耳和卸扣的接触应力。

(四)1 号横梁的稳定性校核

由于 1 号横梁不符合压力与轴线重合的要求，而且偏移较多。因此不能直接使用欧拉公式对压杆进行稳定性校核，在实践中常用折减系数法。

例如，梁尺寸为：$A=0.4$ m，$H_0=0.15$ m，$B_0=0.1$ m，$\theta=60°$，$I_x=1.347\ 8\times10^{-5}\text{ m}^4$，$I_y=6.957\ 33\text{E}^{-6}\text{ m}^4$，$S=0.002\ 1\text{ m}^2$，$W_x=0.15\times0.15\times0.1/6=0.000\ 375\text{ m}^3$，$F=150\ 000$ N(吊 30 t 重物)。

截面的惯性半径：$i=\sqrt{\dfrac{I_y}{S}}=\sqrt{\dfrac{0.000\ 006\ 957\ 33}{0.002\ 1}}=0.057$ m。

折减系数法的公式：$\sigma=\dfrac{F}{\varphi S}\leqslant\sigma_p$。

此梁为方钢管，偏心 $e=0.2$ m，$\varepsilon=\dfrac{eA_1}{W_x}=\dfrac{0.2\times0.015}{0.000\ 375}=8$，$\lambda=\dfrac{\mu L}{i}=\dfrac{1\times3.3}{0.057}=57$，查

表 5-3，得到 $\varphi=0.096$。代入公式可得：

$$\sigma=\frac{F}{\varphi S}=\frac{150\ 000}{0.096\times 0.002\ 1}=744\ 047\ 619.04\ \text{Pa}=744\ \text{MPa}\geqslant\sigma_{\text{p}}$$

因此，选用 $H_0=0.15$ m 和 $B_0=0.1$ m 的这个杆不能承受单侧 15 t 的载荷，要增加界面尺寸后再进行校核。

(五)1 号横梁如何克服 M 的影响

在 1 号横梁中，弯矩 M 是由于连接点高于横梁的上平面而产生的弯曲力矩，是横梁要承受的额外负载，是由吊具内力产生的，增加了横梁内部的应力。若要使此横梁承担这个额外的应力，就要增加横梁的截面积。增加截面积也就增加了横梁的质量，不仅增加整个吊具自身质量、增加吊具成本、降低经济效益，还会导致整个吊具的惯性增加，降低操作灵活性，间接降低吊装作业效率。

在设计吊具时，通过改进 1 号横梁，能够减少 M 的影响。改进办法是增加一个反向力矩：在孔 Q_1 和 Q_2 留一段距离 H(图 5-10)，让横梁在端部产生一个与上部拉力反向的力矩，这样在 E 点之后就没有力矩了。

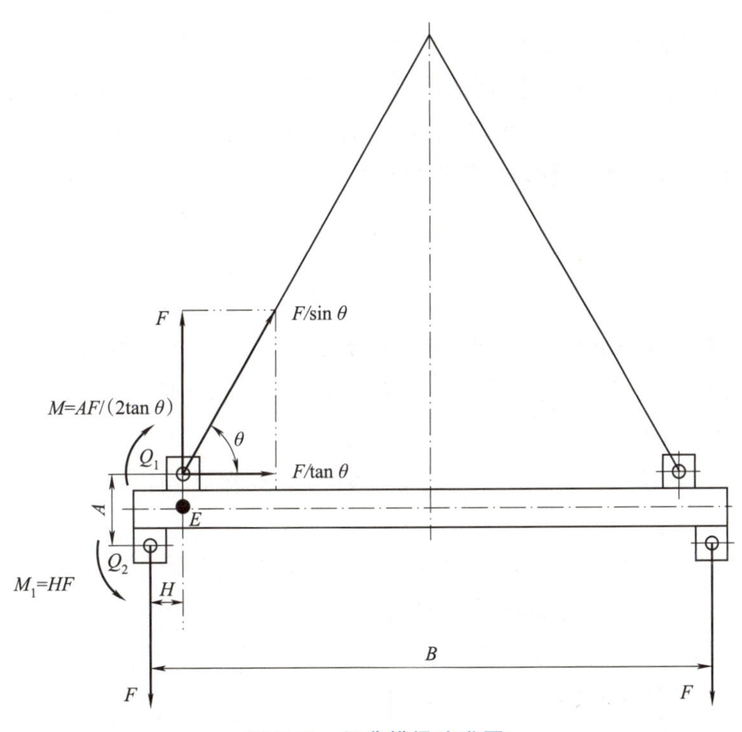

图 5-10　经典横梁改进图

H 的长度需满足力矩平衡：$M=M_1$，可以得到：$2H\tan\theta=A$。由此可见，H 的大小仅与两孔间的垂直距离 A 和吊绳与横梁的夹角 θ 有关，与被吊物体的质量无关。表 5-8 是常用角度和垂直距离所对应的 H 的值。

表 5-8　横梁下吊耳在不同条件下的偏移值(m)

角度(°)	A														
	200	220	240	260	280	300	320	340	360	380	400	420	440	460	480
60	57.74	63.51	69.29	75.06	80.83	86.61	92.38	98.16	103.93	109.70	115.48	121.25	127.03	132.80	138.57
62	53.18	58.49	63.81	69.13	74.45	79.76	85.08	90.40	95.72	101.03	106.35	111.67	116.99	122.30	127.62
64	48.78	53.66	58.53	63.41	68.29	73.17	78.04	82.92	87.80	92.68	97.55	102.43	107.31	112.19	117.07
66	44.53	48.98	53.43	57.89	62.34	66.79	71.24	75.70	80.15	84.60	89.05	93.51	97.96	102.41	106.86
68	40.41	44.45	48.49	52.53	56.57	60.61	64.65	68.69	72.73	76.77	80.81	84.85	88.89	92.94	96.98
70	36.40	40.04	43.68	47.32	50.96	54.60	58.24	61.88	65.52	69.16	72.80	76.44	80.08	83.72	87.36
72	32.50	35.75	39.00	42.24	45.49	48.74	51.99	55.24	58.49	61.74	64.99	68.24	71.49	74.74	77.99
74	28.68	31.55	34.41	37.28	40.15	43.02	45.89	48.75	51.62	54.49	57.36	60.23	63.09	65.96	68.83
76	24.94	27.43	29.92	32.42	34.91	37.41	39.90	42.39	44.89	47.38	49.87	52.37	54.86	57.35	59.85
78	21.26	23.39	25.51	27.64	29.76	31.89	34.02	36.14	38.27	40.39	42.52	44.65	46.77	48.90	51.02
80	17.64	19.40	21.16	22.93	24.69	26.46	28.22	29.98	31.75	33.51	35.27	37.04	38.80	40.56	42.33

需要注意的是，横梁上部的绳索在力的作用下会伸长，不同的载荷伸长的长度是不一样的，这就导致了绳索和横梁的角度是变化的，实际吊装时候的角度和设计时的理想值是有差异的，所以即使采取了错开孔的方式对 1 号横梁进行改进，也不会做到完全消除作用在横梁中部的弯矩。所以在设计吊具的时候，要适当增加安全系数，来解决吊具的安全问题；选用旧吊具进行吊装的时候，核算载荷也要考虑这一点。如果对弯矩要求较高，就需要选用 2 号横梁。

二、经典横梁结构受力分析二:2 号横梁

2 号横梁也是一款经典的横梁，如图 3-42 所示，上边有两根绳索，绳索下端与横梁连接，上端两绳一起挂到起重机吊钩上，下边两根绳子连接到物体上。

(一)横梁受力分析

横梁用方钢管制作，横梁断面相关结构参数与 1 号横梁相同(图 5-9)。2 号横梁的受力如图 5-11 所示。

1. Q_1 孔受力。在绳索的拉力作用下，Q_1 孔处，绳索对孔的拉力 $F/\sin\theta$，$F/\sin\theta$ 在 Q_1 孔分解成向上的拉力 F；分解成水平拉力 $F/\tan\theta$。

Q_1 孔向上的分力 F，与下部 Q_2 孔的拉力 F 平衡；而另一个水平分力 $F/\tan\theta$，方向如图 5-11 所示，作用点是孔的圆心。这个力对梁产生均匀压力 $F/\tan\theta$，但与 1 号横梁不同的是，力的作用点是在梁的中性面上，因而没有对梁产生弯矩，因此梁没有产生弯曲应力(不考虑梁重量的影响)。

2. Q_2 孔受力。被吊物体作用在此孔上的拉力 F，方向向下，没有水平分力。横梁下边 Q_2 两孔的距离为 B，横梁每个 Q_2 孔受到的力是拉力 F。

因此，对于 2 号横梁而言，仅有 $F/\tan\theta$ 在横梁内产生应力，其大小 $\sigma_2=F/(S\tan\theta)$，这个应力是压应力。

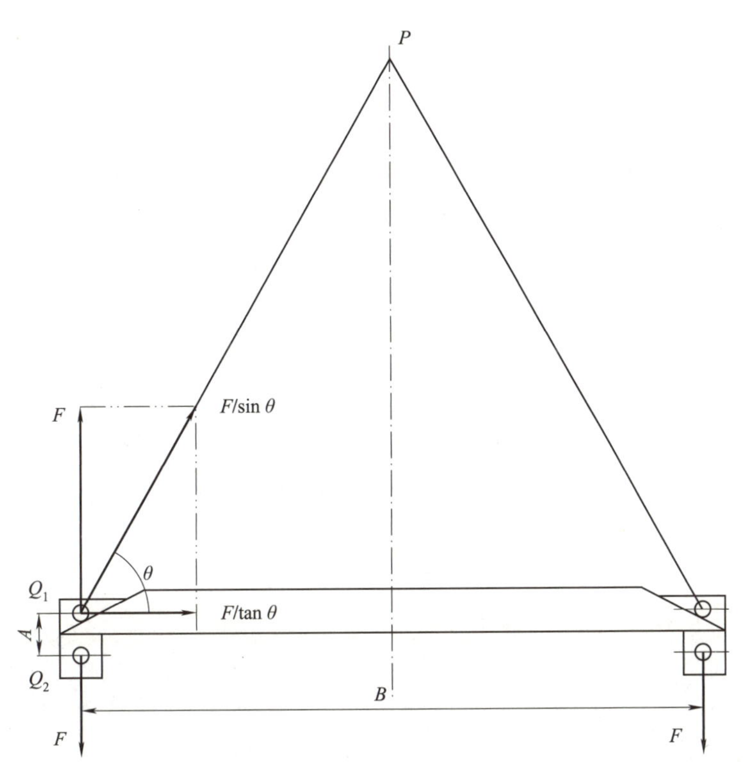

图 5-11　2 号横梁受力分析示意

(二)横梁强度校核

2 号横梁的强度校核较为简单,需满足 $\sigma_2=\dfrac{F}{S\tan\theta}$<安全系数×$\sigma_s$。

(三)横梁临界尺寸计算

2 号横梁的临界尺寸计算步骤与 1 号横梁类似,为方便对比两个横梁的临界尺寸,选用 $F=150\ 000$ N(吊 30 t 重物),钢的 $\sigma_s=235$ MPa,按 6 倍安全数,分别计算 $\theta=60°$和 $\theta=75°$时的临界尺寸。梁承受的应力应小于 39.1 MPa,代入公式:$\sigma_2=\dfrac{F}{S\tan\theta}$,即可求得 H_0 和 B_0 的对应数据,$\theta=60°$时 H_0 和 B_0 的关系见表 5-9,$\theta=75°$时 H_0 和 B_0 的关系见表 5-10。

表 5-9　$\theta=60°$时 H_0 和 B_0 的关系(MPa)

H_0(m)	B_0(m)											
	0.05	0.06	0.07	0.08	0.09	0.1	0.11	0.12	0.13	0.14	0.15	0.16
0.05	54.13	48.11	43.30	39.37	36.09	33.31	30.93	28.87	27.06	25.47	24.06	22.79
0.06	48.11	43.30	39.37	36.09	33.31	30.93	28.87	27.06	25.47	24.06	22.79	21.65
0.07	43.30	39.37	36.09	33.31	30.93	28.87	27.06	25.47	24.06	22.79	21.65	20.62
0.08	39.37	36.09	33.31	30.93	28.87	27.06	25.47	24.06	22.79	21.65	20.62	19.68

续上表

H_0(m)	B_0(m)											
	0.05	0.06	0.07	0.08	0.09	0.1	0.11	0.12	0.13	0.14	0.15	0.16
0.09	36.09	33.31	30.93	28.87	27.06	25.47	24.06	22.79	21.65	20.62	19.68	18.83
0.1	33.31	30.93	28.87	27.06	25.47	24.06	22.79	21.65	20.62	19.68	18.83	18.04
0.11	30.93	28.87	27.06	25.47	24.06	22.79	21.65	20.62	19.68	18.83	18.04	17.32
0.12	28.87	27.06	25.47	24.06	22.79	21.65	20.62	19.68	18.83	18.04	17.32	16.65
0.13	27.06	25.47	24.06	22.79	21.65	20.62	19.68	18.83	18.04	17.32	16.65	16.04
0.14	25.47	24.06	22.79	21.65	20.62	19.68	18.83	18.04	17.32	16.65	16.04	15.47
0.15	24.06	22.79	21.65	20.62	19.68	18.83	18.04	17.32	16.65	16.04	15.47	14.93

表 5-10　$\theta=75°$时 H_0 和 B_0 的关系(MPa)

H_0(m)	B_0(m)											
	0.05	0.06	0.07	0.08	0.09	0.10	0.11	0.12	0.13	0.14	0.15	0.16
0.05	25.12	22.33	20.10	18.27	16.75	15.46	14.35	13.40	12.56	11.82	11.16	10.58
0.06	22.33	20.10	18.27	16.75	15.46	14.35	13.40	12.56	11.82	11.16	10.58	10.05
0.07	20.10	18.27	16.75	15.46	14.35	13.40	12.56	11.82	11.16	10.58	10.05	9.57
0.08	18.27	16.75	15.46	14.35	13.40	12.56	11.82	11.16	10.58	10.05	9.57	9.13
0.09	16.75	15.46	14.35	13.40	12.56	11.82	11.16	10.58	10.05	9.57	9.13	8.74
0.10	15.46	14.35	13.40	12.56	11.82	11.16	10.58	10.05	9.57	9.13	8.74	8.37
0.11	14.35	13.40	12.56	11.82	11.16	10.58	10.05	9.57	9.13	8.74	8.37	8.04
0.12	13.40	12.56	11.82	11.16	10.58	10.05	9.57	9.13	8.74	8.37	8.04	7.73
10.13	12.56	11.82	11.16	10.58	10.05	9.57	9.13	8.74	8.37	8.04	7.73	7.44
10.14	11.82	11.16	10.58	10.05	9.57	9.13	8.74	8.37	8.04	7.73	7.44	7.18
0.15	11.16	10.58	10.05	9.57	9.13	8.74	8.37	8.04	7.73	7.44	7.18	6.93
0.16	10.58	10.05	9.57	9.13	8.74	8.37	8.04	7.73	7.44	7.18	6.93	6.70
0.17	10.05	9.57	9.13	8.74	8.37	8.04	7.73	7.44	7.18	6.93	6.70	6.48
0.18	9.57	9.13	8.74	8.37	8.04	7.73	7.44	7.18	6.93	6.70	6.48	6.28
0.19	9.13	8.74	8.37	8.04	7.73	7.44	7.18	6.93	6.70	6.48	6.28	6.09

由表 5-9 和表 5-10 可知，与 1 号横梁相比，2 号横梁结构去掉了弯矩，可以极大地减少横梁的截面积，能够大幅度降低两端应力，让吊钩的作用力作用在横梁的中性面上，并且要通过圆形铰接连接，降低吊具的自重，降低吊具制造成本。

横梁材料，除了采用方钢管，还可以采用圆形钢管，做吊具要优先采用厚壁管和无缝钢管；尽量避免采用单根工字钢、单根槽钢做吊具横梁，如果一定要用工字钢和槽钢，要用两根并列，焊接起来形成封闭的结构再使用，以保证吊装安全。

需要注意的是，这里仅仅考虑了静态压力对横梁强度的影响，实际使用中还要考虑压杆稳定、操作工艺、制造误差、存放保管和安全性方面的要求。

（四）2 号横梁的压杆稳定性计算

2 号横梁是典型的两端铰接的压杆，是符合欧拉公式的三个适用条件的，因此可以用欧拉公式 $F=\frac{\pi^2 EI}{l^2}$ 校核，而 1 号横梁不符合这个条件，所以 1 号横梁不能用欧拉公式来校核。

例如：l=3 300 mm=3.3 m，材料选 Q235-A，则 E=200 GPa，B_0=100 mm=0.10 m，H_0=150 mm=0.15 m，壁厚：t=10 mm=0.01 m。

$I_x=(0.10^3\times0.15-0.08^3\times0.13)/12=0.000\ 006\ 953\ 33\ \text{m}^4$；$I_y=(0.10\times0.15^3-0.08\times0.13^3)/12=0.000\ 013\ 478\ 333\ \text{m}^4$；$F_x=3.14^2\times200\times10^9\times0.000\ 006\ 953\ 33/3.3^2=126\ 036\ 0\ \text{N}$；$F_y=3.14^2\times200\times10^9\times0.000\ 013\ 478\ 333/3.3^2=243\ 108\ 1\ \text{N}$。

由此可以看出，整个横梁在 B_0 方向，压力会在 126 t 时发生失稳，作为吊具，如果按照 6 倍的安全系数，实际的许用压力是 20.1 t。

需要注意的是，此次计算没有考虑断面是薄壁管的失稳条件，仅仅是考虑了作为压杆的稳定条件。在实际生产实践中，由于反复使用横梁，横梁会发生变形；横梁在制造时也会有误差，为了安全，设计师都会留出足够的安全系数。

上面是用欧拉公式对 2 号梁进行的稳定性校核，事实上，还需用纯压缩的受力状态，验证一下 2 号横梁的强度条件。

材料的屈服极限是 235 MPa，横梁的断面积是 $4.6\times10^{-3}\ \text{m}^2$，因此，材料屈服时能承受的压力是 $235\times10^6\times4.6\times10^{-3}$=1 081 kN。如果安全系数取 6，则 1 081÷6=180.1 kN<201 kN。也就是说，在横梁承重 18.01 t 时已经发生了强度破坏，这个杆件的失效形式首先是强度破坏，而不是失稳。

吊具设计中，也经常用到 3 号横梁、4 号横梁、5 号横梁和 6 号横梁，它们同 2 号横梁的情况基本相同，可以用相同的方法进行分析，得到的结论也是相同的。

三、经典横梁结构受力分析三：7 号横梁

7 号横梁也是一款经典横梁，如图 3-47 所示，横梁是通过弯曲的形式把吊钩的提升力传给两端。

（一）受力分析

横梁用方钢管制作，横梁断面相关结构参数与 1 号横梁相同（图 5-9）。7 号横梁的受力如图 5-12 所示。

1. 吊装孔 P 点。吊钩对横梁的拉力 $2F$，方向向上。

2. Q_1 孔、Q_2 孔。承受物体对横梁的拉力 F，大小相等，方向向下。

3. 横梁在物体的拉力作用下产生弯矩 M，因此横梁的内部会产生弯矩，会在横梁上表面产生拉应力，下表面产生压应力。

M 产生的应力 $\sigma=\frac{FxH_0}{2I}$，这个应力在上表面是拉应力，在下表面是压应力，x 是断面

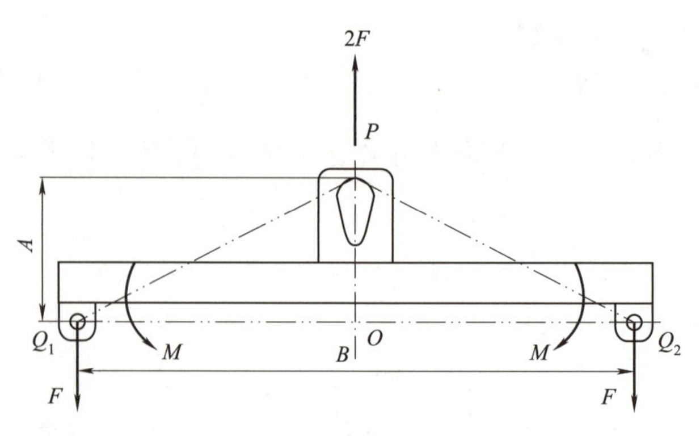

图 5-12 7 号横梁受力分析示意

到 Q_1 孔的距离。不考虑吊耳的影响，横梁的中点弯矩最大。剪力图和弯矩图如图 5-13 所示。

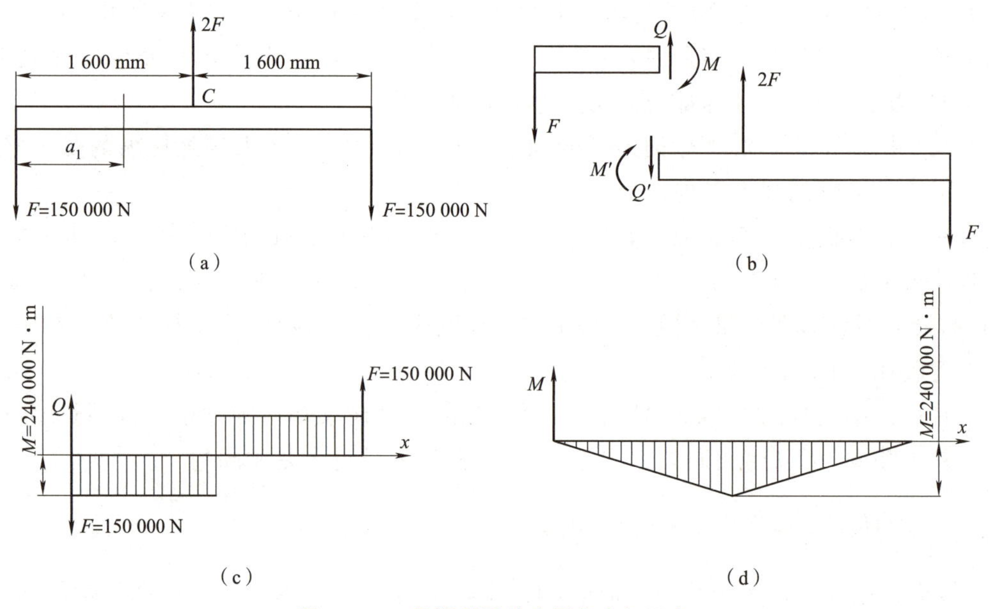

图 5-13 7 号梁所受剪力图和弯矩示意

（二）强度校核

在实际设计中横梁选用方形钢管，选 $A=300$ mm，$B=3\ 200$ mm，$F=150\ 000$ N（吊 30 t 重物），横梁选用方形钢管，方形管外高度 $H_0=300$ mm，外宽度 $B_0=150$ mm，壁厚 $B_1=10$ mm，钢管的 $\sigma_s=235$ MPa，校核梁的强度。其所受的减力图和弯矩图如图 5-13 所示。

方钢管的结构参数如下：

方钢管的惯性矩：$I_x=[H_0{}^3B_0-(H_0-0.020)^3(B_0-0.020)]/12$

$=[0.3^3\times0.15-(0.3-0.02)^3\times(0.15-0.02)]/12=9.968\ 6\times$

10^{-5} m^4；

方钢管的截面积：$S=H_0B_0-(H_0-20)(B_0-20)$

$=0.3\times0.15-(0.3-0.02)\times(0.15-0.02)=0.008\ 6\ m^2$；

剪力 $Q=F=150\ 000$ N，平均应力：$\sigma=F/S=150\ 000/0.008\ 6=17\ 441\ 860$ Pa$=17.4$ MPa。

弯矩方程：$M=Fa_1=150\ 000\ a_1$，由弯矩图可见，弯矩最大值是两段中点，此处弯矩是240 000 N·m，此处的弯曲应力是：$\sigma_1=\dfrac{MH_0}{2I_x}=(150\ 000\times1.6\times0.3)/(2\times9.968\ 6\times10^{-5})=361.1$ MPa。

由此可见，仅仅弯曲应力就超过了屈服强度，这个尺寸面对这个应力，强度是不足的，如果需要采用此结构横梁吊 30 t 的载荷，需要加大截面尺寸，或者加大上表面的厚度，重新进行计算。

（三）稳定性计算和测试

7 号梁以吊耳为中心，可以看作两个悬臂梁。

1. 悬臂梁的稳定性计算，需要应用有限元的方法，有两个方面的稳定性要进行计算。

（1）整个梁的稳定性，在一定载荷作用下，梁吊点中间部分整体扭转失稳，解决这个问题的方法一是增加方钢管的壁厚，二是采用组合结构。具体办法是采用两个槽铁扣起来焊接的结构，每个槽铁的内部事先焊接肋板，增加上下管壁和侧面的约束，这样可以防止失稳。

（2）钢板材料的局部失稳，由于应力分布是不均匀的，某处的应力超过许用应力，导致局部板材失稳。

理论上的解决办法都依赖于有限元的计算，找到应力超标的点，对局部采取措施。有限元计算失稳的方法，本书不做深入介绍。

2. 稳定性测试。实践中，有的吊具制造企业采用测试的方法，解决失稳问题。

（1）贴应变片测试的方法。测试各个点的应力，然后对强度不足位置，增加结构和材料进行加强。

（2）整体测试的方法。根据过去的经验进行设计制造，然后用 6 倍的载荷进行试验，如果通过试验就确认合格，如果没有通过试验，就要减低有效载荷来使用。

3. 横梁三角形。

对于 7 号横梁稳定性的直观分析，还需要引入一个新概念：横梁三角形。把横梁的三点 P、Q_1、Q_2 连线构成的三角形 PQ_1Q_2 称为横梁三角形。

（1）P 点在 Q_1、Q_2 之上，称为稳定横梁三角形（简称：稳定三角形）。

（2）P 点在 Q_1、Q_2 之下，称为不稳定横梁三角形（简称：不稳定三角形）。

（3）P 点在 Q_1、Q_2 连线上，称为随遇横梁三角形（简称：随遇三角形），这是一种特殊状态。

实际应用过程中，在载荷的作用下，横梁会发生变形，P 点是随着载荷的变化上下移动的，这里定义的是横梁在空载荷的状态下的三角形。

一般的情况下，要采用稳定三角形，不采用不稳定三角形；特殊情况下，由于吊具空间的限制，必须采用不稳定三角形的时候，要采取特殊的措施进行处理，让吊装过程中的横梁具有足够的稳定性，或者改变横梁结构，变成十字横梁或圆环梁等。

吊点 P 到横梁的距离越大，横梁就越稳定；距离越小就越不稳定。如果 P 点低于 Q_1、Q_2 的连线，横梁就会变得不稳定了。在稳定三角形里，P 点到 O 点之间的距离越大，稳定性越好。

8 号横梁、9 号横梁、10 号横梁的力学性质和 7 号横梁类似，计算应力的时候，把惯性矩计算好，同样可以得到高度、宽度和应力的对应值，根据需要选取适当的数据进行设计，以满足一定工况下的使用要求。

第三节　整体吊具横梁和绳索的力学计算

11 号横梁(图 3-51)结构简单，是吊装作业人员喜欢采用的一种吊装方式。现场的大多数从业者均是通过简单计算，就能决定采用哪种横梁、哪种绳索，以及绳索的长度。为了安全，多数从业者选择的安全系数远远大于 6 倍，虽然使用没有问题，但这是对资源的一种浪费；也有偏好冒险的从业者，选择的安全系数偏小，可能导致事故的发生。

若要选择合适的吊具，既不冒险，也不浪费，就需要通过准确地计算。本节以吊装双层铁路客车为例，分析一下选用这款吊具的力学特性，实际吊装如图 5-14 所示。

图 5-14　11 号横梁吊装双层铁路客车

一、基本数据

11 号横梁吊装双层铁路客车受力分析如图 5-15 所示，相关数据为：

吊点纵向距离 $B=16\ 000$ mm，吊点横向距离（横梁长度）$D=3\ 300$ mm，吊具高度（从吊点开始计算）$H=19\ 000$ mm，绳的投影长度 $L=20\ 616$ mm，绳下段长度 $L_a=10\ 308$ mm，绳上段的长度 $L_b=10\ 439$ mm，被吊物体重力 $W=550\ 000$ N，每个吊点 $W_1=137\ 500$ N，钢丝绳与水平面的夹角 $\alpha=67°$，钢丝绳与横梁的夹角，吊具的自重 W_d。

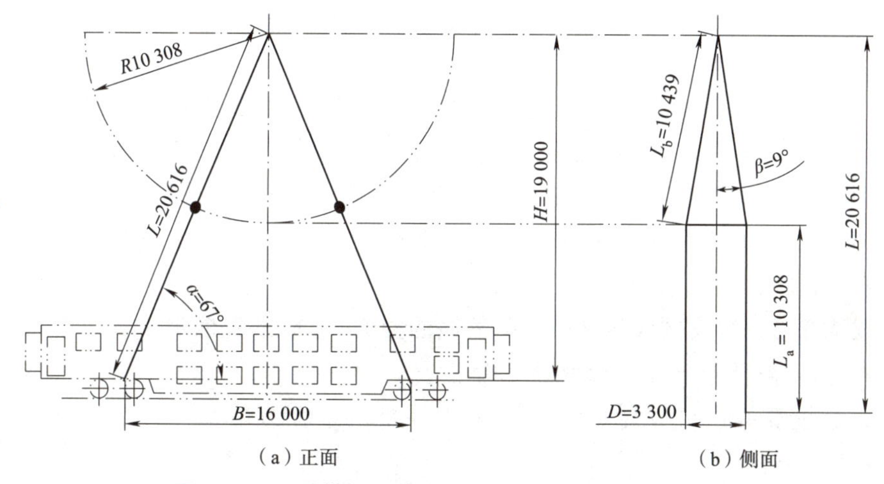

图 5-15　11 号横梁吊装双层客车受力分析（单位：mm）

二、基本计算

1. 绳下段受到的拉力：$F_a=\dfrac{W_1}{\sin\alpha}=137\ 500/\sin 67°=149\ 374$ N。

2. 绳上段受到的拉力：$F_b=\dfrac{F_a}{\cos\beta}=\dfrac{W_1}{\sin\alpha\cos\beta}=137\ 500/(\sin 67°\cos 9°)=151\ 236$ N。

3. 横梁受到的压力：$F_y=F_a\tan\beta=\dfrac{W_1}{\sin\alpha}\tan\beta=(137\ 500/\sin 67°)\ \tan 9°=23\ 658$ N。

4. 起重机吊钩提供的力为 $W+W_d$。

根据上段绳和下段绳的受力较大值 $F_b=151\ 236$ N 选择钢丝绳；按照 6 倍安全系数，钢丝绳的破断力为 $6F_b=907\ 415$ N。查钢丝绳数据可得：强度等级 1 370 N/mm^2、直径 41 mm 的钢丝绳，其破断力是 919 240 N，能够满足要求，钢丝绳重量 620 kg/100 m。

钢丝绳使用长度为 $L_a+L_b=10\ 439+10\ 308=20\ 747$ mm。钢丝绳插编工艺，扣眼长度 1 000 mm，插编长度 1 200 mm。因此钢丝绳全长 20 747+(1 000+1 200)×2=25 147 mm，四根绳全长 100 588 mm。钢丝绳全部重 620 kg×100.588 m/100 m=623.6 kg。

钢丝绳还可以使用环状无接头钢丝绳，其全长即为钢丝绳的使用长度 20 747 mm，查钢丝绳数据：直径 40 mm，自重 3.99 kg/m。一根重量是 3.99×20.747=82.8 kg，四根全重 331 kg。

环状钢丝绳的特点是柔软，使用灵活，操作方便。

三、总　　结

1. 在实例中，计算结果为上段绳的拉力大于下端绳的拉力，在实际生产中，上段绳和下段绳虽然是一根绳，但由于 11 号横梁压板对钢丝绳的摩擦力，事实上导致了上段绳和下断绳受力不一致，也就是说，受力分析时可以按两根绳计算。

2. 横梁受到的力，就是一个压力 F_y，强度校核有两个，一个是静强度校核，一个是压杆稳定性校核。

3. 11 号横梁的制作材料建议采用厚壁无缝钢管，在生产过程中有用槽钢、工字钢、钢板焊接或者角钢制作。从安全性角度出发，吊具材料越简单越好，尽可能减少部件、减少组合层次、减少焊缝，尽量不要让焊缝承受拉应力载荷，能用一根材料解决的事情，就不用两根材料，能用整体材料解决的问题，就不要用材料组合的方式，减少层次，减少环节，减少意外风险，增加可靠性、安全性。

4. α 要大于 60°，以减少横向拉力，降低绳的拉力；一般是先确定 α，β 要根据构图的总体尺寸来决定，一般要小于 15°，以增加可靠性。

5. 绳的强度要提供足够的安全系数，重大件要在 6 倍以上。

第四节　整体吊具框架和绳之间的作用力

在重大件吊装过程中，用框架来把吊钩的一个力分配成四个、六个或者更多的力，是一种常见的方式，本节以某铁路客车的吊装为例，讨论用框架分成四个力时（在第三章，第一节中有详细地介绍）力如何传递，对各节点的力如何进行计算，实际吊装如图 5-16 所示。

图 5-16　两段绳吊铁路客车

一、基本数据

两段绳吊铁路客车受力如图 5-17 所示，其基本数据为：

每根钢丝绳上段长度 16 210 mm，每根钢丝绳下段长度 6 000 mm，其他部分的尺寸在图中所示。上段绳与正面中心线的投影夹角 30°，侧面投影夹角 7°。两条绳与中心线的夹角 6°。铁路客车的质量 $m=55$ t，框架的质量 5 t，框架的稳定性足够，强度足够。绳的重量忽略，绳的强度足够。

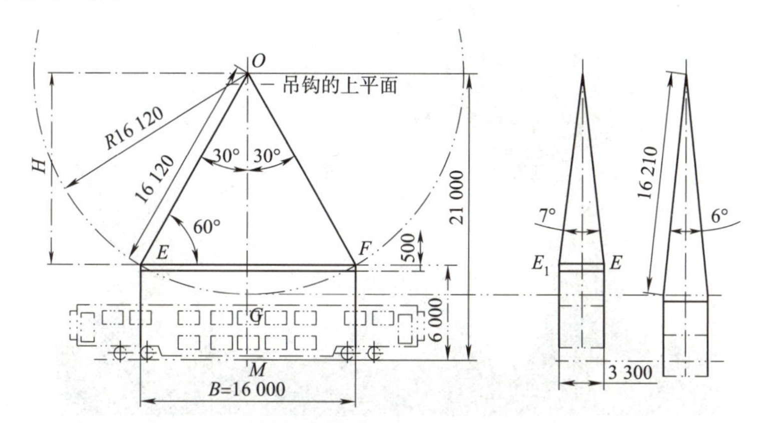

图 5-17　两段绳吊铁路客车受力分析(单位：mm)

二、基本计算

(一)绳受力计算

1. 两段绳条件下

(1)两根绳拉力的合力 $F_2=mg/(2\cos 30°)=317.6$ kN。

(2)上部四根斜拉绳中每根绳的拉力 $F_1=F_2/(2\cos 6°)=160.4$ kN。

(3)下部四根垂直绳中每根绳的拉力 $F_3=mg/4=137.5$ kN。

(4)绳对框架的压力。上部四根绳共同对框架产生压力，两侧的压力大小是相等的，方向相反。两根绳对框架的压力 $F_4=F_2\cos 60°=317.6\times 0.5=158.8$ kN。

2. 一段绳条件下

从两段绳条件下的受力计算结果可以看出，上段绳受力 160.4 kN，下段绳受力 137.5 kN，上段绳比下段绳要多承担 2.29 kN 的力。如果用一段绳直通下来，同是一段绳，受力却发生了变化，产生变化的原因是中部的绳压板对绳的压力产生的摩擦力，摩擦力让绳的拉力增加。因此，即使采用一段绳，因为绳压板的存在，绳子受力计算和选择方法与两段绳相同。

(二)选择钢丝绳

经过计算，受拉力最大的是上部四根斜拉绳，每根绳的拉力是 160.4 kN；选钢丝绳时按照 6 倍安全系数，钢丝绳的破断力是 960 kN，可以选直径 44.5 mm 的钢丝绳(6×37，强度等级 1 370 MPa)；也可以选环状无接头钢丝绳，直径 30 mm，细钢丝绳编制，钢丝绳柔软，方便使用。

第五节　变压器吊具横梁和绳索的力学计算

变压器是电力建设中的重要物资，本节以某大型变压器的吊装为例，计算力的分解与传递，如图 5-18 所示。采用这种方式吊装，要把绳子的长度计算好，让几根绳子能够分配好传递过来的力，让下边的绳子能够按照要求受力，让每个吊点向上的力一致。

图 5-18　两段绳吊 378 t 变压器图

一、吊具受力分析

变压器按照图 5-18 所示的方法吊装时各段绳索的受力情况如图 5-19 所示。

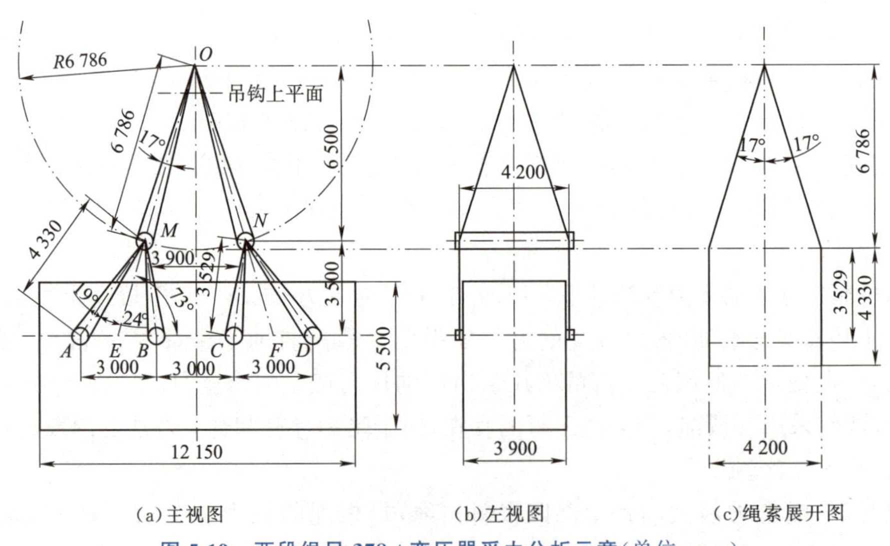

(a)主视图　(b)左视图　(c)绳索展开图

图 5-19　两段绳吊 378 t 变压器受力分析示意(单位:mm)

变压器的尺寸为 12 150 mm×3 900 mm×5 500 mm，变压器的质量为 378 t。变压器

的吊点为八个，一侧四个，水平距离 3 m，距离上平面 2 m，对称分布。

变压器的吊点是一个销轴，销轴是在制造变压器壳体的时候就制造完成的，是永久留存在变压器上的一个设施，变压器寿命周期内运输、检修和报废后的吊装，都要用到这个销轴。

图 5-19 中，AM、BM、CN、ND 分别是用一根环状钢丝绳连接，钢丝绳是用细钢丝绳缠绕的无接头钢丝绳，钢丝绳非常柔软，$AM=DN$，$BM=CN$，$OM=ON$。图示 AM 的长度是 4 330 mm，去掉卸扣长度，大约 4 000 mm，CN 的长度是 3 529 mm，实际长度是去掉卸扣，大约 3 200 mm，为了把原理表达清楚，图中略去了卸扣。

钢丝绳 AM、BM、CN、DN 下端直接挂在销轴上，上端用卸扣连接在横梁 M 和横梁 N 的连接点上，钢丝绳 OM 和 ON 下端通过卸扣连接在横梁 M 和横梁 N 上，上端挂在起重机的吊钩上，吊钩的上平面在图示虚线处，钢丝绳 OM 和 ON 受力连线的延伸点汇聚在 O 点，O 点这是理论上钢丝绳受力连线的交点，实际上钢丝绳并没有相交，这也是实际拉力的方向的交点，也是双钩吊钩提供的提升力的合力的交点。

设计关键点是 OM 的延长线要与 AB 连线交于 E 点，E 点应该在 AB 的中点，受力之后，AM 和 BM 会伸长，E 点会有变化，但是不能移到 AB 连线之外；F 点也一样，在 CD 连线的中点，受力后不能移到 CD 连线之外。

换个角度，M 点和 N 点应当在三角形 ABO 的内部，不能到这个三角形的外部，这样才能保证 AM 和 BM 同时受力。

二、绳索的受力计算

(一)上段

按照图 5-19 所示的结构数据，挂在吊钩上有 4 根绳，一侧 2 根，计算一下各段受力情况。

一侧两根绳的拉力合力：$F_{OM}=\dfrac{W}{2\cos 17^\circ}=3\ 780/(2\times\cos 17^\circ)=1\ 977\ \text{kN}$。

一侧一根绳的拉力：$F_{OM1}=\dfrac{F_{OM}}{2\cos 17^\circ}=1\ 977/(2\times\cos 17^\circ)=1\ 034\ \text{kN}$。

(二)下段

按照图 5-19 所示的结构数据，挂在一根横梁上有 4 根绳，一侧 2 根，各段受力满足如下方程

$$\begin{cases}F_{ME}=0.5\times F_{OM}\\F_{AM}\times\cos 19^\circ+F_{BM}\times\cos 24^\circ=F_{ME}\\F_{AM}\times\sin 19^\circ=F_{BM}\times\sin 24^\circ\end{cases}$$

解方程组，得到：$F_{AM}=47.4\ \text{kN}$，$F_{BM}=59.2\ \text{kN}$，$F_{ME}=988.5\ \text{kN}$。

由此看出，A 和 B 两个销轴的拉力是不同的，实际使用中，由于钢丝绳存在弹性，销轴结构受力的不均匀，会产生变形的差异，实际拉力会有微小变化。

还有一种方法，就是 AMB 用一根绳子，在 M 处的转弯结构用销轴半径较大的卸扣，

或者用一个机构上套上转轮，让 AM 和 BM 段的拉力相等，在 OM 的作用下，M 点会在绳上自己寻找一个适当位置，即自动选择一点。

三、横梁承受压力计算

横梁受到的压力 $F_y=F_{OM1}\times \sin 17°=1\ 034\times 0.292\ 3=302.3$ kN，也就是说横梁应该在 302.3 kN 的作用力下，不失稳，不发生塑性变形，不断裂，并且有 6 倍以上的安全系数。横梁的强度校核和稳定性计算是普通的压应力计算，这里略去。

第六章　吊具和被吊物体的稳定性

吊装过程是一个起重机的机械力作用过程，通过施加力的作用，改变被吊物体的位置，实现吊装的目的。起重机的作用过程，除了力的作用，还伴随着能量的转换，如果没有能量的转换，吊装就无法完成，就不能实现吊装的目的。

吊钩连接吊具，吊具连接被吊物体，在被吊物体离开地面的瞬间，起重机开始给吊具和被吊物体输入能量，这时的被吊物体的运动有三种状态，相伴的动能和势能也有三种状态，见表6-1。

表6-1　运动的三种状态

1	高度上升	第一阶段：加速上升	势能增加，动能增加
		第二阶段：匀速上升	势能增加，动能不变
		第三阶段：减速上升	势能增加，动能减少
2	水平移动	第一阶段：加速移动	势能不变，动能增加
		第二阶段：匀速移动	势能不变，动能不变
		第三阶段：减速移动	势能不变，动能减少
3	高度下降	第一阶段：加速下降	势能减少，动能增加
		第二阶段：匀速下降	势能减少，动能不变
		第三阶段：减速下降	势能减少，动能减少

1. 能量转换。吊装的每一个瞬间，都伴随着能量的转换。上升的过程中，起重机把能量输入给吊具和被吊物体；下降过程中，吊具和被吊物体的能量传给起重机，起重机的制动盘通过摩擦把吊具和被吊物体的动能和势能变成热能消耗掉。

2. 能量来源。陆地上的用电起重机，能量来自电网的电能；船上起重机的电能来自船上内燃机燃烧燃料发出的电；有的港口，轮船靠港的时候把岸上的电源接到船上，这个时候船吊用电就来自陆地的电网；直接使用内燃机的起重机，它的能源来自起重机载（船载）内燃机的机械能，柴油机的机械能来源于燃料燃烧的化学能。

3. 能量传递。吊装过程中起重机、吊具和被吊物体三个要素结合在一起，通过能量的传递和转换，实现被吊物体正确、安全位移的目的。

4. 能量约束与管理。每一个环节的能量转换都在预期的设计过程当中，对能量转换的顺序、数量、速度进行约束，把每个环节管理好，那么整个吊装过程就会顺利完成；如果没有按照预期的过程进行转换，就会出现问题，甚至是事故。

下面从能量的角度，对吊具和吊装过程的平衡及其稳定性进行分析，以避免事故的发生。

第一节　被吊物体的稳定性

被吊物体的稳定性是吊装方案的重要指标，许多吊装方案中，强度足够，刚度足够，可最后还是发生了事故，什么原因呢？起重机、吊具和被吊物体结合后，构成了一个吊装体系，有时候就是这个体系的稳定性出现问题才导致出现事故。所以，设计吊具时，解决好这个吊装体系的稳定性，对保证吊装安全具有重要意义。

在吊装过程中，被吊物体的平衡一般是指一个被吊物体在势力场中的平衡，或者说是保守系统中的平衡；若被吊物体重心在某一位置处于平衡，当被吊物体受到微小的初始干扰后，被吊物体的重心偏离了平衡位置，若重心的运动总不超出平衡位置附近的某一个给定区域，则重心的平衡是稳定的，否则就是不稳定的。被吊物体的平衡状态有稳定平衡、随遇平衡和不稳定平衡三种。

一、稳定平衡

一个钢球放在碗里静止一会儿，钢球会停止在碗的中间；用手轻轻摇一下碗，钢球会在碗里继续运动起来，过一会儿，钢球会回到碗的中间停下来，处于静止状态。这个时候，称钢球对于碗，处于稳定平衡状态，如图 6-1 所示。

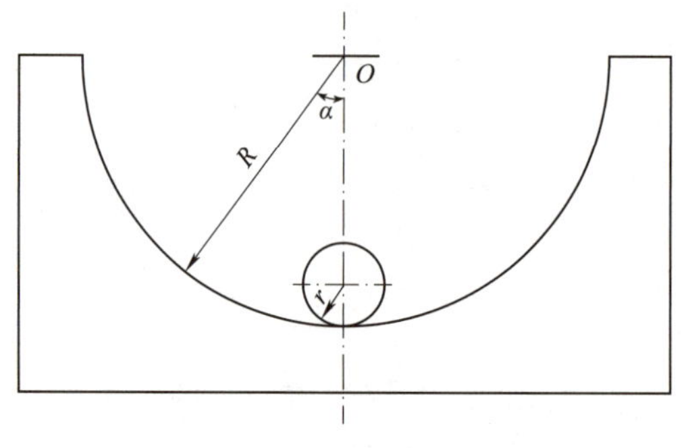

图 6-1　稳定平衡原理示意

在这个系统中，小球处于稳定平衡状态，小球的平衡位置处势能具有极小值。若将大圆心所在水平面视为势能 0 平面，则小球具有的势能 E 是：$E=-mg(R-r)\sin\varphi(\varphi=90°)$。$\dfrac{d^2E}{d\varphi^2}>0$ 是单自由度系统平衡的稳定性判据，二阶导数大于零，即吊具的稳定性判据。

二、随遇平衡

一个钢球，放在一个完全水平的桌面上，静止一会儿，钢球会在某处停下来；用手轻轻摇一下桌面，钢球会在桌面上运动起来，过一会儿，钢球会在另一个随机的位置停下来，处于静止状态。这个时候，称钢球对于桌面处于随遇平衡状态，如图 6-2 所示。

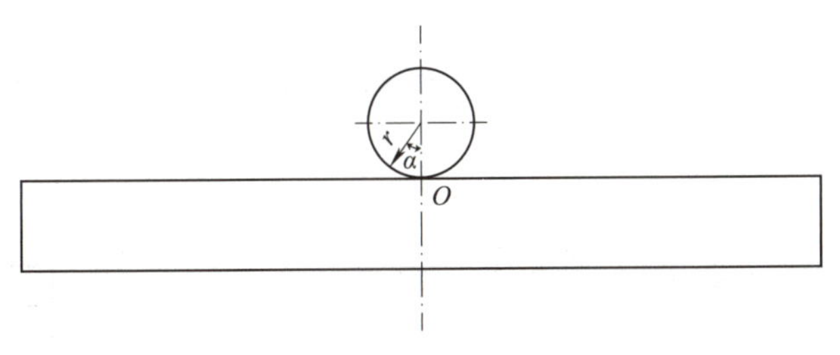

图 6-2　随遇平衡原理示意

桌面上的钢球在桌面受到干扰后，会到一个新的位置停下来，这就是随遇平衡状态。选择接触点所在水平面作为势能 0 平面。势能 $E=mgr\sin\varphi(\varphi=90°)$，$\frac{d^2E}{d\varphi^2}=0$ 时处于随遇平衡，系统在某位置附近其势能是不变的。二阶导数等于零，说明系统处于随遇平衡状态，也是吊具相对稳定的判据。

三、不稳定平衡

一个钢球，慢慢放置在一个静止的篮球上，钢球会在篮球上停下来，钢球对于篮球是处于静止状态；用手轻轻摇一下篮球，钢球就会从篮球上滚落下来，再也不会自动停留在篮球上，这个时候，说钢球对篮球处于不稳定平衡状态，如图 6-3 所示。

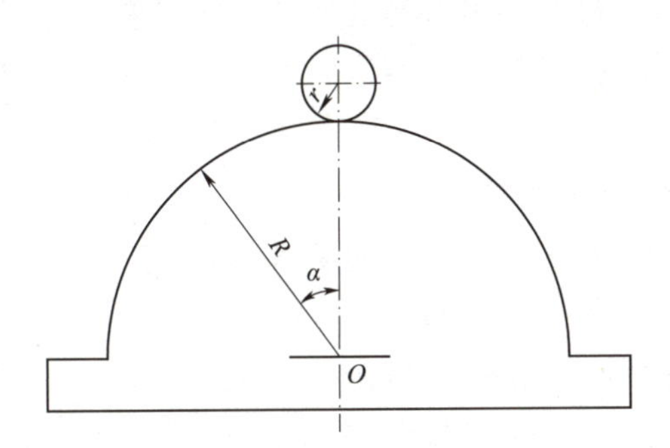

图 6-3　不稳定平衡原理示意

选择大圆圆心所在水平面为势能 0 平面，则势能 $E=mg(R+r)\sin\varphi(\varphi=90°)$，$\frac{d^2E}{d\varphi^2}<0$ 时处于不稳定平衡，在平衡位置上系统势能具有最大值。二阶导数小于零，说明系统处于不稳定平衡状态，这也是吊具不稳定的判据。

在设计吊具的时候，被吊物体一定要设计成处于稳定平衡状态，如果很困难，某些情况下也要处于随遇平衡状态，绝对不能处于不稳定平衡状态。在吊装过程中也是如此，实际吊装过程，要比一个球、一个碗复杂得多，不仅仅是一维问题，有时是三维、四维问题。

第二节　被吊物体有两个吊点的稳定性

一、吊点在重心之上

杆件类被吊物体在吊装的时候，多数情况下是稳定平衡状态的吊装，如图 6-4 所示。

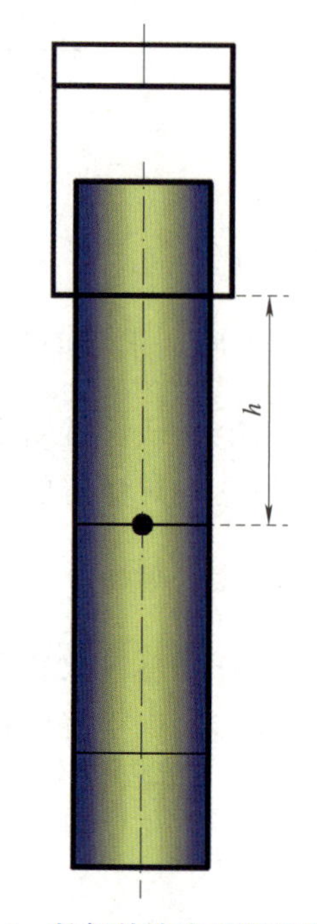

图 6-4　长杆件稳定平衡吊装示意

这种两点吊装方式，重心在吊点的下方，吊钩、吊点同时在重心的上方，起重机提供的拉力作用点在重心的上方，从上到下在一条垂线上。这种方式是常见的杆状物体的吊装方式。

把吊点处水平面作为势能 0 平面，则能量方程是：$E=-mgh\sin\varphi\ (\varphi=90°)$，相对于吊具的势能方程二阶导数 $\frac{\mathrm{d}^2E}{\mathrm{d}\varphi^2}>0$。因此这种吊装方式下，被吊物体处于稳定平衡状态，一般的外界的干扰，不会破坏这种平衡，不会有稳定性的危险，不会发生稳定性事故，可以顺利地实施吊装。

现实吊装生产中，有的长杆件类被吊物体重心准确位置不好判断，测量又要一笔费用，许多吊具设计和制定吊装方案的时候，就把被吊物体的一端当作吊点，以确保重心在吊点之下。

（一）运载火箭吊装的稳定平衡

发射卫星的火箭（图 6-5），多数是由三级火箭连接在一起，组成一个整体火箭，一起来发射的。

通过电视新闻可以看到，火箭有时是在厂房里组装的，有时是在发射塔架上组装的，都是用起重机一节一节地吊装起来，一节一节地组装，多数情况下就是吊两点，这两点就是吊点，此时吊点就是在火箭的重心之上，可以稳定地把火箭一节一节地从地面吊到高空，从而完成整体火箭的组装。

这样吊装火箭，在设计火箭的时候就设计了两个吊点，并准确地测定火箭的重心；设计吊具的时候，让吊点在重心上部，可根据振动周期，确定好吊装速度。在这种吊装方式下，火箭处于稳定平衡状态，一般的扰动不会导致火箭发生翻转和不可控的转动、移动，所以可以放心地进行吊装。

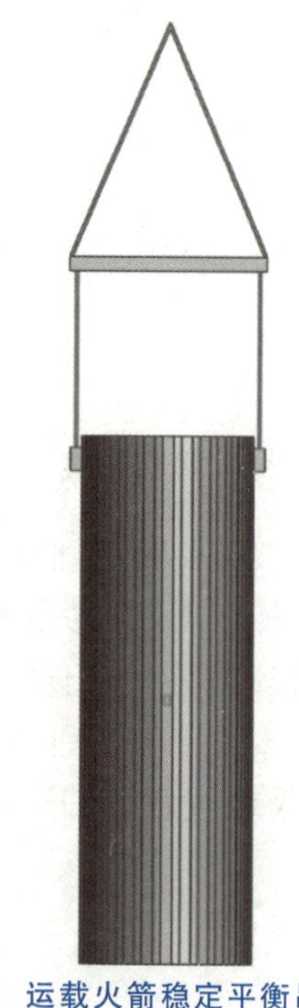
图 6-5　运载火箭稳定平衡吊装示意

制造吊具时要保证零部件性能可靠，质量优良，不能发生零部件失效导致的事故，吊装前要对吊装零部件的金相再次抽样检查，吊具的操作要符合事前设定的程序和标准。吊装过程中需要有多人、多点、多角度监控。

（二）钢水包的稳定平衡

钢水包（图 6-6）没有装钢水（空着）的时候，吊点（转轴）在钢水包重心的上方；钢水包装满钢水后，钢水包和钢水组成的组合体的重心依然在吊点（转轴）的下方。在这种情况下，钢水包在吊钩的拉力、钢水包和钢水自重作用下，整个系统是平衡的，这个平衡也是稳定的，在起重机吊着钢水包移动的时候若遇到轻微的扰动，钢水包不会倾覆，钢水也不会洒出来，既是稳定的也是安全的。

图 6-6　钢水包稳定平衡吊装示意

（三）混凝土桩的吊装

混凝土桩（图 6-7）一般 20 多米长，大约 6～10 t 左右，运输到打桩现场的时候，是平放的。打桩时需要把它立起来，这时把顶端做吊点，用两根绳捆上，然后用桩机的卷扬把它吊起来。由于是绑在混凝土桩的上端，重心在中部，因而吊装的过程是稳定的，也是安全的。

（四）风电立柱的吊装

风电立柱（图 6-8）是长杆件类被吊物体，一节立柱长度大约 60 m，由于立柱是圆椎体，重心在几何在轴线上且在轴线中点之下。

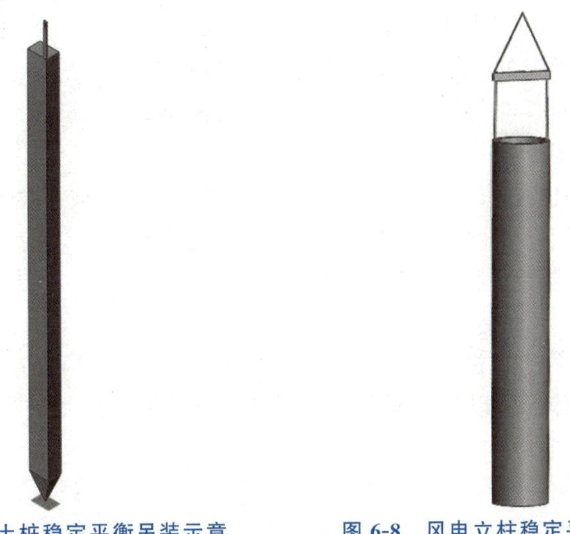

图 6-7　混凝土桩稳定平衡吊装示意　　图 6-8　风电立柱稳定平衡吊装示意

运到现场的立柱是平放的，吊装的时候是在直接吊立柱的顶端安装几个零部件作为吊点，用钢丝绳在吊点的位置和立柱连接，吊点离重心很远，慢慢地把立柱吊起来成直立状态，这个时候吊点远远高于重心，因而立柱处于稳定平衡状态。

二、吊点和重心重合

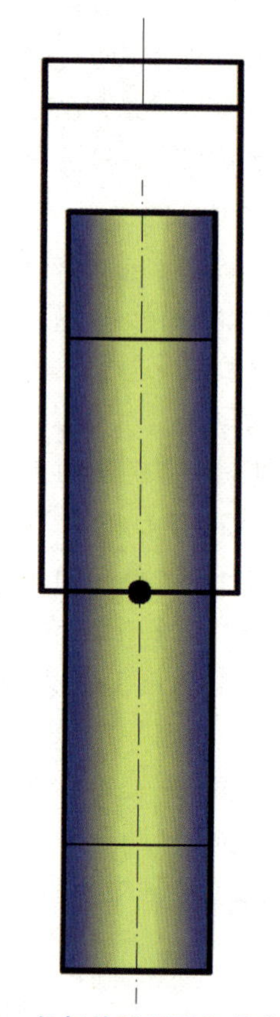

图 6-9　长杆件随遇平衡吊装示意

杆件类被吊物体在吊装的时候，有时会遇到随遇平衡状态的吊装，如图 6-9 所示。

这种方式也是常见的一种方式，把绳子系在中间的重心处。以这种方式吊装，重心和吊点在同一高度。把吊点处水平面作为势能 0 平面，则能量方程是：$E=mgh(h=0)$，$\frac{d^2E}{d\varphi^2}=0$。

杆件处于随遇平衡状态，如果遇到干扰，杆件会停在原来的状态，如果运动的空间足够，也可以顺利地实施吊装，不会发生稳定性事故，但是可能会发生适度的偏转，在吊装过程中要事先设计好流程和运动通道。

实际吊装生产中，有这样的案例：

1. 原木卸船的过程中，就是一根绳子从原木的中间勒紧，吊起来到岸上，这个时候原木就是处于随遇平衡状态，每一根的吊装状态都不一样，但都是安全的。

2. 火车车轮，直径接近 1 m，中心孔的直径大约是 0.1 m，用一根绳穿过中心孔吊起来，近似于随遇平衡状态。

原木和车轮都是实心被吊物体，这个时候原木和车轮在空中的状态是不确定的，就是说，如果被吊物体内部没有会产生相对移动的零部件，采用这种状态进行吊装，在空间足够时是可以接受的。

但是，如果被吊物体是箱子，受到干扰后，装在箱子内的被吊物体相对箱子会发生位移，在位移发生后，可能导致被吊物体的重心变化，如果重心变化较大，就会出现不稳定状态。所以，对箱类被吊物体，若内部装有其他被吊物体，在吊具设计时要尽量避免随遇平衡这种情况。

所有吊点从重心穿过的被吊物体的吊装状态都是随遇平衡状态。在设计吊具的时候，如果是单件被吊物体，可以处于随遇平衡状态，如果是组合类被吊物体，要尽量避免。

三、吊点在重心之下

杆件类被吊物体在吊装的时候，有时会遇到不稳定平衡状态的吊装，如图 6-10 所示。

以这种方式吊装重心在吊点的上方，把吊点处水平面作为势能 0 平面，则能量方程是：$E=mgh\sin\varphi(\varphi=90°)$，$\frac{d^2E}{d\varphi^2}<0$。杆件处于不稳定平衡状态，不可能顺利地实施吊装，稍有干扰就会翻转，发生稳定性事故，因此这种吊装方式只是暂时的平衡，却存在着不稳定性，设计吊具，选择吊点的时候，不能选择这种方式。

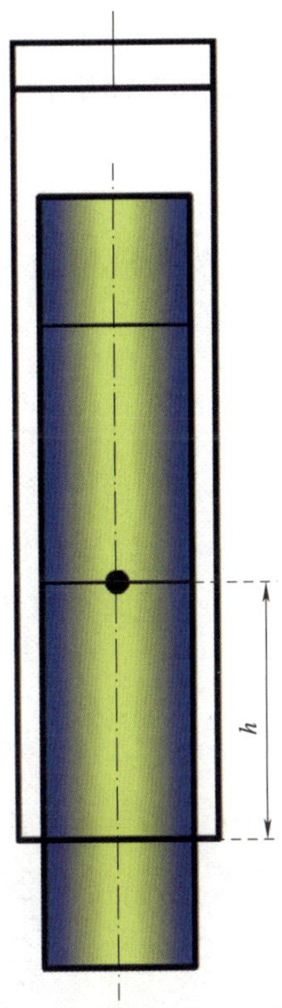

图 6-10　长杆件不稳定平衡吊装

2016 年国外某港口发生的铁箱翻转事故就是因为两点吊装使铁箱处于不稳定平衡状态而引起的。货物在装货时采用图 6-11 所示的方式进行吊装，安全装到船上。到达国外某港口卸货时，卸货工人只挂了箱子的两个吊点，如图 6-12 所示。这时，箱子处于不稳定平衡状态，垂直上升阶段没有翻转，当需要横移时产生横向的惯性力，惯性力的干扰引发了箱子的翻转，吊至半空的时候箱子失稳，上下翻转，货物从箱子中掉下，摔倒地面，造成货物损失，如图 6-13 所示。

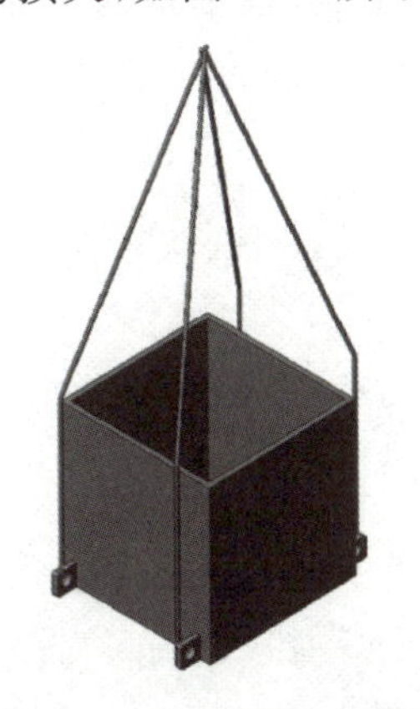

图 6-11　四绳吊装铁箱箱底

图 6-12　两绳吊装铁箱箱底

图 6-13　铁箱空中失稳翻转

第三节　被吊物体有四个吊点的稳定性

在吊装生产实践中，四点吊装应用最广泛，很多大件都是四点吊装，例如双层铁路客车、地铁客车、内燃机车、一般的变压器、燃机等，在大部分吊装场地，用两根钢丝绳兜底吊木箱，也是一个木箱被四吊点吊装的问题。

一、被吊物体的势能分析

物体在势力场中的平衡有三种状态，仔细研究前面的案例会发现：被吊物体的失稳都是被吊物体在重力场中势能做功的结果，即：被吊物体相对于吊点具有重力势能；被吊物体受到干扰后，势能得以释放，势能会减少；势能释放过程中，势能不断减少，不会增加，最终导致失稳。

二、吊点三种吊装状态分析

对于四个吊点的吊具，当把被吊物体吊起来后，若吊具受到干扰，例如起重机短暂移动一下，或者匀速移动的时候突然停下来，被吊物体会不会失稳，会不会进而发生翻转，以至于掉下来，可分三种情况详细讨论。

(一)吊点在上部(吊点高于重心)

这种吊装特点是四个吊点都在重心之上，被吊物体势能的变化不会引起被吊物体重心对吊点的位置变化，因此吊装状态是稳定的。

被吊物体吊在空中，如果起重机吊着被吊物体匀速运动或者静止，被吊物体受到的合外力为零，没有干扰，就不会发生失稳。

如果被吊物体水平移动速度发生变化，下边的被吊物体就会出现倾斜而产生横向力，速度变化得越快，受到的横向力就越大。起重机速度变化减小，倾斜角度就会减小，水平速度变化消失，倾斜也会消失，干扰也就消失了。加速和减速都是干扰，在干扰的情况下，相对于吊点，这种吊装情况下被吊物体的势能相对吊点不会自动减少，因此这个吊具的吊装是稳定的，如图 6-14 所示。

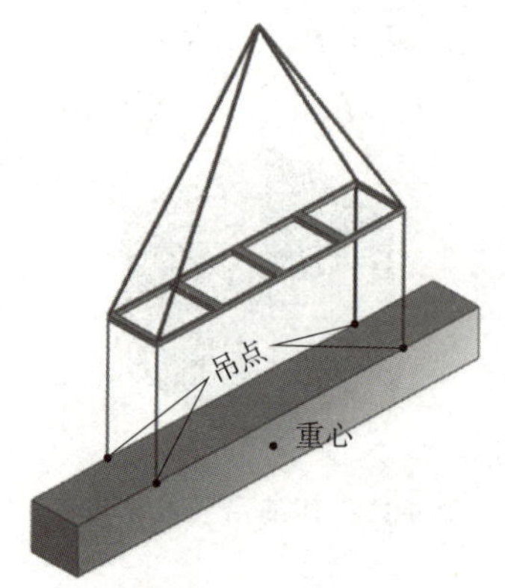

图 6-14　吊点在上部(高于重心)

对此种状态的重大件，在吊装的时候尽管吊具和被吊物体之间处于稳定平衡状态，但是在上升、下降和水平移动的时候，务必缓慢移动起重机的吊钩，就是要降低速度的变化速率，减少干扰。

1. 上升要慢。向上起升阶段要慢，对于机车、客车、发电机定子、变压器和燃机这些重大件被吊物体来说，需要缓慢地加力，例如 136 t 的内燃机车，垂直载荷要一吨一吨地增加，每秒增加 1 t，当车离地的时候，起重机是没有前后晃动的，即便是船吊吊装也不会晃动。

如果上升速度过快，整体重心偏移较快，会导致起重机晃动增大，如果是使用船吊吊装，会引起船体严重倾斜，甚至破坏船体的平衡，导致倾覆。使用船吊吊装时，为了防止船体倾斜，要慢慢提升，不要给船增加更多的惯性力，船内平衡水持续调整，防止事故。

2. 下降要慢。速度控制在低于 0.05 m/s，这样在需要停下时，才不会引起较大的上下振动；也防止突然停下时的上下振动引起吊点、吊具和起重机的损坏。

3. 平移要慢，加速平移更要慢。内燃机车质量约 136 t，如果横向加速度的值是 1 m/s^2，就需要横向提供 13.6 t 的横向力，如果是在陆地，起重机就会被这 13.6 t 的水平力拉倒。如果是使用船吊吊装且货物在船体重心之上，操作不当就会引起船体震荡，所以一定要慢慢横移。横移要尽量在低空横移，不要在高空横移。以吊内燃机车为例，在内燃机车离开地面后，距离船体较远时(例如 10 m)，应该在内燃机车距离地面 1 m 的高度上进行平移，靠近至距船体约 3 m 的时候，停下，然后再慢慢上升，车底超过船舷的高度后，再向船舱平移车体，到达舱内后，若空间足够，就要降低内燃机车的吊装高度，降到距离甲板 1 m 左右的高度，然后找到合适的位置最后慢慢放下。

4. 为什么要慢？被吊物体运动起来所具有的动能的是 $\frac{1}{2}mv^2$，如果改变它的速度，要施加较大的力，才能完全改变它的运动方向，或者说要吸收掉它的动能，才能停下来。运动速度快对起重机的操控是十分不利的，所以在吊重件的时候，一定要降低被吊物体的运动速度，减少速度改变的快慢，减少干扰。

5. 案例：框架箱的吊装。

使用框架箱吊装时，货物的高度高于框架箱，集装箱桥吊的吊具无法直接使用，需要采用特殊吊具进行吊装。

吊具是一个框架，上边是四根绳连接框架四角和起重机吊钩，框架下边四角有四根钢丝绳连接到对应的框架箱上部四角，相当于在顶部吊装被吊物体；吊点就是框架箱的四角，货物装到框架箱上之后，重心低于框架箱上部的四个吊点，所以这个吊装方式是符合第一类吊装方式，如图 6-15 所示。

图 6-15　框架箱装特种车的吊装

这种吊装是稳定的，吊装特点是四个吊点都在重心之上，如果起重机水平移动速度较快，下边的被吊物体就会出现倾斜，如果水平方向变化较慢，倾斜角度就会减小，加速和减速都是如此。水平运动时，加速和减速都是干扰，在干扰的情况下，集装箱和货物的势能相对于吊点不会自动继续减少，不会导致180°的翻转，因此这个吊具是稳定的。

曾经有特种汽车装到框架箱上跨海运输，在中转港吊装的时候发生了倾覆的事故，其原因就是合成重心高于框架箱的吊点，并且水平移动速度变化过快，产生较大的干扰所致。所以对框架箱的装载而言，计算合成重心非常重要，一是框架箱和货物的合成重心要低于吊点，二是货物的重心要低于吊点。

（二）吊点在中间（吊点靠近重心）

在工程实践当中，有许多案例是吊点设在被吊物体的中间，吊点在高度方向接近被吊物体的重心，但是依然在重心之上，吊装时被吊物体的势能相对吊点不会突然减小，因而一般的干扰和速度变化不会改变稳定平衡的状态，因此也是一个相对理想的吊装状态，如图6-16所示。

在实际工程案例中，许多吊装方案都接近这种方式。

1. 变压器的吊装

变压器的吊点大多设在变压器本体的中间位置，有的是设四个吊点，有的是六个吊点，有的是八个吊点，吊点在重心之上，离重心很近，如图6-17所示。

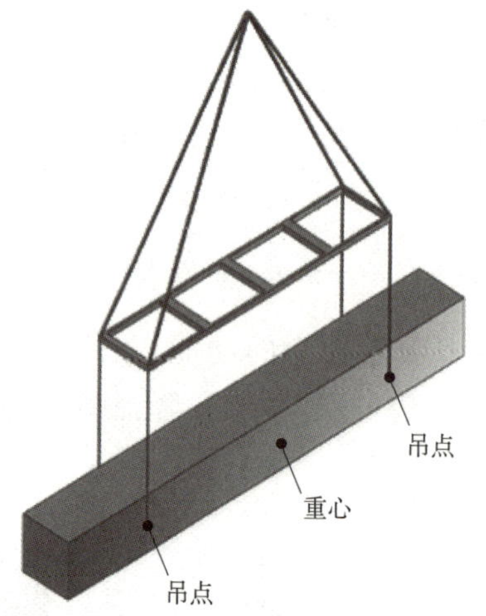

图6-16 吊点在中间（靠近重心）

图6-17 变压器的稳定吊装

2. 发电机定子的吊装

发电机定子的吊点设计在上下接缝处，上下基本对称，因而也在重心附近，也是吊点靠近重心的吊装。

图6-18所示发电机的定子，上部外形是圆柱面，绳子足够长的时候，从起重机的吊钩到吊点之间的空间是没有被吊物体的，绳索和发电机定子的本体不会发生干涉，所以就用绳子直连，绳子的上头挂在起重机的吊钩上，绳子的下头挂在发电机定子的吊点上。

定子的吊点是一个圆柱销，绳子可以直接挂上去；其他发电机定子的结构，能否直连，要看具体件的结构。

图 6-18　发电机定子的稳定吊装

3. 内燃机车的吊装

内燃机车吊点在边梁上，边梁下还吊着油箱和电气装置，内燃机车的重心就在边梁附近，不同型号的内燃机车会有一些差别，但是重心的位置不会离边梁较远，所以内燃机车的吊装就可以看做是吊点在重心同等高度的吊装。

（三）吊点在下部（吊点低于重心）

1. 吊点低于重心的普遍性

有一部分被吊物体，没有专门设计过专用吊点，吊装的时候只能选择在被吊物体的底部，用绳子兜起来。例如各种尺寸的木箱、桥式起重机的大梁、电站锅炉钢结构的立柱、100 多吨的大板梁等，如图 6-19 所示。

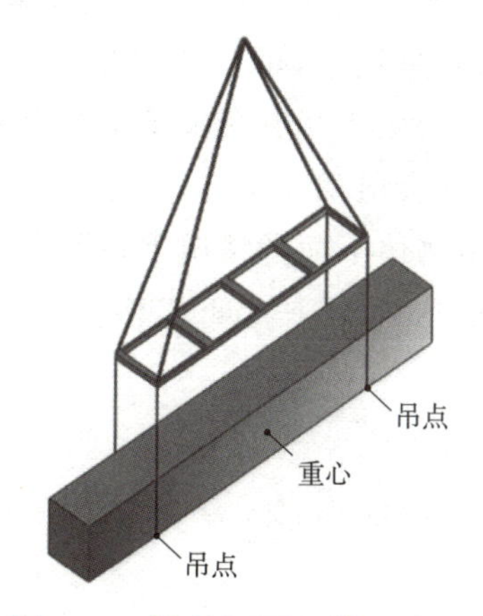

图 6-19　吊点在下部（低于重心）

对铁路客车、机车和地铁，钢结构上部的强度无法承受几十吨甚至百吨的载荷，专门设计的吊点也只能选择在钢结构的下部，当单独运输钢结构的时候，就成为吊点在底部的模式。这类吊具中间是长方形支架或者是两个横梁，下边是四根绳索连接车体的四个吊点，上边是四根绳连接到吊钩上。

这四个吊点虽然在下部，低于被吊物体的重心，但是由于有四个吊点，四个平行力把被吊物体拉起来，慢慢地升降和移动，一般情况下是稳定的，一般的干扰也不会破坏吊具系统的平衡，实践中被大量采用。

2. 地铁客车的吊装

地铁客车的质量一般为 40～50 t，差别在驱动电机，没有驱动电机的拖车质量约 40 t，装驱动电机的动车质量大约 50 t，重心都在边梁上边，地铁客车的吊点就在边梁上，因此吊点离重心非常近，但是低于重心，如图 6-20 所示。

图 6-20　地铁客车的稳定性吊装

3. 吊点低于重心衍生出的现象

这种吊装方式下，当被吊物体在空中水平移动时，就具有了向相反方向一侧倾斜(甚至倾覆)的可能性，在实际吊装实践当中，也发生过侧翻的情况。

如果起重机水平移动的加速度数值较大，就会出现图 6-21 所示情况：吊绳相对于被吊物体出现了倾斜，这是因为绳的质量很小，可以快速地跟上起重机吊钩的移动，但是被吊物体质量很大，惯性很大，不会很快跟上吊钩的运动，如果被吊物体的重心越过左边的吊绳的中心线，被吊物体相对吊具就会出现倾覆。

因此，四点吊装，吊点在被吊物体下面的情况下，存在倾覆的可能性，这个倾覆一是由于吊具和被吊系统本身的稳定性不足，二是起重机移动加速度过大引起的。

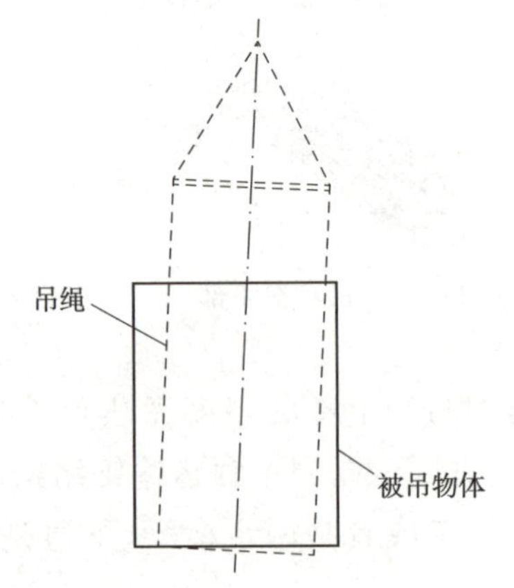

图 6-21　被吊物体相对吊具倾斜示意

三、吊装过程倾覆的判断

吊装过程中，四个吊点在重心之下，一般情况下是稳定的。但是在某些特殊情况下，会失去稳定性而发生倾覆。下面讨论一下倾覆的原因和临界点。

1. 被吊物体倾覆的原因

如前文所述，根据牛顿第一定律：被吊物体不受力或者外力合力为零的时候，被吊物体保持原来的运动状态不变；或者说，被吊物体运动的运动状态发生了改变，一定是受到了外力的作用，或者原来的外力发生了改变。

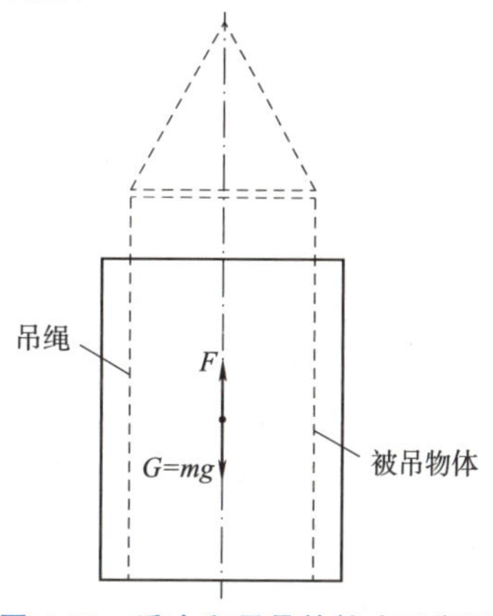

图 6-22　重力和吊具的拉力平衡图

一个箱体，吊在空中一动不动，这是一种平衡状态，起重机提供的向上的拉力和重力平衡：$F=mg$，如图 6-22 所示。因此箱体在空中保持原运动状态不变。

如果需要箱体在空中向右移动，箱体一定是要接受一个外来的力，方向向右，作用在箱体上，这样箱体才会向右运动。与箱体接触的只有钢丝绳，只有钢丝绳才能给箱体一个向右的力。如果需要钢丝绳给箱体一个向右的力，就只能让钢丝绳向右倾斜，让钢丝绳和箱体形成一个角度 θ，这样钢丝绳给箱体的力才会产生一个水平分力：$F_1=F\sin\theta$。

这个 F_1 让箱体向右运动，如图 6-23 所示。由此可以看出，在空中吊运被吊物体的时候，开始运动阶段，钢丝绳一定会改变与箱体接触的角度，这样才会使箱体产生运动。这个角度是能够观察到的，在港口，起重机高度比较高，有时候司机操作起重机转动的速度非常快，导致箱体成 45°，如图 6-24 所示。

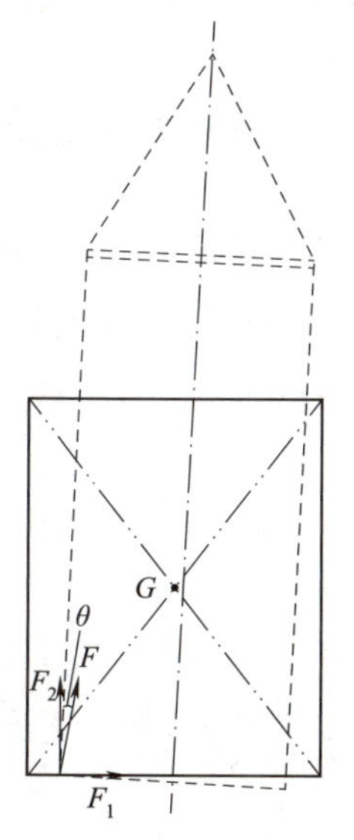

图 6-23　吊具钢丝绳对木箱倾斜图

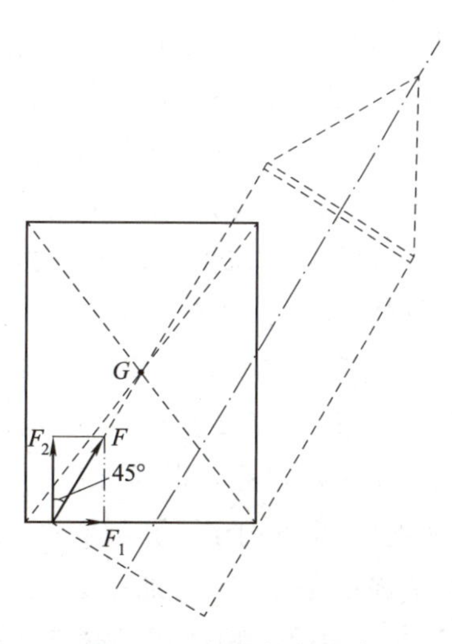

图 6-24　极限倾斜示意

在转动的开始阶段，一定不能让转动的加速度太大，否则就会出现图 6-24 所示的现象，如果左侧钢丝绳接近重心，右侧钢丝绳对箱体的拉力减小甚至消失，就会导致箱体从钢丝绳上翻下来。为了避免箱体翻下来，就要控制开始转动时的加速度，慢慢加速，这样的吊运过程才是安全的。

2. 临界倾覆加速度的计算

下面推导计算一下，四点吊装时被吊物体倾覆时需要的加速度临界值。

起重机加快速度，向右快速移动被吊物体，被吊物体相对于绳子就会绕着 A 点，向左侧倾斜，向左倾斜的惯性力是 mah。m 为被吊物体的质量，a 为吊具向右移动的加速度，h 为被吊物体重心的高度，b 为吊点间距离的一半，如图 6-25 所示。

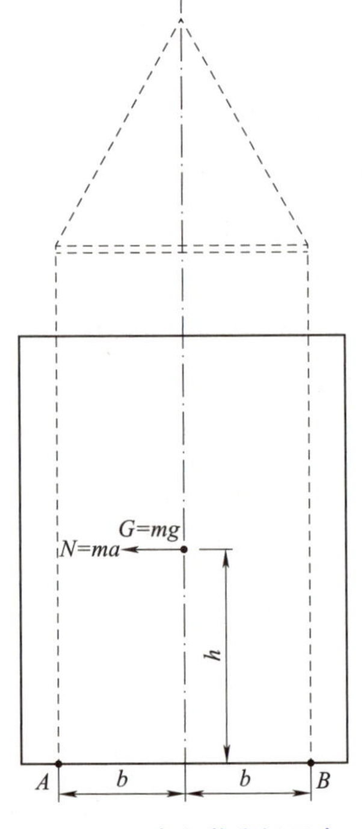

图 6-25　动力学分析示意

在倾覆的临界状态，被吊物体的受力的平衡公式是：$mah=mgb$，化简后得到 $a=bg/h$。此时 a 就是被吊物体发生翻转时的临界加速度，g 是吊装地点的重力加速度。

根据公式，可以做如下解读：

(1)增加 b 的值，即增加吊点间的距离，可以提高发生翻转的临界加速度 a 值，这对保证吊装安全、不发生被吊物体翻转是有利的。降低 h 的值，即降低被吊物体的重心，也可以提高发生翻转的临界加速度 a 值，这对保证吊装安全，不发生翻转是有利的。所以在设计吊装方案的时候，要尽可能增加吊点间的距离，降低吊点到重心的垂直高度，就可以有效地防止吊装的时候发生翻转。

(2)降低 a 值，慢慢地起升和下降，慢慢地横移，不要让速度剧烈地变化。

(3)在吊装方案的准备阶段，需要做好以下工作：

①做好吊装方案，尽量减小提供给吊具和被吊物体的临界加速度 a 的数值。

②吊装方案确定后，吊装工程师要计算好临界加速度的数值，做成技术文件。

③吊装工程师要把临界加速度的技术文件交待给装卸作业的指挥人员，尤其要给起重机司机进行技术交底，讲清注意事项。

④起重机司机一定要非常清楚临界加速度的数值，控制好起重机水平移动的加速度，起重机移动的时候，一定要小于临界加速度值。

⑤吊装工程师要到吊装现场进行监装，给现场的操作人员、起重机司机提供技术指导。

(4)有绳的两侧，由于绳的阻挡，一般不会发生这个方向的倾覆，在设计的吊具时，尽可能保持两侧绳的平行，以增加稳定性。

3. 重心较高的被吊物体避免风险办法

实际生产当中，存在着很多的箱体，重心比较高，h 值大于 b 值，甚至 $h>2b$，或者 $h>$

3b，这种情况下，还要保证安全生产，该如何解决呢？

（1）吊点处，确保绳与被吊物体的连接和结合可靠，在加速减速过程中不会发生相应位移，即保证绳不能窜动。

如果是固定且可靠吊点，用绳套单独挂上去，应该就是可靠的；但是如果是木箱类，用绳索兜住下底面，在加速度快速变化的过程中，则有可能发生位置的相对变化，这个时候要采取措施，让绳不能移动。两根绳吊木箱类吊装方式要注意这种情况，确保绳不滑动。

采取辅助措施包括：增加挡块，从两个方向挡住绳索，限制绳索的运动；增加其他约束，例如用辅助绳绑住主绳，保证吊点处主绳索与箱体不发生相对位移。

（2）改变吊装方式：吊装的时候采取斜拉的方法，让主绳对被吊物体的作用力有一个水平分力的初始值，这样就有效地降低倾覆的危险性，如图 6-26 所示。

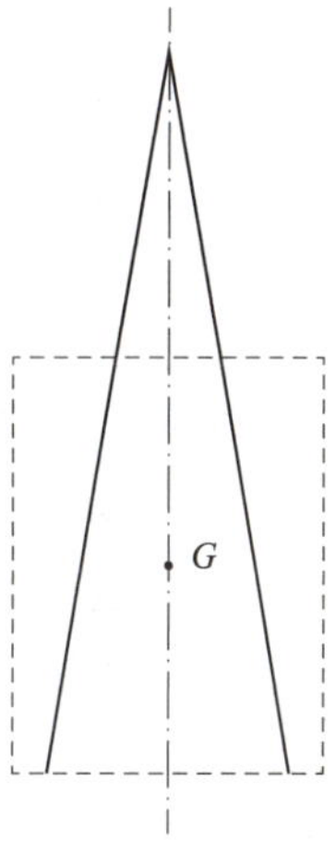

图 6-26　三角斜拉示意

（3）在重心之上的位置，增加一道横向约束，限制箱体的横向移动，这样可以有效地避免箱体的倾斜和倾覆，如图 6-27 和图 6-28 所示。

（4）采取复合吊装方式，既保证垂直向上的拉力，又能保证在水平移动时提供一个较好的初始力和倾斜角度，如图 6-29 所示，这样操作会比较繁琐，应用不多。

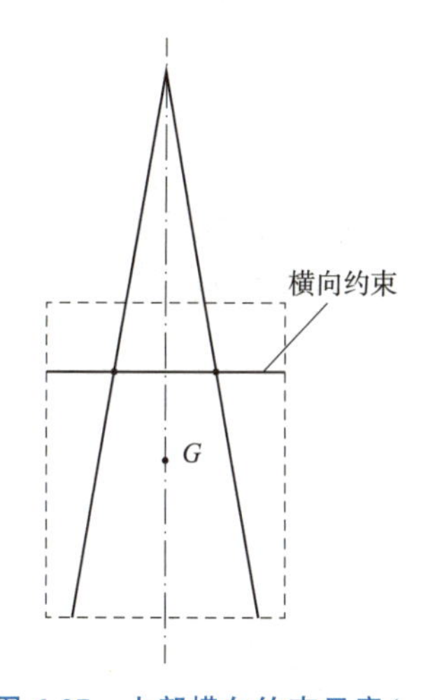

图 6-27　上部横向约束示意（一）

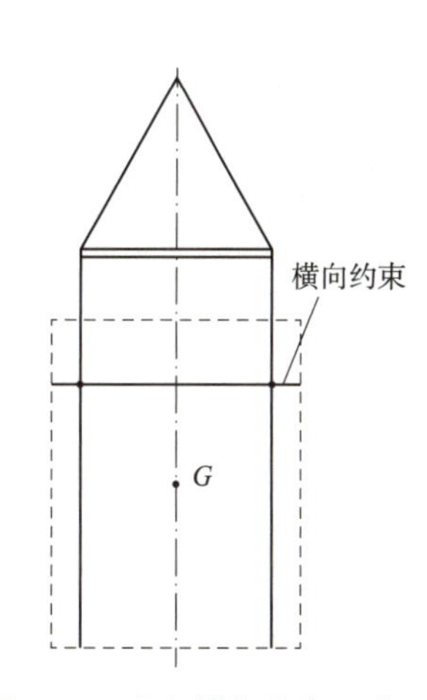

图 6-28　上部横向约束示意（二）

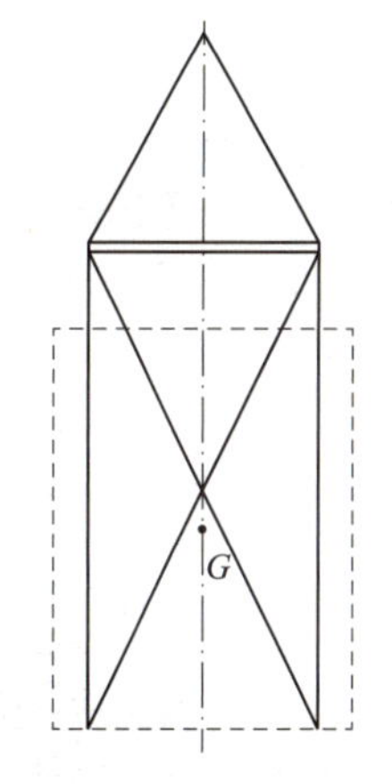

图 6-29　增加双向斜拉绳示意

4. 降低撞击概率的措施

某公司运输铁路客车到海外，第一天卸货的 14 辆车都发生了撞击。卸船的时候，船内的空间比较小，车与车的间距大约 200 mm 左右，当需要车厢向一个方向稍微移动一点的时候，虽然还有空间，却发生了撞击。发生撞击的原因有如下两点。

原因一：高度尺寸太高，横向尺寸太小。

起重机吊绳加上吊具总高度接近 40 m，有的接近 50 m。卸货时，当客车需要横向移动时，起重机司机转动吊臂，让垂直吊绳倾斜一定角度，角度较小时看不见移动，只有倾斜角度足够大时才发生移动，可当发现客车移动时，由于质量大，即便采取了制动措施，在惯性作用下也不会立刻停止，导致撞击；主要是因为铁路客车体积太大，一般质量大于 50 t，可利用的空间太小，稍微移动就会碰撞。

原因二：卸船时，由于船上载荷发生变化，船的甲板不是水平的，导致客车受到的重力不是垂直于甲板，或者说车相对于水平面是倾斜的，而吊具落下时，吊具的受力中心很难和车的重心重合，存在微小偏移，当车离地时，车会自动寻找吊钩下的铅垂线(即作用力方向)，从而发生水平面内两个方向的运动，导致相邻物体相撞。

这个问题可以通过对吊具进行特殊设计得以解决。

图 6-30 是铁路客车吊装通常采用的方法，如果需要移动就一定要将绳倾斜一个角度。在设计吊具时先给吊具增加斜向的拉绳，一侧一根即可，这样起重机移动很小的距离，车就跟着动了，响应很快，如图 6-31～图 6-33 所示，采取这样的措施可以降低一些撞击的概率，但是只能减少一个方向的撞击，不能完全杜绝。实践中由于临时增加这个绳，也会面临一些困难，操作人员觉得麻烦极少采用。

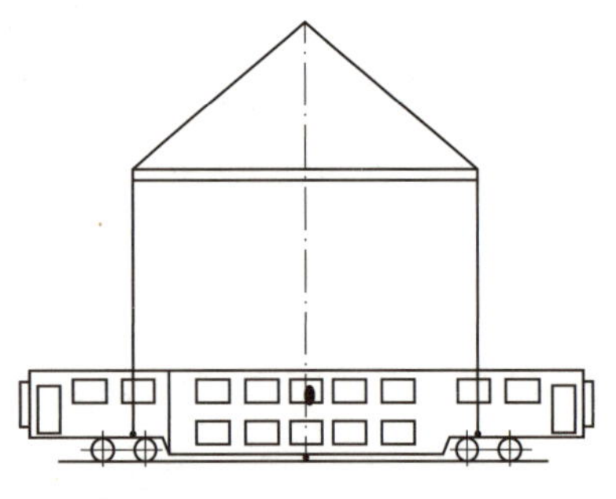

图 6-30 通常吊装示意图

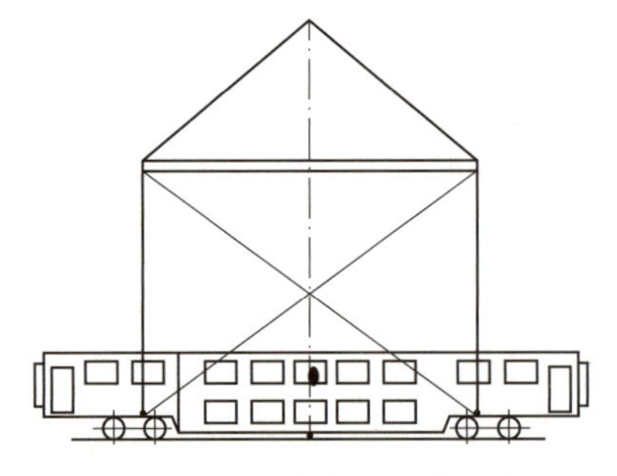

图 6-31 增加辅助绳吊装示意图

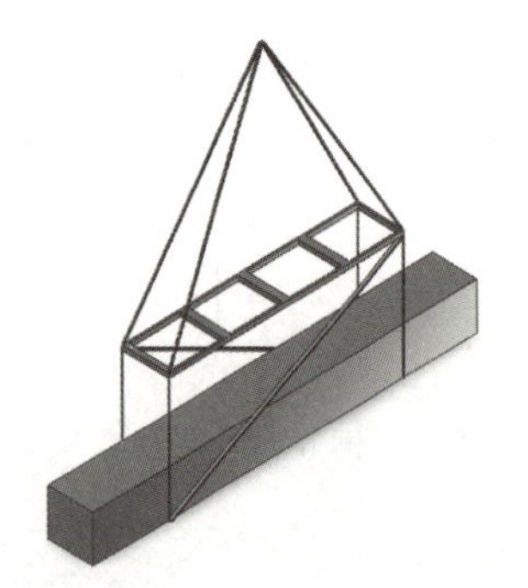

图 6-32 增加辅助绳吊装三维轴侧图

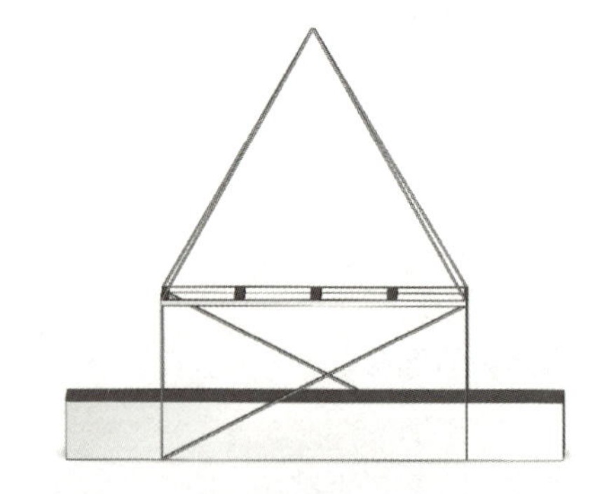

图 6-33 增加辅助绳吊装三维正面图

解决船内的冲击和撞击，一般采取以下措施：

(1)调整水平法。

利用调整水平法解决船甲板的水平问题。船靠码头，卸船前先调整船的水平状态，让船的甲板前后左右都处于水平状态。卸下一件货物后，船的重心发生变化，水平状态被破坏，要重新调船的水平。现代货船都有船体自动平衡系统，能够检查是否平衡，能够自动调节平衡状态，卸货时要与船上大副协调好，打开自动平衡系统的开关，安排人员观察船的平衡状态，船体达到平衡后再进行卸货。

(2)系绳法。

通过系绳法保证吊具中心与重心重合。吊具落下时，在吊具中间(吊钩下两侧)系两根细绳，吊具缓缓落下，观察细绳的位置，一是保证两侧细绳与车的表面等距，二是保证细绳在车的长度方向与重心位置重合，这样保证吊具中心和车的重心不会偏离太多。

(3)缓冲法。

增加四个缓冲垫：可以用专业的充气纸袋，也可以用缓冲海绵棒、海绵垫或者厚度合适的汽车内胎，挂在临车的两头，减轻不可避免的冲击，让刚性冲击变成柔性冲击，每个垫子的面积要在 0.5 m^2 以上。

(4)降速法。

吊具提升时要缓慢提升，载荷要一点一点地施加，载荷增加到 5 t、10 t、20 t 时，停一下，观察一下车是否离开甲板，当车开始在水平面滑动时，要停止加载荷，还可以降低移动速度，仔细观察，防止碰撞的发生。

第四节　木箱吊装失稳分析

国外一港口，从船上卸货时，采用上部框架，吊下两根绳索来吊装木箱，由于吊装方案的选择失误，在吊具没有发生结构损坏的情况下，导致木箱从空中跌落，造成巨额损失，监控录像还原了跌落的过程。以此案例为例，对木箱吊装失稳进行分析。

一、基本数据

1 500 mm×1 500 mm×2 000 mm 的木箱，箱子底部的吊点距离 1 000 mm，吊架是 2 000 mm 的正方形，绳子的垂直长度是 4 000 mm，具体情形如图 6-34 所示。

图 6-34　木箱吊装方式与结构图

起重机为陆地上的固定式起重机，起重机起重能力足够，没有发生上下振动，在起重机转动出船舷的时候，木箱突然从两根绳上跌落。

二、吊具、绳和木箱的结合方式及受力

吊具是两根绳吊一个木箱，是从箱子底下兜起来，这种吊装方式在吊点设计一章中进行讨论，是一种典型的吊装方式，两根绳的上端连接在方框架上牢固连接。框架上面四角有四根绳子连接到起重机吊钩。

箱子的重心，在图 6-35 中的 G 点，绳子给箱子施加作用力是拉力，作用点是在箱子底部拐角处绳子和箱子的接触点，这一点就是吊点，图 6-35 中的 F_0 点和 F_1 点，两侧共有四个吊点，力的作用线沿绳子方向向上，图 6-35 中粗实线表达的就是力的作用线。

把图 6-35 中作用力的作用线向下延伸，一侧的二条作用线向下相交到一点 T_1，另外一侧相交到 T_2，T_1 和 T_2 的连线的中点为 T，如图 6-36 所示。

三、力学模型

图 6-36 是建立的吊装力学模型，起重机吊钩吊在 O 点，四根绳连接方形框架，框架的强度和刚度足够，框架尺寸是 2 000 mm×2 000 mm，框架一侧两根绳与木箱接触点是 F_0 和 F_1，F_0 到 F_1 的距离是 1 000 mm，导致两绳的夹角开口方向向上。可以看出，吊具和木箱的结合状态就是处于不稳定平衡状态，向舱外移动的时候，稍有振动，或者加速移动、减速移动，都会导致木箱翻转，实际吊运的时候，由于吊钩的移动不可能匀速运动，总要加速或者减速，这个时候吊具和木箱组成的吊装系统在加速度作用下，木箱很快就翻转了。

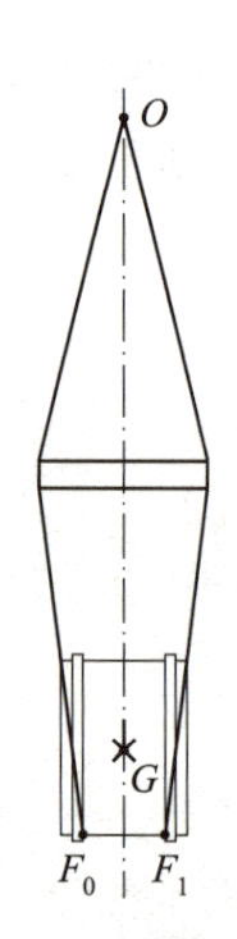

图 6-35　力的作用点和作用线示意

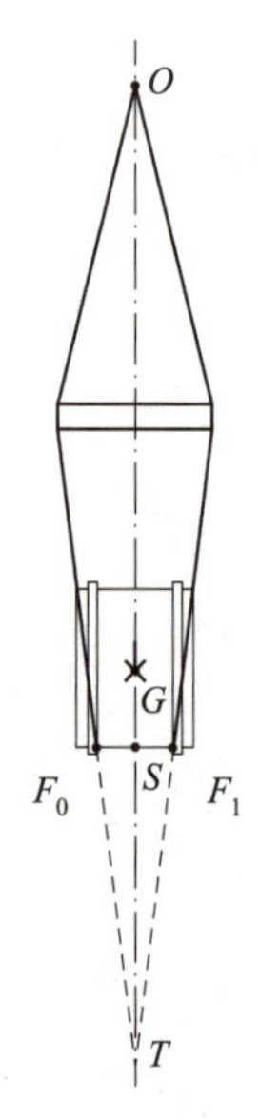

图 6-36　力的作用线延伸交点示意

四、解决办法

吊木箱的时候，挂上去的两根绳子，夹角应当是向下开口，如图 6-37 所示，不能向上开口；如果做不到向下开口，至少要保持两绳平行，如图 6-38 所示，让吊具和木箱的结合处于稳定平衡状态或者随遇平衡状态。

如果箱子高度超过宽度的 150%，上部要用绳索横向绕一周进行拦阻，以避免事故的发生。

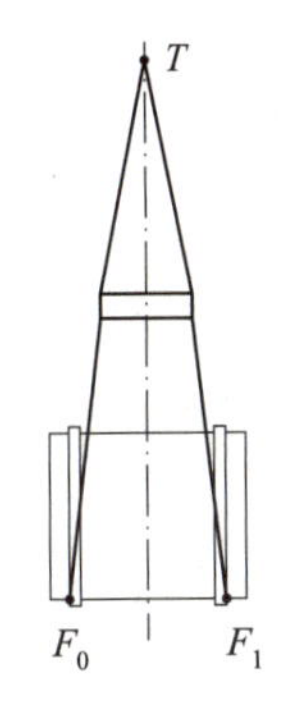

图 6-37　绳向下开口示意

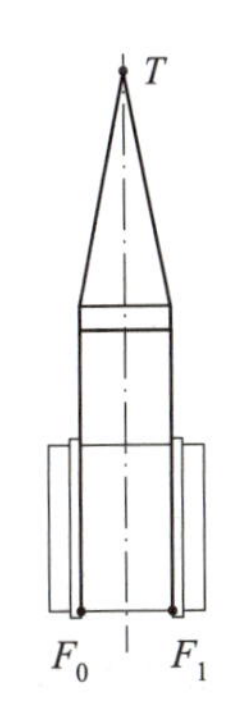

图 6-38　两绳处于平行状态示意

五、对工序能力的要求

这是一个起重机吊一件被吊物体的情形。吊其他的被吊物体，力的作用线的夹角也不能向上开口；现场作业的工人要牢记这一点，这样做就能防止出现意外；吊具设计师也要认识这个原理。

六、两台起重机吊一件被吊物体

吊装工程当中，经常有两台起重机吊一件被吊物体的情况，这时要保持两个起重机垂下的钢丝绳平行，在被吊物体移动过程中，两起重机要保证同步，时刻保持垂下的钢丝绳平行。如果保持平行有困难，要保持两个起重机的钢丝绳形成的夹角向下，不能向上，尤其是长度较短的被吊物体；因此对于尺寸较短的被吊物体，尽量使用一个起重机进行吊装。

如果出现图 6-39 所示的吊装状态，就很容易出现振动、摇摆，严重时就会出现翻转，应该尽量避免出现这种现象。

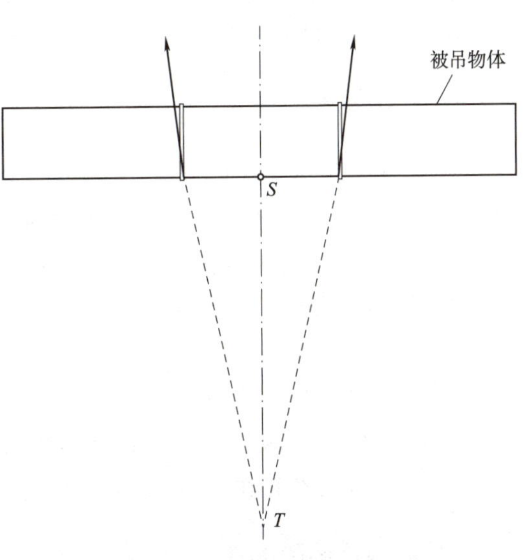

图 6-39　两台起重机错误吊装方法

如果一定要用两台起重机吊一个被吊物体，应当按照图 6-40 所示情况进行吊装。要注意以下几点：

1. 起重机额定能力最多用到 50%，包括承载重量和承载力矩，起吊前一定要查看起重机的曲线。

2. 两台起重机一定要慢慢升起和转动，起重机不要移动，如果是在同一轨道上的两台桥式起重机可以在确认等高和等距的情况下，再进行移动，如果是要同时控制两台起重机，就比较容易实现同步状态。

3. 地面要有人观察，发现问题及时纠正。

4. 限制起重机移动和伸出的距离，事前要做好计算和测量，对临界点做好标记。

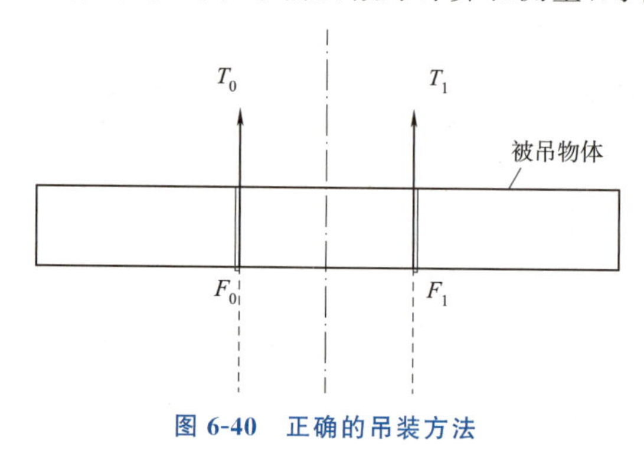

图 6-40　正确的吊装方法

第五节　重心、吊心和稳心的概念和关系

结合上一节木箱失稳的分析，本节详细讨论一下“三心”的概念和失稳判据，从理论上解决被吊物体吊运时的判断问题，从而在实践中判断具体的吊运体系是否会出现失稳现象。

一、“三心”的概念

按照现有的技术原理进行分析，很难阐述清楚木箱失稳的原因，这也是各地吊装现场反复发生事故的原因，现场操作人员也很难直观地进行稳定性判断；为此本章引入“三心”的概念，根据“三心”的位置关系，吊装现场的工作人员就可以直观地对吊具和箱件组成的系统进行稳定性判断。

这“三心”分别是：重心、吊心和稳心。吊心和稳心是本书创造的新概念。

1. 重心是被吊物体受到重力的中心点，代号 G。

2. 吊心是作用在被吊物体的若干作用力作用线的交点，代号 T。

3. 稳心是作用在被吊物体的作用力作用点的中心点，代号 S。

二、吊心和重心的关系

吊心和重心的关系有四种状况：吊心在重心之上；吊心在重心之下；吊心与重心重合；

吊心在无穷远处,即被吊物体受到平行向上的力系的作用。前三种情况,吊心的位置均可以通过某种方法确定,而第四种情况无法确定吊心的位置。

(一)吊心在重心之上

作用在被吊物体的若干作用力作用线的交点在重心之上。吊心在重心之上,例如两根绳子吊一个木箱,上部向内倾斜(图 6-37),吊心就在箱子重心的上方,因而吊运系统是稳定的,一般的干扰不会引起吊装的稳定性失效;只有当起重机加速向一个方向运动时,加速度超过判据的数值,才会引起失稳。

(二)吊心在重心之下

作用在被吊物体的若干作用力作用线的交点在重心之下。吊心在重心之下,容易出现失稳现象,尤其是兜着箱底吊装的情况,运动控制不好就容易出现失稳现象,如图 6-36 所示。

(三)吊心和重心重合

作用在被吊物体的若干作用力作用线的交点和重心重合,吊心在重心的位置。

1. 第一种情况是两根绳交叉吊装时会产生的状态,这个时候,交叉点在同一高度,实践中这样应用的情况很少,如图 6-41 所示。

2. 第二种情况是二根绳重合在中间位置的吊装的状态,这个时候,处于随遇平衡状态,如图 6-42 所示。

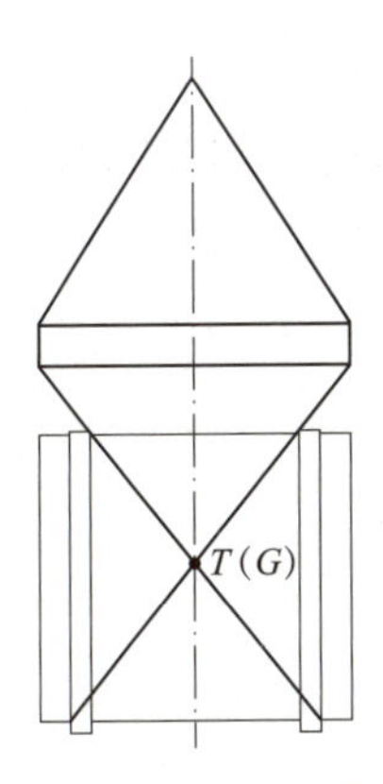

图 6-41　吊心与重心重合图(一)

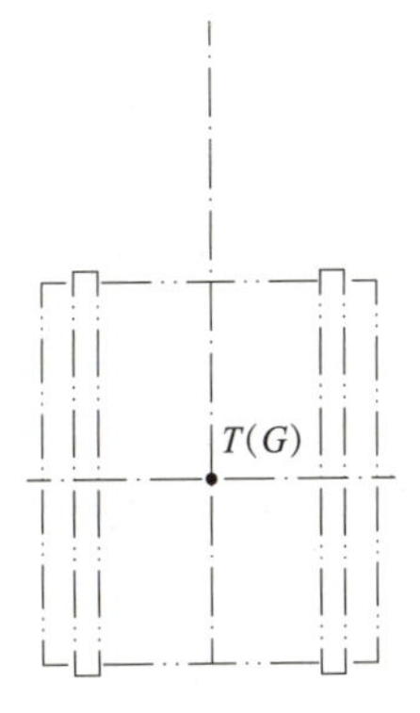

图 6-42　吊心与重心重合图(二)

(四)吊心在重心的无穷远处

被吊物体受到平行向上的力系的作用。吊心在无穷远处,被吊物体处于相对随遇平衡状态,如果移动的加速度过大,或者 T_0 和 T_1 移动不同步,就容易出现失稳现象,如果作用力是平行状况,要十分注意移动的速度,尤其是加速度,确保吊运的安全,如图 6-40所示。

三、稳心和重心的关系

稳心和重心的关系有三种情况,分别是稳心在重心之下,稳心在重心之上,稳心和重心重合,下面分别讨论。

(一)稳心在重心之下

吊木箱时用两根钢丝绳从箱子下表面兜起来,稳心就是在重心之下;这是吊装的多数状态，一般吊装要采取这种状态，确保安全，如图 6-43 所示。

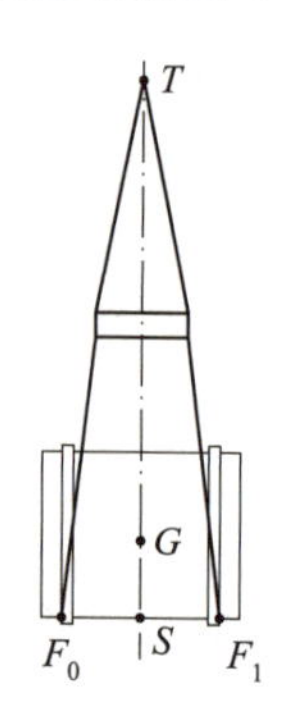

图 6-43　稳心在重心之下

（二）稳心在重心之上

吊木箱时用两根钢丝绳在箱子的上部找四个吊点，把箱子吊起来，这时稳心就是在重心之上；这是吊装的稳定状态，一般情况下不会失稳。即使吊运时速度变化较快，也不会发生失稳现象，如图 6-44 所示。这也是吊装时一种比较好的状态。

（三）稳心和重心重合

吊木箱时在箱子的中部找四个吊点，用四根钢丝绳连接好，稳心就是与重心重合，如图 6-45 所示；这时吊装处于随遇平衡状态，多数情况下要进行判断，从而做出选择。

如果用两根绳子连接吊点，会有两种情况：一种是被吊物体是一个实体，虽然是随遇平衡状态，这时也是稳定的；另一种是被吊物体不是实体，是一个箱子里装着其他被吊物体，箱内的被吊物体会发生一定程度的移动，这种情况随时会变成不稳定状态，这时如果移动的加速度大一些，就会失稳。

吊运电缆卷时，稳心与重心近似重合。

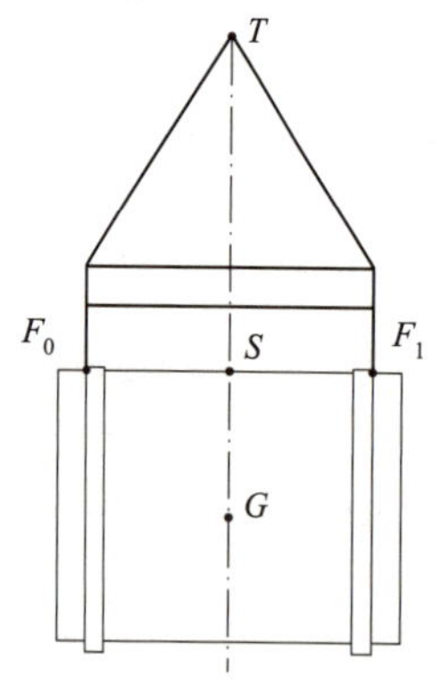

图 6-44　稳心在重心之上

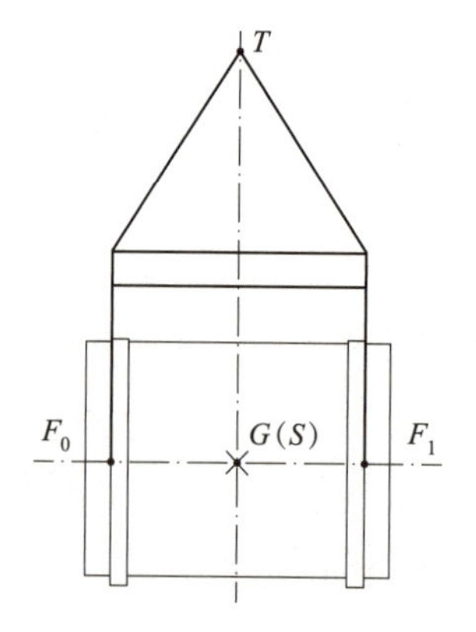

图 6-45　稳心与重心重合

四、重心、吊心和稳心三者之间的相互关系

吊心和稳心相对重心的位置会对吊装的稳定性产生重要影响，以吊木箱为例，“三心”

的组合共有十二种情况，每种组合情况见表 6-2，设计吊具、现场组装吊具和吊具监督时可以参照。

表 6-2　重心、吊心和稳心三者之间的相互关系

序　　号	1	2	3
吊心相对重心的位置	上	上	上
稳心相对重心的位置	上	下	重合
稳定性判断	稳定	一般	一般
应用建议	可用	可用，控制加速度	可用，控制加速度
简　　图	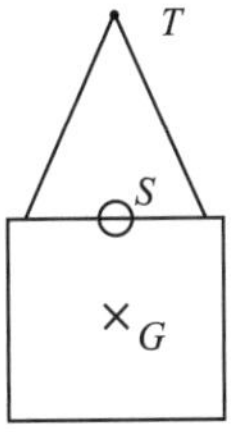 T S G	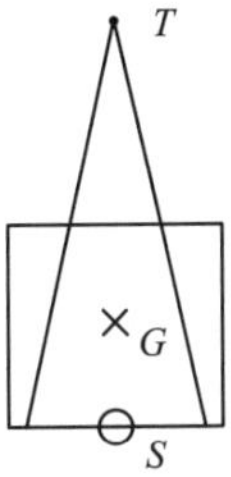 T G S	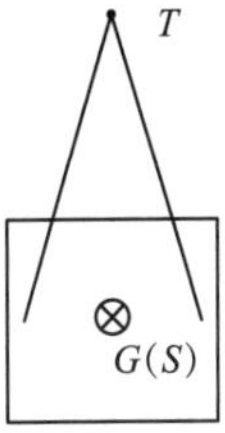 T G(S)
序　　号	4	5	6
吊心相对重心的位置	下	下	下
稳心相对重心的位置	上	下	重合
稳定性判断	稳定	不稳定	一般
应用建议	可用	不可用	可用，控制加速度
简　　图	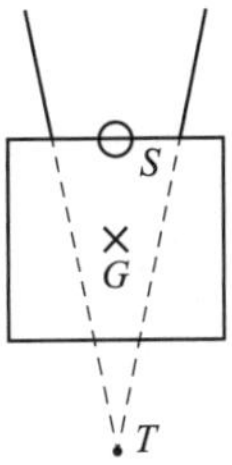 S G T	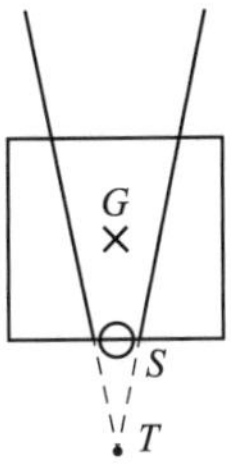 G S T	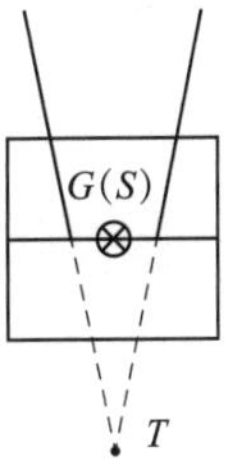 G(S) T
序　　号	7	8	9
吊心相对重心的位置	重合	重合	重合
稳心相对重心的位置	上	下	重合
稳定性判断	一般	不稳定	一般
应用建议	可用，控制加速度，无特殊情况应避免	不可用	轴对称被吊物体可用，其他被吊物体尽量避免
简　　图	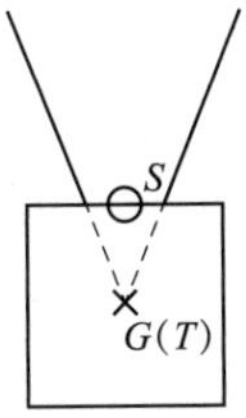 S G(T)	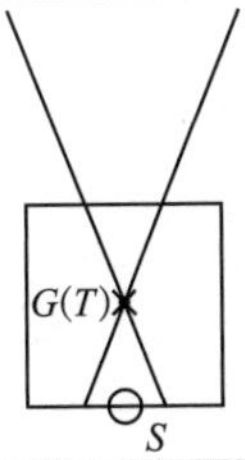 G(T) S	 G(S、T)

续上表

序　　号	10	11	12
吊心相对重心的位置	无穷远(平行力)	无穷远(平行力)	无穷远(平行力)
稳心相对重心的位置	上	下	重合
稳定性判断	稳定	一般	一般
应用建议	可用(集装箱方式)	可用,控制加速度	可用,控制加速度
简　　图	T T S G	T T G S	T T $G(S)$

注:(1)上述判断一般是基于一台起重机,四个吊点状态下的判断。

(2)稳定性还和绳索跟吊点的连接方式有关,本表中是绳索是托举和拴结的方式。

设计师设计吊具或者生产组织者在吊装现场组装和使用吊具时,要想好吊装方案,控制好“三心”的位置。无论是两个吊点、四个吊点、六个吊点或者八个吊点,都要认真思考,吊具组装完成要分析“三心”的位置。掌握好理论,不断思考与实践,就会避免发生吊具稳定性事故。

有了“三心”的概念和“三心”的理论,判断吊具和被吊物体结合后构成吊装系统的稳定性就有了理论依据,就可以在吊装生产中避免失稳跌落现象的发生,减少损失,降低事故发生的概率。

第七章　吊具常用零部件和材料

设计吊具的时候，有许多零部件可以选用，不用自己重新设计，这些零部件有的是国家标准零部件，有的是行业标准零部件，有的是各个企业的标准件。了解和掌握这些标准，正确使用标准零部件，可以加快设计进程，减少设计工作量，规避技术风险，质量会有保障。

第一节　卸　　扣

卸扣是吊具设计中经常使用的零件，了解卸扣的性能，掌握使用卸扣的方法，对吊具设计具有重要意义。

一、卸扣主要术语

1. 卸扣。由扣体和销轴两个易拆零件装配成的组合器件，能把绳索的力传递给钢结构。

2. 扣体。扣体是卸扣的两个零件之一，呈 U 形，由一根适当截面的棒材经弯曲锻制而成，两端带有同轴环眼。

3. 销轴。穿过扣体环眼的圆棒，一般和结构件相连，穿过扣体的孔和结构件的孔，其就位时安全可靠，并便于拆卸。

4. 极限工作载荷。在一般情况下卸扣能承受的设计最大载荷称为极限工作载荷，按照极限工作载荷，国家标准把卸扣分为 4 级、6 级和 8 级。

(1)同一尺寸的卸扣，有三个等级可以选用，以满足不同的空间和承载的需求，4 级承载最小，8 级承载最大。

(2)同一额定承载量的卸扣，三个等级会有三个尺寸，三个等级的卸扣尺寸是不同的，4 级卸扣尺寸最大，8 级卸扣尺寸最小。

(3)一个实物卸扣，尺寸是固定的，只能有一个等级，一个额定承载值。

二、卸扣主要类型

目前，国家标准中有三款卸扣标准，分别是：《浮筒卸扣》(GB/T 10101—1988)、《锚卸扣》(GB/T 547—1994)、《一般起重用 D 形和弓形锻造卸扣》(GB/T 25854—2010)。

(一)尺寸及规格

D 形卸扣如图 7-1 所示，规格数据见表 7-1；弓形卸扣如图 7-2 所示，规格数据见表 7-2。

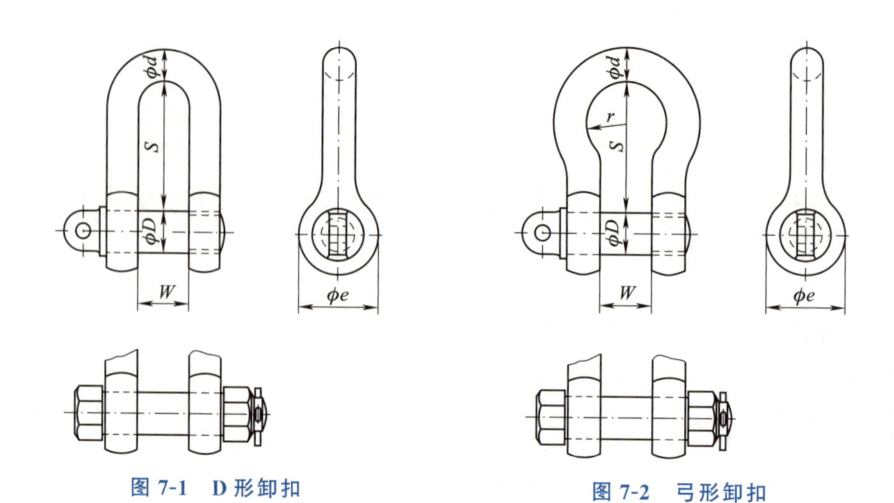

图 7-1　D 形卸扣　　　图 7-2　弓形卸扣

表 7-1　D 形卸扣尺寸

极限工作载荷 W_{LL}			d	D	e	S	W
4 级	6 级	8 级	max	max	max	min	min
t			mm				
0. 32	0. 5	0. 63	8	9	19. 8	18	9
0. 4	0. 63	0. 8	9	10	22	20	10
0. 5	0. 8	1	10	11. 2	24. 64	22. 4	11. 2
0. 63	1	1. 25	11. 2	12. 5	27. 5	25	12. 5
0. 8	1. 25	1. 6	12. 5	14	30. 8	28	14
1	1. 6	2	14	16	35. 2	31. 5	16
1. 25	2	2. 5	16	18	39. 6	35. 5	18
1. 6	2. 5	3. 2	18	20	44	40	20
2	3. 2	4	20	22. 4	49. 28	45	22. 4
2. 5	4	5	22. 4	25	55	50	25
3. 2	5	6. 3	25	28	61. 8	56	28
4	6. 3	8	28	31. 5	69. 3	63	31. 5
5	8	10	31. 5	35. 5	78. 1	71	35. 5
6. 3	10	12. 5	35. 5	40	88	80	40
8	12. 5	16	40	45	99	90	45
10	16	20	45	50	110	100	50
12. 5	20	25	50	56	123. 2	112	56
16	25	32	56	63	138. 6	125	63
20	32	40	63	71	156. 2	140	71
25	40	50	71	80	178	160	80
32	50	63	80	90	198	180	90

续上表

极限工作载荷 W_{LL}			d	D	e	S	W
4 级	6 级	8 级	max	max	max	min	min
t			mm				
40	63	80	90	100	220	200	100
50	80	100	100	112	246.4	224	112
63	100	—	112	125	275	250	125
80	—	—	125	140	3.8	280	140
100	—	—	140	160	352	315	160

表 7-2　弓形卸扣尺寸

极限工作载荷 W_{LL}			d	D	e	$2r$	S	W
4 级	6 级	8 级	max	max	max		min	min
t			mm					
0.32	0.5	0.63	9	10	22	16	22.4	10
0.4	0.63	0.8	10	11.2	24.64	18	25	11.2
0.5	0.8	1	11.2	12.5	27.5	20	28	12.5
0.63	1	1.25	12.5	14	30.8	22.4	31.5	14
0.8	1.25	1.6	14	16	35.2	25	35.5	16
1	1.6	2	16	18	39.6	28	40	18
1.25	2	2.5	18	20	44	31.5	45	20
1.6	2.5	3.2	20	22.4	49.28	35.5	50	22.4
2	3.2	4	22.4	25	55	40	56	25
2.5	4	5	25	28	61.8	45	63	28
3.2	5	6.3	28	31.5	69.3	50	71	31.5
4	6.3	8	31.5	35.5	78.1	56	80	35.5
5	8	10	35.5	40	88	63	90	40
6.3	10	12.5	40	45	99	71	100	45
8	12.5	16	45	50	110	80	112	50
10	16	20	50	56	123.2	90	125	56
12.5	20	25	56	63	138.6	100	140	63
16	25	32	63	71	156.2	112	160	71
20	32	40	71	80	178	125	180	80
25	40	50	80	90	198	140	200	90
32	50	63	90	100	220	160	224	100
40	63	—	100	112	246.4	180	224	112
50	80	—	112	125	275	200	280	125

续上表

极限工作载荷 W_{LL}			d	D	e	$2r$	S	W
4 级	6 级	8 级	max	max	max		min	min
t			mm					
63	100	—	125	140	3.8	224	315	140
80	—	—	140	160	352	224	355	160
100	—	—	160	180	396	280	400	180

(二)选用原则

D形卸扣和弓形卸扣的选用原则如下：

1. 设计师做吊具设计，优先选用一般起重用D形卸扣和弓形卸扣，只是在特殊的条件下才会选用浮筒卸扣和锚卸扣。

2. D形卸扣和弓形卸扣只要满足拉力需求和安装尺寸需求，都可以选用，没有本质的区别。

3. 在两种卸扣都可以满足使用要求的情况下，推荐选用D形卸扣。

4. 如果卸扣环内通过两根(或者三根)绳索，推荐选用弓形卸扣。

5. 如果通过卸扣环内的绳索较粗，推荐选用弓形卸扣。

三、卸扣使用、保管及报废

(一)使用卸扣注意事项

设计吊具时，使用卸扣应注意以下事项：

1. 应该使用合格产品。

2. 卸扣不能横向使用。

3. 避免卸扣连接卸扣，更不能3个以上的卸扣串联使用。

4. 绳索拉力的方向要垂直于销轴的轴线，并且要通过扣体的中间线，图7-3所示为错误的使用方法。

图7-3　卸扣的错误用法

5. 卸扣如果连接带孔肋板，肋板厚度的尺寸应该大于卸扣尺寸 W 的 90%，防止拉断销轴，防止撕裂肋板；销体内侧的每一侧至少留 1 mm 的间隙，以方便装卸卸扣，方便卸扣自由地转动。肋板的孔，应该采用钻削或者车削的方法加工出来，孔的内表面粗糙度数值应该不大于 $Ra6.3$；孔的尺寸应该大于 D 的数值 1～3 mm。

6. 载荷不能超过卸扣的额定负荷。

7. 卸扣应该在常温下使用（－50 ℃～100 ℃），对于超低温环境、高温环境使用的卸扣，应当特殊采购和订货。

8. 一般情况下，在设计阶段应当避免使用横销无螺纹的卸扣。

9. 如果在吊装过程中，卸扣需要反复多次拆装，就选用 W 型销轴，带孔和台肩的螺纹销轴。

10. 如果在吊装过程中，卸扣不需要反复多次拆装，就选用 X 型六角头型销轴，带六角螺母和开口销。

（二）卸扣的检查报废及保管

1. 卸扣使用前的检查

（1）检查是否为合格产品。

（2）不能使用材质为铸铁或铸钢的卸扣。

（3）卸扣表面外观应当清洁、光滑和平整，不允许有裂纹、凹坑、锐边、过烧等缺陷。

（4）不应在卸扣上进行二次机械加工，包括钻孔、磨削、车削或焊接等操作。

（5）卸扣扣体和轴销发生了永久变形，这种现象说明零件已经失效，失效的卸扣不得进行修复，不能使用。

（6）每次使用前，应检查扣体和插销，如果发现严重磨损、变形和裂纹，不能使用。

（7）卸扣不能横向使用，卸扣横向不得受拉力，轴销必须插好保险销。

（8）正确装配轴销后，扣体内宽度尺寸不得明显减少，螺纹连接良好，连接后的销轴，卸扣体内侧螺纹外露部分长度不得大于一个螺距。

（9）使用前要核对载荷，每次使用卸扣时不得超过卸扣的额定负荷。

（10）检查卸扣里是否存在销轴无螺纹的卸扣，如果有无螺纹的卸扣，要更换成有螺纹的卸扣，由于条件所限不能更换的，要采取有效的保护措施，确保安全。

2. 卸扣报废标准

（1）目测有明显永久变形。

（2）销轴安装不上，轴销不能自由转动。

（3）扣体和轴销任何一处截面磨损量达原尺寸的 10％以上。

（4）卸扣任何位置出现裂纹。

（5）卸扣不能闭锁。

（6）卸扣试验后不合格。

（7）卸扣本体及轴销有大面积的腐蚀或锈蚀时，或者被加工、被焊接时，应立即报废。

3. 卸扣的保管

（1）放置在干燥处，防止生锈，远离酸碱物质。

（2）横销要放在弯环孔内，螺纹涂油。

(3)不能从高处抛下撞击地面。

(4)吊具配套的卸扣,要安装在原位置,防止丢失和差错。

第二节　钢丝绳夹

钢丝绳夹是常用的吊装零部件,在临时使用钢丝绳的时候,能及时做好钢丝绳套,满足吊装需求。钢丝绳夹的样式如图 7-4 所示,规格数据见表 7-3。

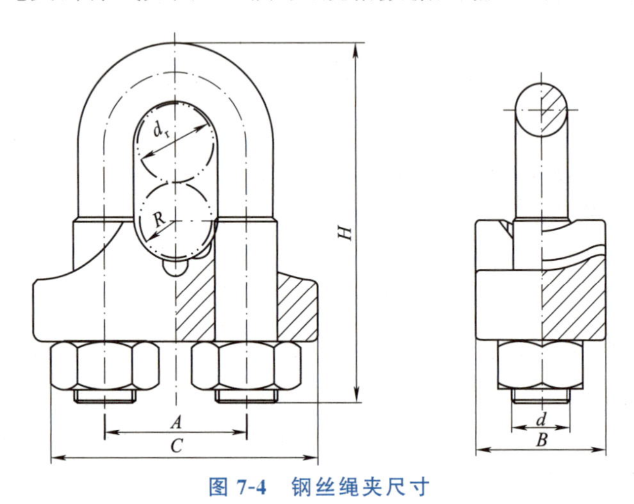

图 7-4　钢丝绳夹尺寸

表 7-3　钢丝绳夹规格尺寸表

钢丝绳公称直径 d_r(mm)	尺寸(mm)						螺母 d	单组质量 (kg)
	适用钢丝绳公称直径 d_r	A	B	C	R	H		
6	6	13.0	14	27	3.5	31	M6	0.034
8	>6～8	17.0	19	36	4.5	41	M8	0.073
10	>8～10	21.0	23	44	5.5	51	M10	0.140
12	>10～12	25.0	28	53	6.5	62	M12	0.243
14	>12～14	29.0	32	61	7.5	72	M14	0.372
16	>14～16	31.0	32	63	8.5	77	M14	0.402
18	>16～18	35.0	37	72	9.5	87	M16	0.601
20	>18～20	37.0	37	74	10.5	92	M16	0.624
22	>20～22	43.0	46	89	12.0	108	M20	1.122
24	>22～24	45.5	46	91	13.0	113	M20	1.205
26	>24～26	47.5	46	93	14.0	117	M20	1.244
28	>26～28	51.5	51	102	15.0	127	M22	1.605
32	>28～32	55.5	51	106	17.0	136	M22	1.727
36	>32～36	61.5	55	116	19.5	151	M24	2.286

续上表

钢丝绳公称直径 d_r(mm)	尺寸(mm)						螺母 d	单组质量 (kg)
	适用钢丝绳公称直径 d_r	A	B	C	R	H		
40	>36～40	69.0	62	131	21.5	168	M27	3.133
44	>40～44	73.0	62	135	23.5	178	M27	3.470
48	>44～48	80.0	69	149	25.5	196	M30	4.701
52	>48～52	84.5	69	153	28.0	205	M30	4.897
56	>52～56	88.5	69	157	30.0	214	M30	5.075
60	>56～60	98.5	83	181	32.0	237	M36	7.921

一、主要部件及选用原则

(一)主要部件

1. 钢丝绳夹由夹座、U 形螺栓、垫圈和螺母构成。

2. 夹座的材料一般是 Q235-B/QT450-10/KTH350-10/ZG270-500 等,可以铸铁制造,也可以锻造制造。选择锻造还是铸造,要根据使用的场合和使用时间的长短来确定,如果是一次性使用,可以选用铸铁材料。

3. U 形螺栓由 Q235-B 制造。

4. 螺母选用标准规定的国标螺母,长期使用一定要选用镀锌螺母,要防松。

(二)选用原则

1. 要选用合格产品。

2. 钢丝绳夹要按照国家标准来选用,目前国家标准中只有这一种型式的钢丝绳夹,选用的时候,尽量选用这种钢丝绳夹。但是国际上还有另外两种,一个是 U 形绳卡,一个是 L 形绳卡,国家标准没有列入,这里就不做介绍了。国标的这个钢丝绳夹,俗称猫爪,或者骑马式绳卡。

3. 如果是受力很大、较长时间使用的钢丝绳夹,建议选用铸钢材质,如果是受力不大、一次性使用,也可以选用铸铁材质。

4. U 形环的内侧距离要以比钢丝绳直径大 1～3 mm 为宜;小了,容易伤绳子,大了不易卡紧绳子。

二、使用方法及注意事项

(一)使用方法

1. 钢丝绳夹的使用方法见国家标准 GB/T 5976—2006 的附录 A。

2. 钢丝绳夹用在钢丝绳的尾段上,尽可能不用于两根钢丝绳的对接。

3. 为了安全,每个绳卡应拧紧至 U 形螺栓内的钢丝绳压扁 1/3 为标准。

4. 起重作业开始后,要仔细检测钢丝绳夹是否移动,如果移动,要停止吊装作业,重新拧紧,见表 7-4。

表 7-4　绳卡使用方式比较

第一种模式		正确
第二种模式		错误
第三种模式		错误
第四种模式		错误

5. 起重力 5 t 以上,或者起重设备价值较高时,为了便于目测观察,可以在绳端头处加一检测绳卡,如图 7-5 所示,钢丝绳使用过程中,随时观察最后一段是否出现移动现象,以便及时采取措施加以解决,拱起段长度 500 mm 左右,剩余自由段长度等于两个绳卡的间距。

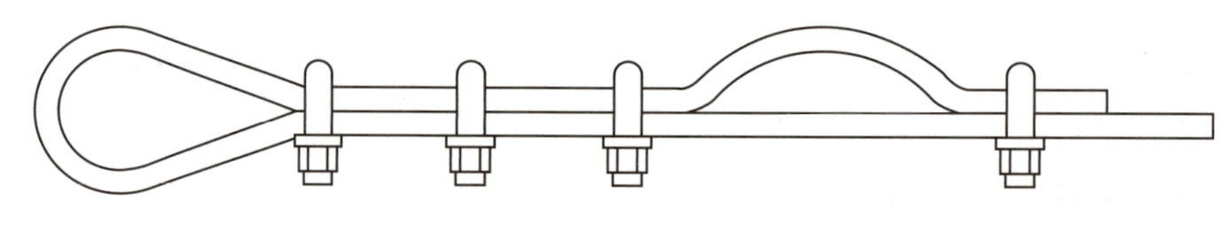

图 7-5　绳端头加测绳卡示意

拱起的一段就是观察段,如果拱起消失,要马上停止作业,进行处理。绳卡的使用数量和间距,见表 7-5。

表 7-5　绳卡使用数量和间距表

钢丝绳直径(mm)	11	12	16	19	22	25	28	32	34	38	50
绳卡数量	3	4	4	5	5	5	5	6	7	8	8
绳卡间距(mm)	80	80	100	120	140	160	180	200	220	230	250

(二)注意事项

1. 绳卡适合于一次性作业、临时作业和低速作业等场合,对于高速、重载、冲击和多次、反复、长时间使用的条件,还是要使用插接、压接等方法。

2. 绳卡的另一个优点是便于观察,对检查有特殊要求的场合,如果是长期使用,综合考虑后可以采用钢丝绳夹;如果没有特殊要求,还是优先使用插编绳套的钢丝绳。

3. 绳卡的使用方向应当注意,按照图 7-5 所示,选择正确的方式使用绳卡。

第三节　花篮螺栓

花篮螺栓又称拉紧器、索具螺旋扣等，是吊装过程中常用的有一种零件，主要是对大型货物在绑扎固定时使用，用来拉紧钢丝绳，能够调节钢丝绳的松紧度，在吊装前后用来绑扎货物。

花篮螺栓尚无国家标准，都是企业标准，有的采用美标、英标等外国标准，各个企业的产品虽然大致相同，细节还是有很多差异，选用时要仔细研究各个企业的样本，根据具体情况和现场需要，选用合适的产品。

花篮螺栓由三段构成，中间是一个长长的螺母，两端的内螺纹方向不同，一个是左旋，一个是右旋；两端的螺栓一个是左旋，一个是右旋，这样旋转中间的螺母，就可以实现松开或者拉紧。

按照两头的连接结构，可以分为 6 种类型，见表 7-6。

表 7-6　花篮螺栓类型表

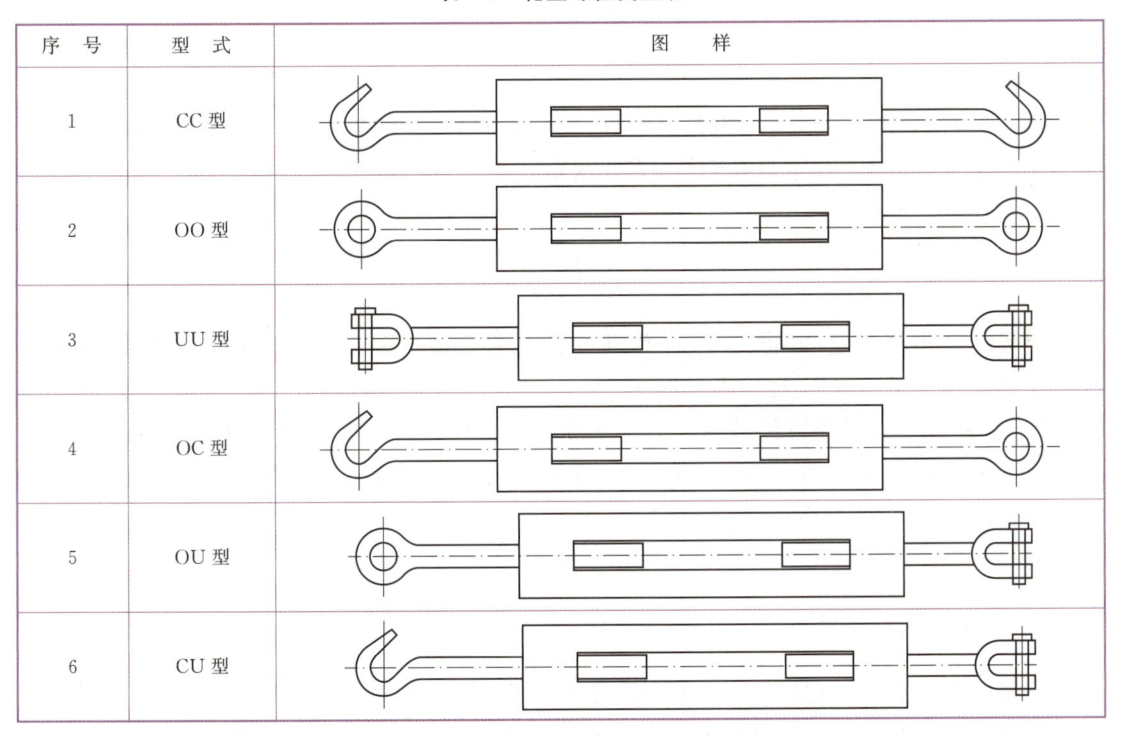

序　号	型　式	图　　样
1	CC 型	
2	OO 型	
3	UU 型	
4	OC 型	
5	OU 型	
6	CU 型	

花篮螺栓的选用，要遵循安全、适用和经济的原则，一般要做到以下几点：

1. 要计算好需要的拉力，才能选定螺栓的直径。

2. 选用合适的伸缩长度。

3. 经常拆卸的场合，建议选 C 形接头，不常拆卸的场合选用 O 形接头，如果受力较大，还要拆卸就选用 U 形接头。

4. 根据需要,可以进行组合,在6种型式中选用合适的组合类型。

5. 使用花篮螺栓的时候,除了两端,中间不能和其他物体接触,花篮螺栓也不能承受弯曲载荷。表7-7为某公司的花篮螺栓规格表。

表7-7　花篮螺栓规格表

M	*A*	*B*	*C*	*D*
M5	163	118	70	8
M6	215	162	110	10
M8	248	175	110	11
M10	318	222	125	12
M12	381	244	125	14
M16	529	346	170	16

设计吊具,装载货物时,选用花篮螺栓,要根据具体的供货商的产品规格表,来选择具体的花篮螺栓尺寸,这样才有针对性,方便采购。

第四节　合成纤维吊装带

合成纤维吊装带是20世纪90年代开始普及的新型吊带,1997年,中华人民共和国机械工业部发布了第一个行业标准:JB/T 8521—1997,为合成纤维吊装带的发展奠定了基础,目前各种规格的产品已经非常丰富,得到广泛应用。目前可以查阅的标准有两个,分别是:《编织吊索　安全性　第1部分:一般用途合成纤维扁平吊装带》(JB/T 8521.1—2007)《编制吊索　安全性　第2部分:一般用途合成纤维圆形吊装带》(JB/T 8521.2—2007)。

一、吊装带类型及特点

按照外观形状,合成纤维吊装带一般分为扁平吊装带和圆形吊装带两类,如图7-6和图7-7所示。扁平吊装带的材料有三种:尼龙纤维,也称聚酰胺合成纤维;涤纶纤维,也称聚酯合成纤维;丙纶纤维,也称聚丙烯合成纤维。圆型吊装带的材料是涤纶纤维,也称聚酯合成纤维,芯料是涤纶长丝环绕而成;外层是用涤纶长丝编制的布作为保护层。

合成纤维吊装带特点:

1. 轻便。吊带非常易于搬运、操作和储藏,吊带重量是同等载荷金属吊索具的四分之一。

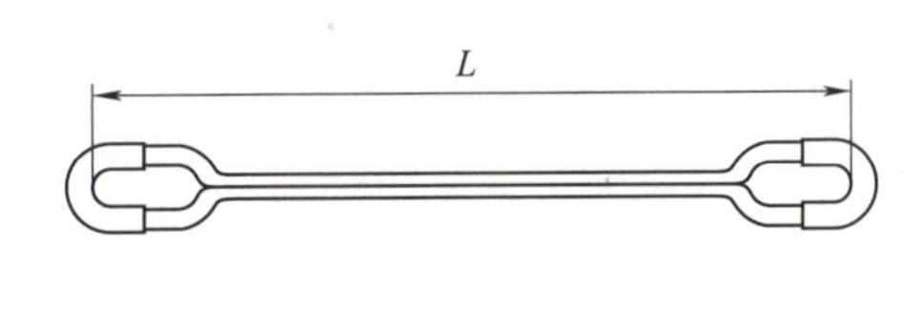

图 7-6　扁平吊装带

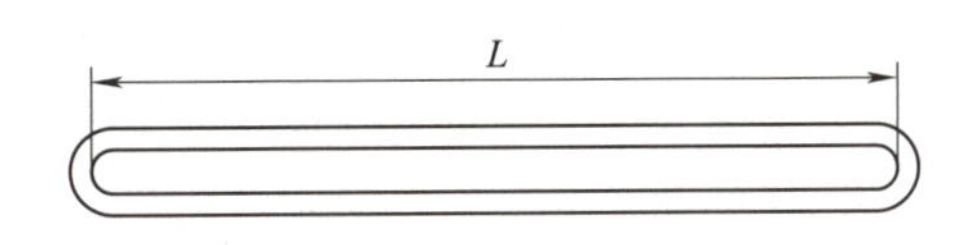

图 7-7　圆形吊装带

2. 柔软。人员搬运的时候，不会划伤手臂；吊运物体时，不会损伤吊件表层(包括油漆层)。

3. 可靠。在使用过程中有减振、耐腐蚀、耐老化、不导电的特性；在易燃易爆环境下使用，不会产生火花。

4. 易查。吊带使用状况一目了然，日常安全检查直观、简单，可以认为看起来外观完好的吊带，性能就是完好的。

5. 绝缘。不导电，不导热。

二、合成纤维吊装带的使用及保管

(一)使用注意事项

合成纤维吊装带使用时需要注意以下事项：

1. 不能超载：一定按照额定载荷使用吊带，不能超载。

2. 不能打结：吊带使用，自己不能打结，也不能两条以上的吊带打结连接使用。

3. 不能打拧：吊带使用时，不能拧成麻花状使用，也不能两根拧在一起。

4. 不能切割：使用和存放的时候，避免接触锐利的、锋利的角和边缘。

5. 避免拖曳：移动吊带时，不能把吊带放到地面上拖曳，防止损伤吊带。

6. 避免碰撞和冲击：吊运过程中，不要让吊带碰撞其他物体，也不要让吊带承受冲击载荷。

7. 正确连接：在和被吊物体、销轴和卸扣等连接件连接时，要正确连接，防止出现斜拉、转弯和曲率半径过小情况。

8. 避免长时间悬停：不能用吊带吊着物体在空中长时间悬停，停工后要把吊着的物体放下，不能悬着到第二天接着干活。

9. 避免高温和低温：吊带的使用温度是－40～＋100 ℃，不能在高温和低温下使用，也不能在高温和低温下存放。

10. 妥善存放：放在通风、阴凉和干燥的环境里，防止潮湿、霉变和鼠咬。

11. 避免日照：不使用的时候，在室内存放，避免太阳光线的长期照射，避免电焊弧光的照射，避免紫外线对吊带的损伤。

12. 避免接触酸碱：吊装带要避免吊装酸碱等物质，更要避免直接接触；如果必须使用吊装带时，要特殊订货，采取保护措施。

13. 避免熔融的金属：不能用来吊装熔融的钢水等钢水包。

14. 避免吊装玻璃：吊装玻璃的时候，不能使用吊装带。

15. 避免核辐射：反应堆运行后，反应堆车间内吊装各种物体时，不能使用吊装带。

16. 避免刺破：吊带不能挂在吊钩钩尖上，防止刺破吊带。

17. 避免挤压：挂在吊钩内时，防止两根吊带互相挤压。

18. 及时清洗：吊带长时间被雨淋后，要进行清洗，晾干后再用；吊带短时间沾染酸碱等物质后，要进行水洗，晾干后再用。

（二）报废标准

1. 使用时间过期，应当报废；室内使用 7 年，室外使用 3 年。

2. 露天作业，露天存放超过半年的吊装带。

3. 当软环缝合处撕开时。

4. 吊带与原来颜色改变较大时。

5. 当吊带表面损伤，被尖锐物体划伤、割伤、烫伤，吊带边缘出现断裂时。

6. 当吊带长度突然变长时。

7. 当吊带表面绒毛较多，承载时绒毛竖起，不能分辨带纹时。

8. 当缝纫线断裂，导致吊环眼形状变形时，要报废。

9. 当缝纫线断裂，吊带有层间剥离时，要报废。

（三）吊带的颜色

有的厂家制定了吊带颜色和额定承载力标准，形成一种习惯，方便从业者使用（实际使用时，还要根据吊带上的文字验证），见表 7-8。

表 7-8　吊带颜色表

序号	1	2	3	4	5	6	7	8	9
颜色									
吨位(t)	1 000	2 000	3 000	4 000	5 000	6 000	8 000	10 000	12 000

（四）极限工作载荷

合成纤维吊装带上都有标识，明确标定了吊带的额定载荷，使用的时候不能超过这个载荷。

但是,实际吊装生产实践中,使用的情况非常复杂,多数情况下吊带都不是垂直方向的拉伸,因此不能按照额定载荷去使用;这个时候就需要使用者进行计算,确定吊带的极限工作载荷,如果现场的使用者不能确定吊带承受工作载荷的数值,或者情况非常复杂,要请专业的技术人员来计算和认定,不能盲目冒险。

设计吊具时可以参考表 7-9,许多吊带的生产厂,都提供了详细的工作方式和极限工作载荷的关系,制成图表供设计时参考。

表 7-9　极限工作载荷和颜色代号表

吊带垂直提升时的极限工作载荷(t)	峰值织带部件颜色	极限工作载荷(t)								
		垂直提升	扼圈式提升	吊篮式提升			两肢吊索		三肢和四肢吊索	
				平行	$\beta=0^\circ \sim 45^\circ$	$\beta=45^\circ \sim 60^\circ$	$\beta=0^\circ \sim 45^\circ$	$\beta=45^\circ \sim 60^\circ$	$\beta=0^\circ \sim 45^\circ$	$\beta=45^\circ \sim 60^\circ$
		$M=1$	$M=0.8$	$M=2$	$M=1.4$	$M=1$	$M=1.4$	$M=1$	$M=2.1$	$M=1.5$
1.0		1.0	0.8	2.0	1.4	1.0	1.4	1.0	2.1	1.5
2.0		2.0	1.6	4.0	2.8	2.0	2.8	2.0	4.2	3.0
3.0		3.0	2.4	6.0	4.2	3.0	4.2	3.0	6.3	4.5
4.0		4.0	3.2	8.0	5.6	4.0	5.6	4.0	8.4	6.0
5.0		5.0	4.0	10.0	7.0	5.0	7.0	5.0	10.5	7.5
6.0		6.0	4.8	12.0	8.4	6.0	8.4	6.0	12.6	9.0
8.0		8.0	6.4	16.0	11.2	8.0	11.2	8.0	16.8	12.0
10.0		10.0	8.0	20.0	14.0	10.0	14.0	10.0	21.0	15.0
>10.0										

注:表中 M 代表吊带这种方式的吊装力和垂直提升方式吊装力的比值。

(五)选用吊带的流程

1. 计算提升物体需要的力,要把吊具自身的重量计算进去。
2. 确定吊具的形式,从而确定吊带的数量。
3. 根据吊带的数量,计算吊带承受的力。
4. 根据受力数值和吊具尺寸,选择吊带的规格。
5. 根据使用方式,选择吊带的型号。
6. 选择好吊带的型号和规格后,验算吊带的受力是否小于额定载荷。
7. 吊具做好后,要到现场进行检查和验证,看是否干涉,看是否满足载荷要求。
8. 试吊,看第一次吊运物体时有无异常现象。

(六)保管铁箱

使用合成纤维吊装带的吊具,吊具制造完成后,应当为吊带制作一个铁箱,当吊具不工作的时候,把吊带拆卸下来,把吊带放到铁箱里,防止损坏吊带,防止日照,防止刮碰与污染,防止丢失。

箱子里应当留出一个适当的空间,放置卸扣、螺栓和工具等连接件,防止丢失。

铁箱如果露天存放,应当防止雨水进入铁箱,铁箱应当设置通风口,保障箱内通风干燥,防止发霉。

第五节　螺栓、螺母和垫圈

螺栓、螺母和垫圈是设计吊具时常用的连接件,设计吊具的时候离不开他们,要透彻地了解他们的性能,掌握使用方法。

一、螺栓使用注意事项

吊具是一个与普通机械结构有很大差异的特殊装置,受力大,使用频繁,安全性要求高,对其性能要求要有充分的保障。因此,吊具上使用螺栓时有其特殊性,在设计吊具的时候,使用螺栓要注意以下几点。

1. 吊具设计,尽量采用 8.8 级、9.8 级、10.9 级的螺栓,安装前要进行严格的质量验收与检查,包括制造厂、来源、外观标识、外观质量、几何尺寸,还要进行 100%的磁粉探伤检查,对承载大的重要螺栓,要进行 X 光探伤检查,或者抽样进行金相分析。

如果是自己设计的螺栓,应该采用 45/40Cr 等优质材料制造,并进行良好的热处理,进行探伤检查,重要位置的螺栓,要进行抽样金相分析。

2. 避免让螺栓承受被吊物体的重力,吊钩的力尽可能不要通过螺栓传递给被吊物体,无论是通过拉力还是剪切力。

虽然螺栓能够承载拉力和剪切力,但是作为吊具,还是应当让结构来传递主要的作用力,让螺栓回归结构的联结保障作用。因此,吊钩的力要尽量通过吊具的结构传递给被吊物体。

3. 避免让螺栓承受冲击载荷,如果吊装过程中冲击载荷无法避免,也不能让螺栓来传递。

4. 避免让螺栓传递力矩,无论是垂直轴线的弯曲力矩,还是与螺栓轴线同心的扭转力矩,都应当避免。

5. 螺栓的性能参数一般是在 10～35 ℃的条件下测试获得的数据,因此,在使用过程中,应当避免让螺栓在高温下承受载荷,一般的螺栓的使用温度不能超过 100 ℃,如果温度接近 100 ℃,要核算和检查螺栓的预紧力。

6. 避免让螺栓在低温下承受载荷,一般的螺栓的使用温度不能超过－40 ℃,如果温度接近或者低于－40 ℃,要重新核算螺栓的预紧力。

7. 吊具上的螺栓，都要有很好的防松设计，防止反复的循环载荷引起螺栓松脱，导致失效。

8. 螺栓表面采用镀锌或者发黑处理，不要涂油漆，以便观察。

9. 螺母要选择8级以上的螺母，应当和螺栓的等级相同，与螺栓进行同样工艺的表面处理。

10. 安装螺栓的螺纹孔，要采用机械加工的方法获得，孔表面的粗糙度应小于3.2，以便发挥螺栓的性能。

11. 螺栓应轻拿轻放，不要抛投，不要摔打，不要加热，不要长期振动，不要接触酸碱等腐蚀性物质。

12. 使用过程中，每天都要观察和检查螺栓的连接情况，发现异常要及时处理。

13. 频繁使用的吊具，螺栓螺母受力较大，每次使用前应当进行仔细检查；持续使用一年以上后应当进行探伤检查，或者直接进行更换。

14. 垫圈。国家标准提供的垫圈，多数仅能起到增加接触面积的作用，如果螺栓的轴向力很大，且连接孔较大时，要自己设计垫圈，增加厚度，加大外圆直径，起到过渡作用。

自己设计的垫圈要采用与螺母相同的材质。

15. 不锈钢螺栓要尽量与相同材质的不锈钢结构匹配使用，避免混用。

16. 精度分级。按照制造精度，螺栓分为A、B、C三个等级，A级为精制螺栓，最精确，C级最不精确。

A级用于要求高的场合，比如重要的、精度要求高的场合，受冲击的场合，振动的场合，交变载荷的场合等，一般用于直径在1.6～24 mm的螺栓和长度小于10倍螺栓直径或者长度小于150 mm的螺栓；B级用于直径大于24 mm，长度大于10倍螺栓直径或者长度大于150 mm的螺栓，C级为M5～M64，细杆B级为M3～M20。

17. 强度等级分级。连接用螺栓性能等级分为3.6级、4.6级、4.8级、5.6级、6.8级、8.8级、9.8级、10.9级、12.9级等10余个等级。其中8.8级、9.8级、10.9级、12.9级螺栓材质为低碳合金钢或中碳钢并经热处理（淬火、回火），称为高强度螺栓，其余通称为普通螺栓。

螺栓性能等级标号由两部分数字组成，分别表示螺栓材料的公称抗拉强度值和屈强比值。例如性能等级4.6级的螺栓，其含义是：螺栓材质公称抗拉强度达400 MPa，螺栓材质的屈强比值为0.6，螺栓材质的公称屈服强度达400×0.6＝240 MPa。

18. 设计吊具时，选用螺栓，要选用直径M10以上的螺栓，尽量避免选用直径小于M10的螺栓。

二、常用螺栓数据和注意事项

常用螺栓数据和注意事项见表7-10。

表 7-10　常用螺栓数据和注意事项

螺栓标准	螺栓类型	产品等级	性能等级	精度等级	适用范围	表面处理	备　注
GB/T 5780—2016	六角头螺栓	C 级	4.6、4.8	较低	M5～M64 4.8 级及以下	1. 不处理 2. 电镀 3. 非电解锌粉覆盖层	作为辅助零部件的连接用，不能用来传递起重机的拉力
GB/T 5781—2016	六角头螺栓（全螺纹）	C 级	4.6、4.8	较低	M5～M64 4.8 级及以下	1. 不处理 2. 电镀 3. 非电解锌粉覆盖层	除全螺纹外，其他与 GB/T 5780 相同
GB/T 5782—2016	六角头螺栓	A 级（$d=1.6\sim24$ mm，或 $L\leqslant10d$，或 $L\leqslant150$ mm 的螺栓）	5.6、8.8、9.8、10.9 A2-70，A4-70，A2-50，A4-50 CU2，CU3，AL4	高	M1.6～M64	1. 氧化 2. 电镀 3. 非电解锌粉覆盖层	1. 作为主要结构件的连接用螺栓，如果受力较大，选用 8.8 级以上等级。 2. 合适的表面处理方法
		B 级（$d>24$ mm 或 $L>10d$，或 $L>150$ mm 的螺栓）		中			
GB/T 5783—2016	六角头螺栓（全螺纹）	A 级（$d=1.6\sim24$ mm，或 $L\leqslant10d$，或 $L\leqslant150$ mm 的螺栓）	5.6、8.8、9.8、10.9 A2-70，A4-70，A2-50，A4-50 CU2，CU3，AL4	高	M1.6～M64	1. 氧化 2. 电镀 3. 非电解锌粉覆盖层	除全螺纹外，$L\leqslant200$ mm 时，其他与 GB/T 5782 相同
		B 级（$d>24$ mm 或 $L>10d$，或 $L>150$ mm 的螺栓）		中			
GB/T 5784—1986	六角头螺栓（细杆）	B 级	5.8，6.8，8.8 A2-70	中	M3～M20	1. 不处理 2. 镀锌钝化 3. 氧化	
GB/T 5785—2016	六角头螺栓（细牙）	A 级（$d=8\sim24$ mm，或 $L\leqslant10d$，或 $L\leqslant150$ mm 的螺栓）	5.6、8.8、10.9 A2-70，A4-70，A2-50，A4-50 CU2，CU3，AL4	高	M8～M64	1. 氧化 2. 电镀 3. 非电解锌粉覆盖层	在有特殊要求时，选用细牙螺栓
		B 级（$d>24$ mm 或 $L>10d$，或 $L>150$ mm 的螺栓）		中			
GB/T 5786—2016	六角头螺栓（细牙、全螺纹）	A 级（$d=8\sim24$ mm，或 $L\leqslant10d$，或 $L\leqslant150$ mm 的螺栓）	5.6、8.8、10.9 A2-70，A4-70，A2-50，A4-50 CU2，CU3，AL4	高	M8～M64	1. 氧化 2. 电镀 3. 非电解锌粉覆盖层	
		B 级（$d>24$ mm 或 $L>10d$，或 $L>150$ mm 的螺栓）		中			

注：(1)吊具设计中选用螺栓，尽可能选用粗牙螺栓，在有特殊要求的情况下，选用细牙螺栓。表中螺栓的表面处理是针对碳钢螺栓的处理工艺。

(2)性能代号 A2-70、A4-70、A2-50、A4-50 是不锈钢的性能等级，吊具设计中有特殊要求的时候会用到；性能代号 CU2、CU3、AL4 是有色金属材质的性能等级，吊具设计中很难用到。

第六节　吊具常用材料

设计吊具就是用方案和结构表达吊具设计师的设计思想，用材料实现设计师表达的方案和结构，合适的材料会完美地表达吊具设计师的设计思想，让吊具呈现设计师设想的功能，因此要了解材料。无论是设计吊点还是设计框架，都需要使用金属材料，一般都是用钢铁材料来制作，目前这些结构件已经很少使用木材等其他材料了。

吊具设计中，常用金属材料有以下几种：

1. 碳素结构钢，吊具设计中 Q235-A，Q235-B 应用较多。
2. 优质碳素结构钢，吊具设计中 20 钢、45 钢应用较多。
3. 合金结构钢，主要有 40Cr 等。
4. 热轧钢板。
5. 冷轧钢板。
6. 型钢。吊具设计中主要使用热轧型钢，如工字钢、槽钢、等边角钢和不等边角钢等。

设计吊具时要选择常用材料，可以从本章表格中选取，也可以参照通用的机械设计手册，还可以参照吊具制造企业的企业标准。

（一）碳素结构钢

常用碳素结构钢的化学成分见表 7-11，力学性能见表 7-12。

表 7-11　碳素结构钢的化学成分

<table>
<tr><th rowspan="2">牌号</th><th rowspan="2">等级</th><th rowspan="2">厚度（或直径，mm）</th><th colspan="5">化学成分（质量分数）（%，不大于）</th><th rowspan="2">脱氧方法</th><th rowspan="2">吊具中的用途</th></tr>
<tr><th>C</th><th>Si</th><th>Mn</th><th>S</th><th>P</th></tr>
<tr><td rowspan="4">Q235</td><td>A</td><td rowspan="4">—</td><td>0.22</td><td rowspan="4">0.35</td><td rowspan="4">1.40</td><td>0.05</td><td rowspan="2">0.045</td><td rowspan="2">F、Z</td><td rowspan="4">金属结构件，心部强度要求不高的渗碳或氰化零件，拉杆连杆吊钩车钩螺栓螺母套筒轴及焊接件，C 级或 D 级用于重要的焊接结构</td></tr>
<tr><td>B</td><td>0.20</td><td>0.045</td></tr>
<tr><td>C</td><td><0.17</td><td>0.04</td><td>0.040</td><td>Z</td></tr>
<tr><td>D</td><td><0.17</td><td>0.035</td><td>0.035</td><td>T、Z</td></tr>
<tr><td rowspan="5">Q275</td><td>A</td><td>—</td><td>0.24</td><td rowspan="5">0.35</td><td rowspan="5">0.15</td><td>0.050</td><td rowspan="3">0.045</td><td>F、Z</td><td rowspan="5">金属结构件，心部强度要求不高的渗碳或氰化零件，拉杆连杆吊钩车钩螺栓螺母套筒轴及焊接件，C 级或 D 级用于重要的焊接结构转轴</td></tr>
<tr><td rowspan="2">B</td><td>≤40</td><td>0.21</td><td rowspan="2">0.045</td><td rowspan="2">Z</td></tr>
<tr><td>>40</td><td>0.22</td></tr>
<tr><td>C</td><td rowspan="2">—</td><td rowspan="2">0.20</td><td>0.040</td><td>0.040</td><td>Z</td></tr>
<tr><td>D</td><td>0.035</td><td>0.035</td><td>T、Z</td></tr>
</table>

表 7-12 碳素结构钢的力学性能

牌号	等级	屈服强度 R_{eh}(N/mm²),不小于						抗拉强度 R_m (N/mm²)	断后伸长率 A(%),不小于					冲击试验(V 形缺口)	
		厚度(或直径,mm)							厚度(或直径,mm)					温度(℃)	冲击吸收功(纵向)(J,不小于)
		≤16	>16~40	>40~60	>60~100	>100~150	>150~200		≤40	>40~60	>60~100	>100~150	>150~200		
Q235	A	235	225	215	215	195	185	370~500	26	25	24	22	21	—	—
	B													20	27
	C													0	
	D													−20	
Q275	A	275	265	255	245	225	215	410~540	22	21	20	20	19	—	—
	B													20	27
	C													0	
	D													−20	

(二)优质碳素结构钢

优质碳素结构钢的化学成分见表 7-13,力学性能见表 7-14。

表 7-13 钢的牌号、统一数字代号即化学成分

序号	统一数字代号	牌号	化学成分(质量分数,%)							
			C	Si	Mn	P	S	Cr	Ni	Cu
						≤				
1	U20202	20	0.17~0.23	0.17~0.37	0.35~0.65	0.035	0.035	0.1	0.30	0.25
2	U20302	30	0.27~0.34	0.17~0.37	0.50~0.80	0.035	0.035	0.1	0.30	0.25
3	U20452	45	0.42~0.50	0.17~0.37	0.50~0.80	0.035	0.035	0.1	0.30	0.25
4	U20552	55	0.52~0.60	0.17~0.37	0.50~0.80	0.035	0.035	0.1	0.30	0.25
5	U20652	65	0.62~0.70	0.17~0.37	0.50~0.80	0.035	0.035	0.1	0.30	0.25

表 7-14 力学性能

序号	牌号	试样毛坯尺寸(mm)	推荐的热处理制度			力学性能					交货硬度(HBW)	
			正火	淬火	回火	抗拉强度 R_m(MPa)	下屈服强度 R_e(MPa)	断后伸长率 A(%)	断面收缩率 Z(%)	冲击吸收能量 KU_2(J)	未热处理钢	退火钢
			加热温度(℃)			≥					≤	
1	20	25	910	—	—	410	245	25	55	—	156	—
2	30	25	880	860	600	490	295	21	50	63	179	—
3	45	25	850	840	600	600	355	16	40	39	229	197
4	55	25	820	—	—	645	380	13	35	—	255	217
5	65	25	810	—	—	695	410	10	30	—	255	229

(三)合金结构钢

合金结构钢具有优良的机械性能和加工性能,在吊具设计中,经常采用的材料是

40Cr,用来做承载力较大的销轴或者转动轴。

一般,钢丝绳和框架连接是通过销轴实现的,销轴可以采用 45 钢,也可以采用 40Cr,采用 40Cr 可以减小销轴的重量,提高耐冲击性能等。

几种优质碳素结构钢的化学成分见表 7-15,力学性能见表 7-16。

表 7-15 几种合金结构钢的牌号、统一数字代号及化学成分

钢组	序号	统一数字代号	牌号	化学成分(质量分数,%)										
				C	Si	Mn	Cr	Mo	Ni	W	B	Al	Ti	V
Cr	29	A20302	30 Cr	0.27～0.34	0.17～0.37	0.50～0.80	0.80～1.10	—	—	—	—	—	—	—
	31	A20402	40 Cr	0.37～0.44	0.17～0.37	0.50～0.80	0.80～1.10	—	—	—	—	—	—	—
	33	A20502	50 Cr	0.47～0.54	0.17～0.37	0.50～0.80	0.80～1.10	—	—	—	—	—	—	—

表 7-16 几种合金结构钢的力学性能

钢组	序号	牌号	试样毛坯尺寸(mm)	推荐的热处理制度					力学性能					供货状态为退火或高温回火钢棒布氏硬度(HBW)
				淬火			回火		抗拉强度 R_m(MPa)	下屈服强度 R_{el}(MPa)	断后伸长率 A(%)	断面收缩率 Z(%)	冲击吸收能量	
				加热温度(℃)		冷却剂	加热温度(℃)	冷却剂						
				第1次淬火	第2次淬火				不小于					不大于
MnTiB	29	30Cr	25	160	—	油	500	水、油	885	685	11	45	47	187
	31	40Cr	25	850	—	油	520	水、油	980	785	9	45	47	207
	33	50Cr	25	840	—	油	520	水、油	1 080	930	9	40	39	229

(四)热轧钢板

热轧钢板的规格尺寸见表 7-17。

表 7-17 常用热轧钢板公称尺寸范围

产品名称	公称厚度(mm)	公称宽度(mm)	公称长度(mm)
单轧钢板	3.00～450	600～5 300	2 000～25 000
宽 钢 带	≤25.4	600～2 200	—
连轧钢板	≤25.4	600～2 200	2 000～25 000
纵切钢带	≤25.4	120～900	—

推荐的公称尺寸:

1. 单轧钢板的公称厚度在表 7-16 所规定范围内,厚度小于 30 mm 的钢板按 0.5 mm 倍数的任何尺寸;厚度不小于 30 mm 的钢板按 1 mm 倍数的任何尺寸。

2. 单轧钢板的公称宽度在表 7-17 所规定范围内,按 10 mm 或 50 mm 倍数的任何尺寸。

3. 钢带(包括连轧钢板)的公称厚度在表 7-17 所规定范围内按 0.1 mm 倍数的任何尺寸。

4. 钢带(包括连轧钢板)的公称宽度在表7-17所规定范围内按10 mm倍数的任何尺寸。

5. 钢板的长度在表7-17规定范围内按50 mm或100 mm倍数的任何尺寸。

6. 根据需方要求,经供需双方协议,可供应推荐公称尺寸以外的其他尺寸的钢板和钢带。

(五)冷轧钢板

冷轧钢板的规格尺寸见表7-18。冷轧钢板的公称厚度在表7-18所规定范围内,可以根据需要选用。

表7-18　常用冷轧钢板公称尺寸范围

公称厚度(mm)	厚度允许偏差(mm)					
	普通精度PT. A			公称精度PT. B		
	公称宽度(mm)			公称宽度(mm)		
	≤1 200	>1 200~1 500	>1 500	≤1 200	>1 200~1 500	>1 500
≤0.40	±0.03	±0.04	±0.05	±0.020	±0.025	±0.030
>0.40~0.60	±0.03	±0.04	±0.05	±0.025	±0.030	±0.035
>0.60~0.80	±0.04	±0.05	±0.06	±0.30	±0.035	±0.040
>0.80~1.00	±0.05	±0.06	±0.07	±0.035	±0.040	±0.050
>1.00~1.20	±0.06	±0.07	±0.08	±0.40	±0.050	±0.060
>1.20~1.60	±0.08	±0.09	±0.10	±0.50	±0.060	±0.070
>1.60~2.00	±0.10	±0.11	±0.12	±0.60	±0.070	±0.080
>2.00~2.50	±0.12	±0.13	±0.14	±0.80	±0.090	±0.100
>2.50~3.00	±0.15	±0.15	±0.16	±0.10	±0.110	±0.120
>3.00~4.00	±0.16	±0.17	±0.19	±0.12	±0.130	±0.140

1. 尺寸和尺寸范围

(1)钢板和钢带的公称厚度为不大于4.00 mm。

(2)钢板和钢带的公称宽度为不大于2 150 mm。

(3)钢板的公称长度为1 000 ~6 000 mm。

2. 推荐的公称尺寸

(1)钢板和钢带的公称厚度在表7-17所规定范围内,公称厚度小于1.00 mm的钢板和钢带推荐的公称厚度按0.05 mm倍数的任何尺寸:公称厚度不小于100 mm的钢板和钢带推荐的公称厚度按0.10 mm倍数的任何尺寸。

(2)钢板和钢带推荐的公称宽度按10 mm倍数的任何尺寸。

(3)钢板的公称长度在表7-17所规定范围内,推荐的公称长度按50 mm倍数的任何尺寸。

(4)根据需方要求,经供需双方协商,可以供应其他尺寸的钢板和钢带。

(六)型钢的尺寸和规格

《热轧型钢》(GB/T 706—2016)中提供了四种热轧型钢的尺寸规格和技术要求,这四种型钢是:工字钢、槽钢、等边角钢和不等边角钢的技术参数,在吊具设计中可以根据需要选用相关的型钢和参数。

第八章　吊具设计案例

第一节　安检车吊装

一、安检车吊装失稳案例

安检车是一款安装有特种检查设备的卡车，能够在酒店、机场、临时活动地点开展安全检查，可以根据需要随时移动到安检地点。车上安装的设备能对人员和随身携带的货物进行安全检查，整车质量约 18.36 t(不同配置的车，重量会有差异)，我国生产的安检车出口过许多国家，如图 8-1 所示。

图 8-1　安检车外观(打开状态)

我国出口的安检车通常采用固定到框架集装箱(图 8-2)上进行海上远洋运输的方式，如图 8-3 所示，一般中途在某些港口要进行换船。涉及的吊装过程有：在装货港，框架集装箱要被吊装到运输车上，由运输车运到船前；在船前，要被吊装上船；船行至中转港要被吊装下船，放到运输车上；运输车运到堆场后要被吊装到地面停放，等待新船；新船到后要再次被吊装到运输车上，运输到新船前；在新船前，要再次吊装上船；船到终点港后要被吊装下船，放到运输车上；运到堆场后，要被吊装到地面。因此，整个海运航程中，如果只中转一次，则至少要吊装八次，如果中转多次，吊装次数还要增加。

许多物流公司在安检车出口运输的吊装环节出现了摔车事故，在国外港口吊装的过程中整车摔倒或连同安装在一起的框架集装箱共同侧翻。由于车内安装有由计算机控制的各种精密检测设备，只要倾倒一次就会导致设备失效，整车只能报废，造成巨大损失。

1. 案例一：某公司出口摩洛哥的车载设备在西班牙瓦伦西亚港港区吊装时发生侧翻，

图 8-2　框架集装箱(图中是上下两个集装箱,上边打开)

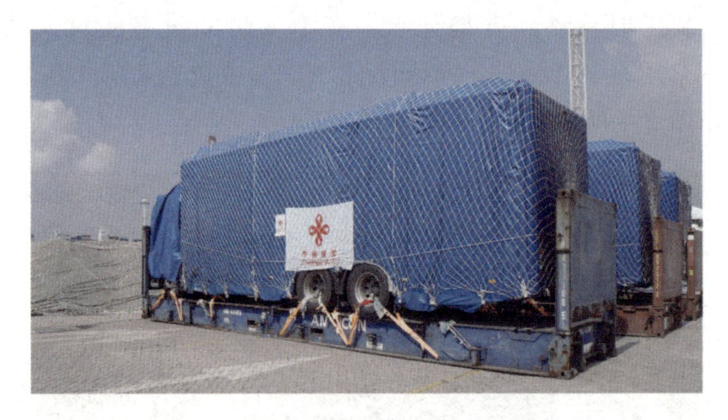

图 8-3　安检车包装好装到框架集装箱上

导致安检车报废,如图 8-4 所示。

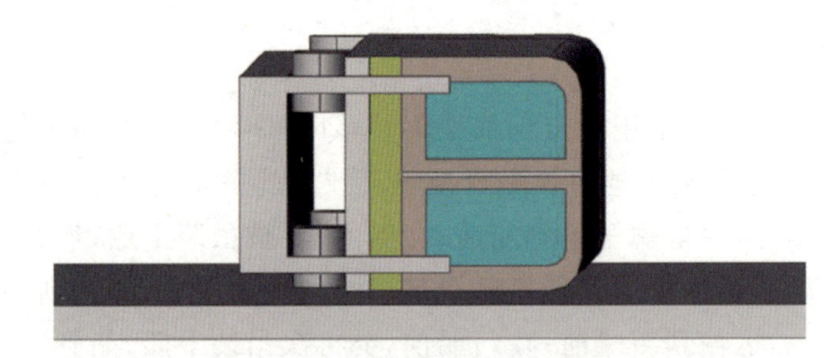

图 8-4　安检车在地面侧翻

2. 案例二:某公司出口刚果的安检车在刚果(布)黑角港卸船时,框架集装箱连同按成一起倾倒,导致安检车报废,如图 8-5 所示。

3. 案例三:某公司出口乌拉圭的安检车在乌拉圭 MONTEVIDEO 港区运输车上吊装时发生事故,从港区的运输车上跌落,如图 8-6 和图 8-7 所示。

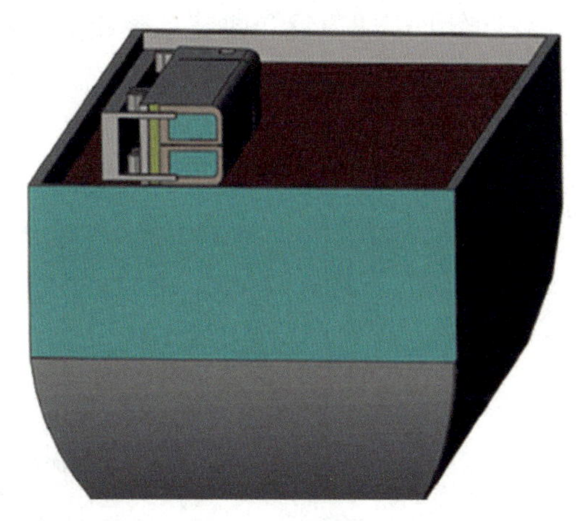

图 8-5　安检车在船上侧翻

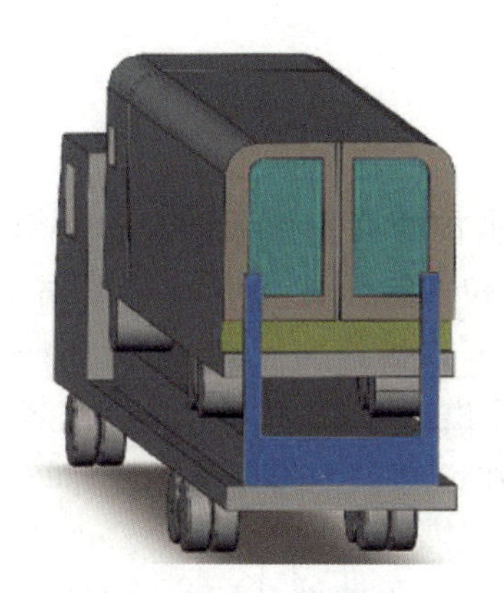

图 8-6　安检车在运输车上

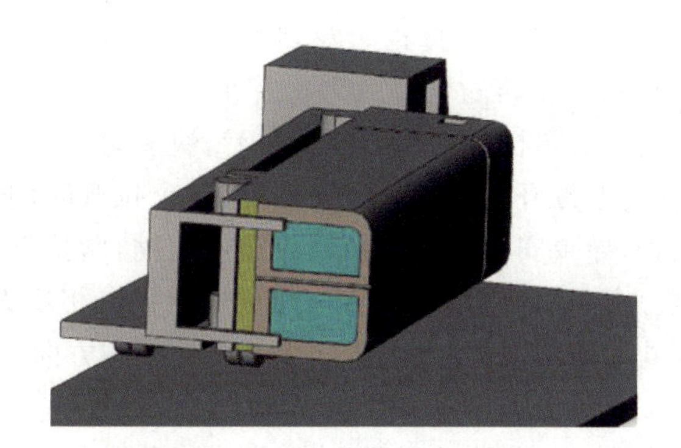

图 8-7　安检车在运输车上侧翻

二、失稳分析

（一）失稳模型

1. 安检车力学模型。安检车自重 18.36 t，安检车的结构自上向下为车体＋弹簧＋车轴（悬挂系统）＋轮胎，其简化力学模型为 $M_1+K_1+M_2+K_2$。其中，M_1 为车架以上部分的质量，M_2 为前车轴和后轴的总质量，K_1 为轴上弹簧的弹性系数，K_2 为轮胎的弹性系数。

2. 框架集装箱自重 4.95 t，令框架集装箱的质量为 M_3，则特种车装到集装箱上后，整体力学模型是：$M_1+K_1+M_2+K_2+M_3$。

在这个力学模型中，轮胎和弹簧的质量较小，可以因此只关注它们的弹性系数，把 K_1 和 K_2 合并看成一个 K 值。经过简化后的力学模型是：M_1+K+M_3，如图 8-8(a)所示。

起重机吊起时的拴结点是 O_1 和 O_2 两点。M_1 相对 M_3 的振动频率是

$$f=\frac{1}{2\pi}\sqrt{\frac{K}{M_1}}$$

由公式可见，振动的频率与车上部的质量和弹簧系数相关，与集装箱的质量无关。振动频率 f 和弹性系数 K 的关系曲线，如图 8-8(b)所示。

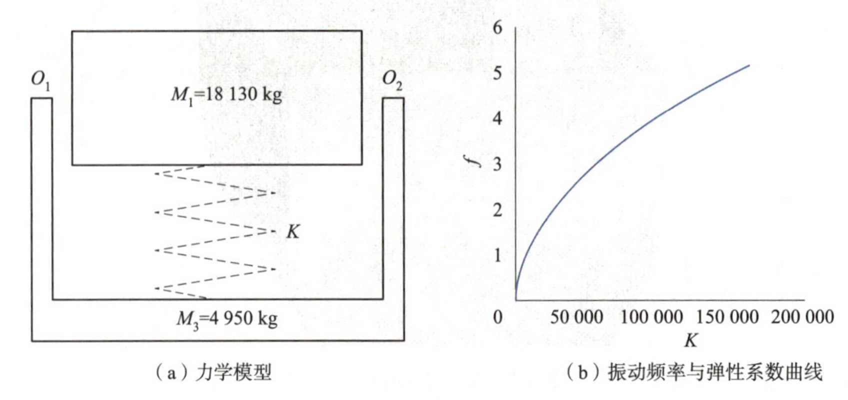

（a）力学模型　　（b）振动频率与弹性系数曲线

图 8-8　简化模型

（二）可能造成失稳的原因

1. 提升速度过快导致失稳摔车。

起重机司机接到起吊的信号后，快速向上拉升，起重机瞬间提供远远大于货物重力的拉力，向上拉升一段时间就停止了，这个拉升时间恰好和安检车的自身振动频率吻合，引起共振，导致安检车弹簧和轮胎迅速压缩，紧接着上部车体快速向上弹起，可能挣断捆扎绳索。由于两侧绳索不能同时断裂，导致向相反方向弹出，造成安检车翻车；或者由于两侧绑扎力量不同，导致车体向绑扎力较大的方向运动，在惯性力的作用下导致摔车。

2. 合成运动产生的旋转运动。

在吊运集装箱的时候，为了提高工作效率，在向上提升集装箱的同时，向后移动集装箱，提升和后移几乎同时进行，速度基本相同，对于封闭的集装箱，这样操作没有问题，但是对框架集装箱来说，这样做就很危险了。

集装箱吊起来瞬间的合成运动速度是向斜上方的 45°，集装箱下面的安装孔在脱离的瞬间，受到了集装箱连接销一个反向的作用力，与操作的拉力形成一个力矩，导致集装箱翻转，如果横向移动速度大于上升速度较多，翻转就实际发生了。

案例二和案例三的侧面倾倒，均有这个因素。

3. 重心高，吊点相对位置不合理产生的不稳定平衡，如图 8-9 所示。

安检车车辆制造厂提供车的重心高度是 1 440 mm(相对地面)，框架集装箱的重心高度约 330 mm(相对地面)。车与集装箱结合一起后的共同的重心(计算值)为 1 464 mm。

吊装孔的高度 2 930 mm，车辆重心低于吊点 860 mm，此时吊装平衡处于稳定状态；如果车内额外装载有物品而且较重，放置的位置较高，就提高了车的重心，如果 860 mm 的重心数值减少，甚至出现负值，吊装就处于不稳定状态，即此时虽然整个组合处于稳定状态，但是车对吊点就处于不稳定状态，容易出现事故。三次事故发生的时间较久，已经无从调查当时车内货物情况，但是安检车生产厂提出的解决方案是将框架集装箱端部挡板的高度提高 1 000 mm，就是基于此点考虑。

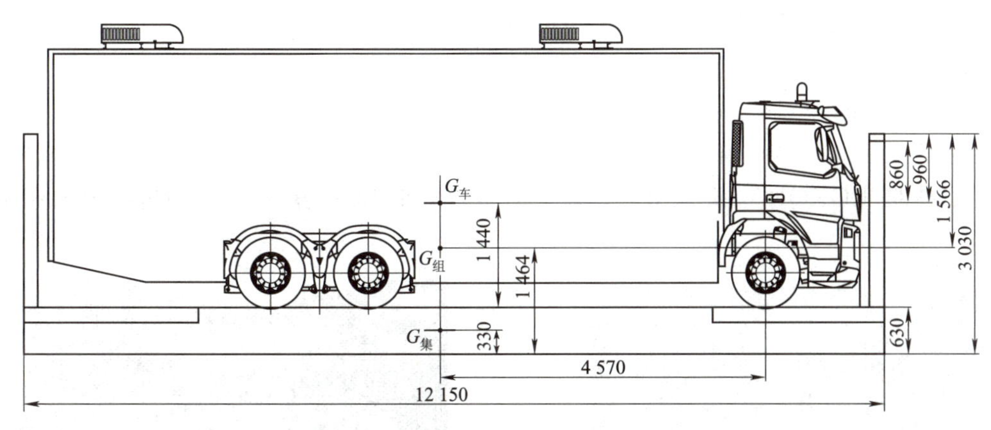

图 8-9　装载后重心分析(单位:mm)

三、吊装方案的改进

2018 年 8 月,安检车工厂再次出口三辆车,为了避免吊装事故的发生,吸取之前失稳的教训,对吊装方案进行了完善和改进。

(一)索取数据

为了保证方案的合理性,在吊装方案设计过程中,要求再提供七个数据,七个数据为一组,每组数据至少测量三次。七个数据分别是:只有左前轮在称重设备上时显示的重量、只有右前轮在称重设备上时显示的重量、只有左后双轮在称重设备上时显示的重量、只有右后双轮在称重设备上时显示的重量、左侧在称重设备上时显示的重量、右侧在称重设备上时显示的重量和全车的重量。

为了保证数据的准确性,对数据的测量方法也提出了要求:一是最好用专业的车辆称重设备测量,如果没有专业的测量设备,要用同一台电子称测量;二是称的台面要与周围地面等高;三是要用同一台车进行测量;四是要当天一次完成全部数据测量工作,不能隔天再测。

根据实际操作条件,安检车工厂重新测量后提供了四个数据,见表 8-1。

表 8-1　车轮重量数据表(t)

位　　置	第一次称重	第二次称重	第三次称重
左前轮	2.320	2.320	2.320
右前轮	2.320	2.320	2.320
左后双轮	7.300	7.300	7.300
右后双轮	6.42	6.42	6.42

按照新测得的数据计算重心,然后和工厂提供的重心比较,偏差了 130 mm,装到框架集装箱后,安检车重心的位置在长度方向偏移集装箱几何中心 209 mm,宽度方向偏移集装箱几何中心 166 mm。这样的偏移量对吊装不会产生实质性的影响,因此在吊装过程中

应当重点防范合成运动对吊装稳定性的影响。

（二）设计吊具

1. 选用合适的框架集装箱

目前适合运输安检车的框架集装箱有三种。第一种是普通框架集装箱，如图 8-2 所示；第二种是 RORORACK 集装箱；第三种是 BUSDECK 集装箱，如图 8-10～图 8-12 所示。

图 8-10　BUSDECK 框架集装箱（一端框架放倒）

图 8-11　BUSDECK 框架集装箱端板向外放倒形成坡道

图 8-12　安检车装到 BUSDECK 框架集装箱里

在大多数情况下，发运人都会选用普通框架集装箱，是因为价格较低，RORORACK 集装箱和 BUSDECK 集装箱有时价格会高出 100%，甚至更多，这两种框架集装箱的数量也不多，只有少数集装箱公司拥有。如果集装箱船从装货港直达目的港，一般会选用普通框架集装箱，如果需要中转一个以上的港口，才会考虑使用后两种框架集装箱。

本次运输选用了普通框架集装箱，其尺寸要满足以下五方面的要求：

(1)长度方向。集装箱端板之间的距离可以放下安检车，安检车放下后，每一端要有留有 20 mm 的空间。

(2)宽度方向。横向不超过集装箱的边缘，如果超出一般要对称分布，两边超出的部分要相等；如果两侧超出不多，可以放在一侧，以减少对仓位的占用，但是要控制好重心，重心要基本在集装箱投影的中心，如果不重合，要采取配载的方式加以解决，如果总载荷超出额定载荷，就不能配载。

(3)高度方向。安检车是否超过集装箱的最高高度，如果超过，数据要进行重新核算，以确保数据准确。

(4)合成重心。安检车装进框架集装箱之后，计算合成重心，一个是水平投影的位置，一个是重心的高度。检查合成重心的高度不超过吊点的高度(框架箱上孔上边缘的高度)。

(5)绑扎。安检车装进集装箱之后，可以有足够的空间和位置进行绑扎，让安检车和框架集装箱成为一个连接牢固的整体，可以确保在正常运输过程中安检车不会脱落。

本次选用普通框架集装箱，在制定装载方案时获得了足够的数据，对框架集装箱和安检车的关系进行了详细的研究，制定的装载方案满足了上述五个方面的要求，因此虽然此次运输采用了普通框架集装箱来运输，但运输方案是安全的。

在实际生产中，有时为了让吊点高度高于合成体的最高高度，可对普通框架集装箱的端板进行改进，提高框架集装箱端部挡板的高度，但是，这种改进需要有资质的公司来加工，并且要获得认证，需要一定的费用，本次运输没有采用。

2. 设计合适的吊具

如果货物装载后超过了普通框架集装箱端板的高度，要提供专用的吊具，以完成装船和卸船。设计吊具时要解决两个问题：确定吊装方案、验算吊具的结构和强度。在设计普通框架集装箱的吊装方案时应该解决三个问题：

一是把起重机的一个力分解成四个力，传递到集装箱的四个角上去，需要选择一个吊具的基本型式。

二是解决超高货物顶部到集装箱顶部的高度差问题，货物超过了集装箱顶部，港口的集装箱具就无法使用，要给起重机提供吊点，集装箱四角的受力只能接受向上的力，不能接受水平分力。

三是起重机的拉力要对准框架集装箱和安检车重心的水平投影，保证起重机上滑轮、起重机吊钩和货物重心在一条铅锤线上。

(1)选择支撑框架

提供给框架集装箱四个角的力的作用线应该是垂直的，所以吊具的钢结构应该伸出一个点到集装箱的四角，从原理角度看，图 3-3～图 3-6 中所示方案均可选择。

经过比选，选择了长方形框架作为吊具的基本结构型式，这是因为首先长方形框架的结构更稳定，易于保存和长途运输，一般的碰撞不会变形和损坏；其次，本吊具不仅在中国港口装船使用，还要到遥远的国外去卸船使用，在中国装船的工人和技术人员都不会到异国去参与卸船，长方形框架吊具易于对方港口的码头工人理解吊具的原理和使用方法。

由于安检车装到框架集装箱后，车顶高于集装箱四角，因此在长方形框架和集装箱的四角之间用一根钢丝绳连接，以传递起重机的拉力。确定下部钢丝绳的长度时，首先要考虑安检车到框架集装箱顶的高度，此外，因为绳和框架集装箱连接时使用了一个卸扣，因此还要考虑扣眼的长度，并留有一定的余量。例如安检车到框架集装箱顶的高度是 1 100 mm，为了操作安全，绳的长度应选择 2 100 mm。

(2)构件的选择

选用长方形框架,上部设四根钢丝绳,两根钢丝绳和长方形框架构成正三角形,即钢丝绳的长度等于长方形框架对角线的长度,如图 8-13 所示。

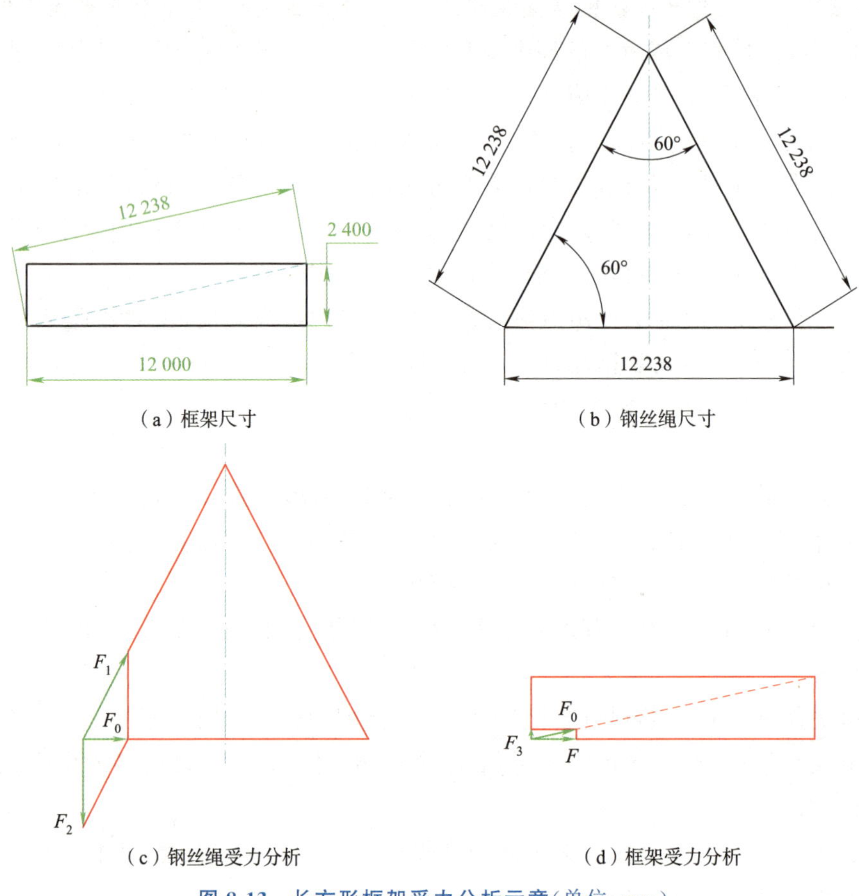

图 8-13　长方形框架受力分析示意(单位:mm)

框架箱和安检车总重是 233 100(4 950+18 360)N,四角向下的拉力 F_2=58 275 N,上部钢丝绳的轴线拉力 F_1≈67 300 N,产生的沿长方形框架对角线的压力 F_0≈58 275/1.732≈33 646 N,沿着长边方向的分力 F≈33 013 N。

选定钢丝绳的安全系数为 4,则绳能够承受的安全载荷是 270 400 N,因此,选直径 24 mm 的钢丝绳(钢丝绳的强度等级是 1 370 N/mm^2),上部单根钢丝绳长度为16 500 mm,两头插接,做出 300 mm 的扣眼;下部钢丝绳长度是 2 100 mm,选与上部同样直径的钢丝绳,两头插接,做出 300 mm 的扣眼。

钢丝绳与长方形框架的连接,选用卸扣进行连接。需要注意的是,卸扣的额定载荷里包含 6 倍的安全系数,选用的时候,按照基本载荷选用即可。在框架上焊接肋板,连接卸扣,肋板的厚度小于卸扣开口宽度 3~5 mm。整套吊具配 12 个卸扣,一般情况下再配 2 个备用卸扣,防止现场使用时丢失。

(3)关于重心偏心的处理

长方形框架上部设置四根钢丝绳与起重机连接,由于本次重心横向偏移 166 mm,纵向偏移 209 mm,偏移量占总长度的 1.6%,其影响忽略不计;上部四根绳选择了相同的长度,这样吊起来后,会有微小的倾斜,不影响吊装。

如果偏移量超过 5%,就要对上部绳的长度做出调整,让起重机作用力作用线在合成重心的上方,四根绳选择不同长度,要做出标记,与装车后的安检车相互对应。

(4)强度验算

①肋板焊缝强度计算。长方形框架下部受到四个向下的拉力,每个拉力约为 58 275 N,焊缝的强度按照 235 N/mm^2,焊缝的截面积要大于 248 mm^2,安全系数 $n=4$,焊缝的截面积应该大于 992 mm^2。肋板根部按照 20 mm 厚度,焊透后的宽度约 25 mm,需要焊缝的长度是 40 mm。实际肋板的长度是 200 mm,完全焊透,焊缝的强度是完全可靠的。

②长方形框架受纵向压力和强度验算:框架的材料选用 20 号槽钢,横截面积是 $2.883\times10^{-3}\ m^2$,则受到的纵向压力为 $33\ 013\div2\ 883=11.4\ N/mm^2$。

槽钢的材料是 Q235-A,需用应力是 235 N/mm^2,完全能够满足要求。

(5)长方形框架的稳定性校核

长方形框架的长度是 12 m,长边分了四段,每一段的长度是 3 m,材料是[20a,许用应力是 235 MPa,材料的两端和另外的结构焊接在一起,可以看成端部有强约束的压杆,取其中的一段进行稳定性校核。

3 000 mm 长的槽钢受到的轴向压力约为 33 013 N,作用在几何形心上,如图 8-14 所示。其基本参数为:$I_x=1\ 910\ cm^4$,$i_x=7.64\ cm$,$I_y=144\ cm^4$,$i_y=2.09\ cm$,$A=32.831\ cm^2$。I_x 远远大于 I_y,如果发生失稳,首先发生在 I_y 方向。

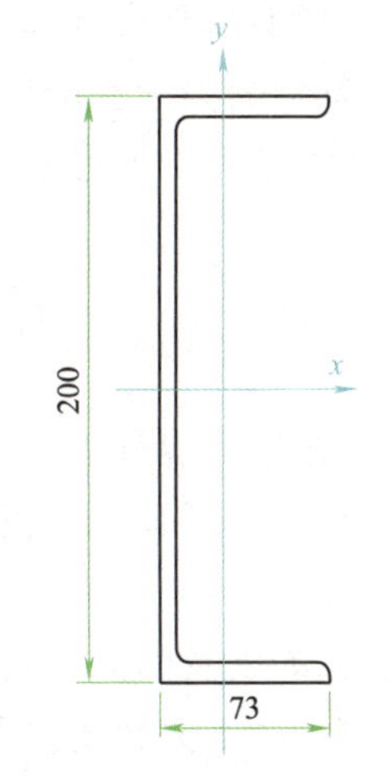

图 8-14　槽钢断面示意

(单位:mm)

因为槽钢两端固定,所以 $\mu=0.5$,杆的柔度 $\lambda=\frac{\mu L}{i}=(0.5\times3)/0.029=71$。槽钢的材料是 Q235-A,查表得到 $\lambda_2=61.6$;带入数据可求得 $\lambda_1=\sqrt{\frac{\pi^2E}{\sigma_p}}=92$。因为 $\lambda_2\leqslant\lambda\leqslant\lambda_1$ 据此判断属于中柔度杆,用直线经验公式求临界应力。

$\sigma_{lj}=a-b\lambda=304-1.12\times71=224\ MPa$,$F_{lJ}=\sigma_{lj}A=224\times10^6\times0.003\ 283\ 1=735\ 414\ N$。

实际作用力只有 33 013 N,因此框架不会失稳。

(三)制定细致的装船、卸船作业技术文件

基于可能失稳原因分析,制定作业技术文件,主要内容是:

1. 起吊,先加载荷,逐步加载,通过 3～5 min 完成 23 t 加载,上升要慢。

2. 起吊操作要只绞钩头,保证垂直上升,上升速度控制在 0.1 m/s。

3. 起吊上升阶段,只上升,不转弯。

4. 达到高度后停下,特种车状态稳定后再做水平移动,要匀速运动,速度控制在 0.1 m/s。

5. 特种车下舱下落过程中，要沿着垂直方向落地，速度需要控制在 0.1 m/s，不能有横向运动，如果需要横向运动，要首先把垂直运动停下来，再做水平运动。

6. 吊运过程中，任何情况下不能有复合运动。

7. 起吊前，要检查吊钩、吊具的中心要与货物的重心在 x、y 两个方向重合，以解决频率耦合问题。

按照改进后的吊装方案，并使用新设计的吊具，安检车顺利装船并安全送达目的港，完好卸船，如图 8-15 和图 8-16 所示。

图 8-15　特种车装在船舱里

图 8-16　特种车吊在空中

影响吊具设计的因素是很多的，在设计吊具的时候要进行全面分析，要考虑货物性质、货物的力学性能以及质量管理等因素。吊装出现了问题，不仅仅是吊具问题，在筹划吊装方案和设计吊具的时候，还要考虑相邻条件的影响。

第二节　大型变压器吊装方案的多样性

在吊具设计当中，最重要的就是方案设计，一个好方案可以让吊装过程安全、顺利地进行。一般情况下，设计师期待从纯粹的技术主导出发，期待在科学的原理下，设计一个理想的结构来实现自己的技术梦想。然而在生产实践的过程中，除了技术，还要考虑时间、成本以及团队的技术和管理能力，在许许多多的约束条件下设计出一个好的吊装设计方案。这个方案要可行、安全、经济、能力所及和管理可靠，许多时候，往往最后应用的是最现实的方案，而不是最理想的方案。

现实中的吊装方案具有多样性，不同的人在不同的环境下，针对当时的具体条件，会做出不同的选择，每个方案的选择都要具有可行性和现实性。

下面通过一个案例来讨论吊装方案的多样性和现实性。

一、吊装案例

2020 年，一家中国公司在某国建设一条高压输电线路，需要多次运输 18 台变压器，供每个节点的变电站使用，变压器要从中国以海运方式运送到现场。

二、变压器基本情况

120 t 变压器主体(充氮)质量约 120 400 kg,拆卸零件质量约 35 730 kg,单独运输油质量为 55 700 kg,变压器总质量 211 830 kg,如图 8-17 所示。

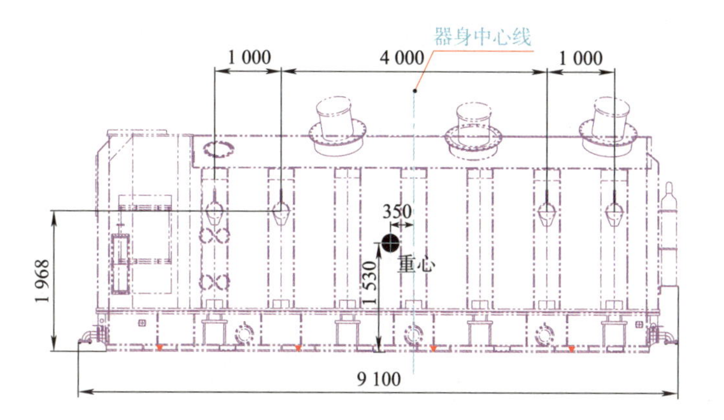

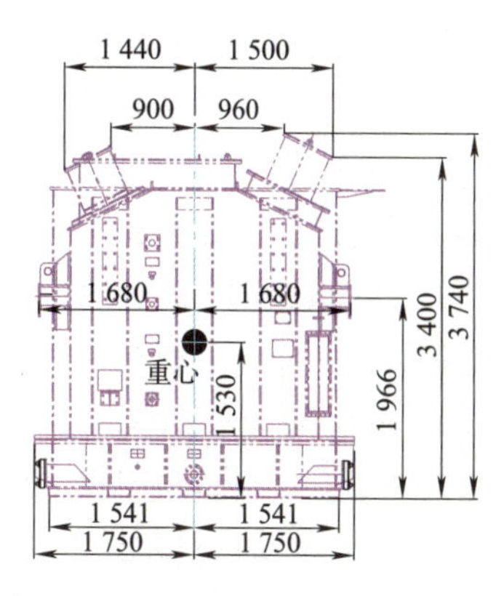

图 8-17　120 t 变压器示意(单位:mm)

90 t 变压器主体(充氮)质量约 86 730 kg,拆卸零件质量约 19 410 kg,单独运输油质量为 39 990 kg,变压器总质量 146 130 kg,如图 8-18 所示。

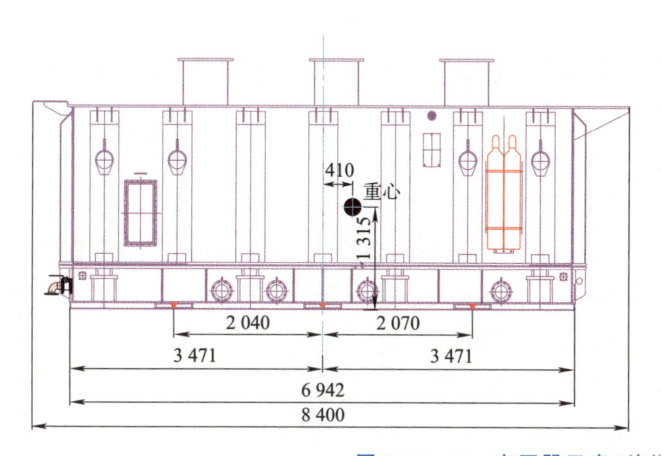

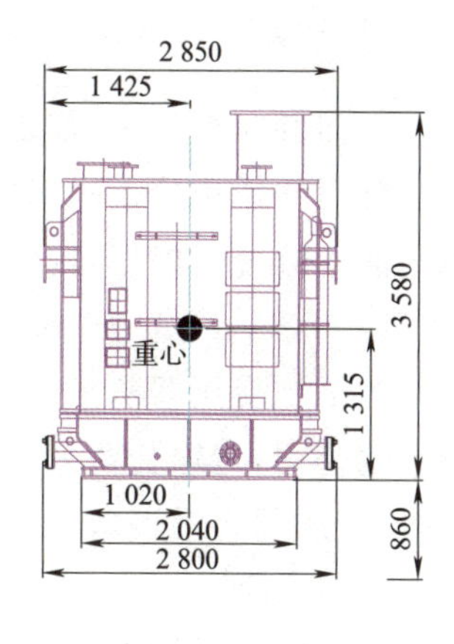

图 8-18　90 t 变压器示意(单位:mm)

装船运输时,每台变压器的吊装质量按充氮后的变压器主体质量计算,一个是 120 t,一个是 86 t。

三、吊装方案设计

每台变压器有八个吊点,在制定方案时按质量为 120 t 制定,变压器厂告知可以只吊四个吊点。变压器制造厂不提供吊具,要由运输公司解决吊具问题。

工厂提供的变压器涉及吊装的参数为:单侧四个吊点的距离是 1 000 mm+4 000 mm+

1 000 mm,四个吊点在同一高度上。一个吊点的直径是 239 mm,吊点的宽度是 140 mm。两侧吊点根部的距离是 3 100 mm。重心的高度 1 530 mm,长度方向从几何中心线偏移 350 mm,宽度方向在几何中心线上。

变压器有四个吊点,理论上至少有四个吊装方案,可实现力的传递。

1. 四个吊点的吊绳垂直向上,上部提供四个绳索连接点,然后汇聚到吊钩上,上边可以用方形框架,一台起重机吊装,如图 3-3 所示。

2. 四个吊点的吊绳垂直向上,上部提供四个绳索连接点,然后汇聚到吊钩上,上边用工字形框架,一台起重机吊装,如图 3-6 所示。

3. 四个吊点的钢丝绳斜拉向上,向中间汇聚,上部用一根横梁,经过横梁后汇聚成一点到吊钩,一台起重机吊装,如图 3-10 所示。

4. 四个吊点的钢丝绳斜拉向上,向中间汇聚,中间用两根横梁,经过横梁后汇聚成一点到吊钩,一台起重机吊装,如图 3-9 所示。

经过协商,向变压器工厂、汽车运输公司和港口提供了以上四个吊装方案,供实际吊装中选用,这四个方案都是基于使用一台起重机、一套吊具进行吊装的工艺方法。然而,在实际吊装中,各个汽车运输公司、港口作业队和海运公司采用了不同的吊装方案来吊装变压器。

四、实际执行的吊装方案

上面的四个方案,都是理论上的方案,作为建议提供给变压器制造厂、工厂到港口的运输公司和承运的远洋运输公司。这 18 台变压器分 4 个批次运输,在不同的运输节点、不同的运输公司根据自己的资源情况采用了不同的吊装方式。

(一)第一次吊装:四台起重机方案

为了把变压器从工厂运输到港口,采用了汽车运输。在工厂吊装变压器的责任是汽车运输公司,运输公司采用了把变压器起吊 1 200 mm,汽车底板倒进变压器的下面找准位置,变压器再慢慢落下到汽车平板上的方案,吊装过程如下。

1. 选用四台 50 t 汽车起重机,四根 4 m 长环装钢丝绳吊绳。

2. 在工厂的露天场地,四台起重机摆放在变压器的四角,在长度方向的两侧,面向变压器。

3. 运输公司把环状钢丝绳的上端挂在对应的起重机吊钩上,把四根环装钢丝绳下端套住变压器的四个吊销,吊钩向上拉紧钢丝绳,钢丝绳处于垂线状态。

4. 用四台起重机从变压器四个角同时向上吊装,听指挥的指令同时起吊,把变压器吊起来,如图 8-19 所示。

5. 汽车平板倒进变压器的下面,找准规划好的位置,上下对准。

6. 四台起重机在作业指挥的口令中同步操作放下,落在规划的位置上。

7. 松钩,摘下钢丝绳。

运输公司采用这样的方案,是因为他们很容易找到四台起重机,他们有自己的钢丝绳,所以就自己设计了这样的吊装方案来装车,对他们这是最现实、最经济的方法。

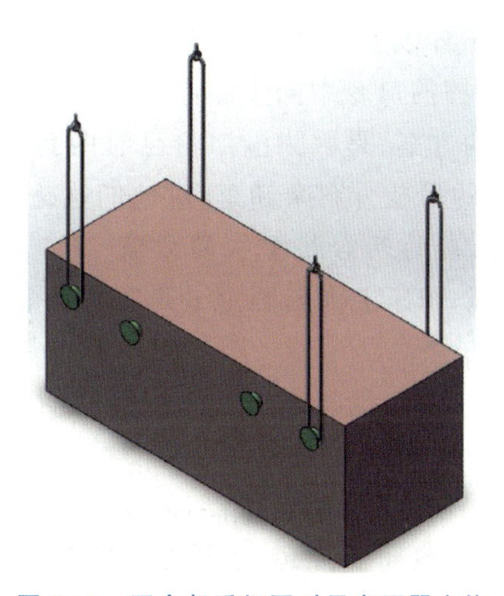

图 8-19　四台起重机同时吊变压器本体

（二）第二次吊装：两台起重机方案

运输公司把变压器运输到港口，卸车的责任是港口的作业队，港口采用了四根钢丝绳，用两台吊车吊装的方法，把变压器从车上吊起来，汽车开走后，原地落下。此次吊装过程如下：

1. 选用两台 100 t 起重机，四根 8 m 长环装钢丝绳。

2. 在露天场地，选好变压器落下的位置，让运输的汽车开到这里。

3. 两台起重机放在汽车长度方向的一侧，面向变压器。

4. 运输公司把环状钢丝绳的上端挂在两台起重机吊钩上，把四根环装钢丝绳下端套住变压器的四个吊销，吊钩向上拉紧钢丝绳，钢丝绳处于垂线状态。

5. 用两台起重机从变压器上两个点同时向上吊装，听指挥的指令同时起吊，把变压器吊起来，变压器的底面距离地面 1 200 mm，如图 8-20 所示。

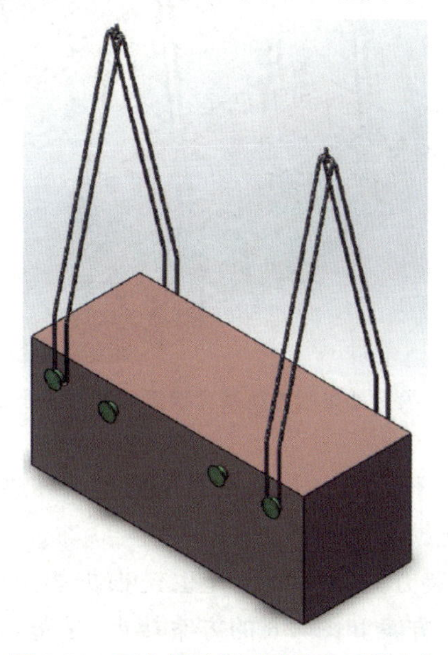

图 8-20　两台起重机同时吊变压器本体

6. 变压器离开车板 100 mm 以上，可以把汽车开走，变压器下面空出。

7. 两台起重机，在作业指挥的口令中同步操作放下，变压器落在规划的位置上。

港口的作业队采用这样的方案，是因为港口自己有两台 100 t 的起重机，也有自己的钢丝绳，所以自己设计了这样的吊装方案来卸车，对他们这是最现实和最经济的方法。

（三）第三次吊装：吊装上船的两台起重机的方案

变压器装船时，港口作业队和床上大副制定了第三种吊装方案：两台起重机加大横梁的方法，吊装过程如下。

1. 船上有两台 100 t 的起重机，距离 40 m，吊钩抵达的位置可以覆盖中间船舱的区域，可以抵达地面 20 m 距离岸边的区域。

2. 船上一台起重机不能吊起 120 t 的变压器，需要两台船吊同时吊装。

3. 码头地面卸车时，只是把变压器升起，车开走后把变压器落下，起重机原地不动，吊臂不转，船吊吊变压器时，两台配合，从地面吊起来，两台起重机协调转体，把变压器移动到船舱的上方，然后同步落下。

4. 吊装过程中两台起重机不能同步时，不会影响变压器。

5. 船上采取的方案是：采用一根 20 m 长的横梁，横梁两侧有挂钩，挂钩上挂了 4 根绳子，垂吊到变压器的四个吊点上，如图 8-21 所示。

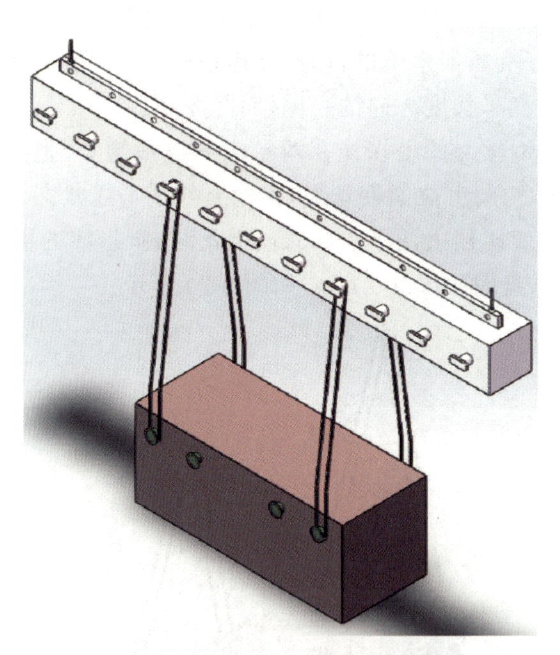

图 8-21　两台船是起重机用大横梁同时吊变压器本体

6. 用一根大横梁的目的有两个，一是避免船吊的上端相碰，二是避免船吊运动不同步时对变压器的横向拉扯，防止损坏变压器。

远洋运输船上提出的吊装方案和吊具设计也是根据船上的资源情况制定的，技术上可行，操作也是安全的。这个方案和图 3-6 的方案接近，是基本方法的变形。

五、吊装方案和吊具设计的多样性

设计吊装方案时，按照第三章的思路，有基本的规律可以遵循，在新问题面前不会迷失方向，遵守基本的理论，就可以找到解决问题的办法。

吊具设计师给出的吊装方案，是基于现场最不利的吊装条件，即在只有一台起重机的情况下，依据吊装原理得出的技术上比较理想的方案，能确保在最不利条件下实现变压器本体顺利吊装。

但是在实际生产过程中，各个单位的条件不同，资源不同，考虑问题的出发点不同，往往会使用他们最易实现的、最经济的方法去解决问题，面对同一个问题，不同的单位会寻找不同的方向。所以制定吊装方案和吊具设计一定要因地制宜，具体问题具体分析，根据自身的条件找到解决办法。这次变压器的吊装方案和吊具设计，实际上每家公司都根据自己的实际情况设计了最适合自己的方案。同时，这几个方案也都符合前几章阐述的基本方法和基本理论，无论结构怎么变化，都离不开理论的指导，这就是学习和掌握基本理论的意义。

生产实践是最鲜活的课本，吊装方案和吊具设计来自理论更来自鲜活的生产实践活动，一个变压器的吊装问题，不同的单位，不同的人员给出了不同的答案，这体现了吊装方案的多样性。吊具设计师要有一双智慧的眼睛，寻找到最适合自己的答案。

第九章　吊具的应用

吊具设计完成，制造出成品吊具后，就进入应用阶段。在应用阶段吊具拥有单位要完成一系列的工作，让吊具保持完整的结构，具备安全可靠的品质，能够在吊装过程中表现出优良的性能。

第一节　吊具的验证与试吊

吊具制造完成，应当经过验证再投入使用。验证的目的是检验制造完的吊具是否满足设计任务书的要求，对吊具的功能、质量和安全性进行检验验证；若是对外采购的吊具，则检验是否满足合同技术条件的要求。

1. 按照任务书的要求（或合同技术条件）逐项检查。

（1）数量检查：根据最后确认的吊具图纸，检验提供的零部件品种、数量和规格是否满足要求。

（2）零部件检查：根据最后确认的吊具图纸，检验零部件的结构是否符合图纸要求，检验主要尺寸是否满足图纸要求；检验主要零部件的材料是否满足要求。

吊具制造厂（供应商）应当提供合格证和使用说明书。

（3）功能性检查：根据最后确认的吊具图纸验证吊具是否符合合同的总体要求。例如：合同标的是吊车轮的吊具，在验证吊具时要检查吊具是不是为吊车轮设计的吊具，是否具备吊车轮的功能。

2. 按照图纸技术条件的要求，检验吊具的制造质量。

（1）检查螺栓的强度等级是否满足要求，螺栓是否紧固，是否生锈，垫圈使用是否合理。

（2）检查焊接结构的焊缝是否有异常，包括是否存在开裂、气泡、夹渣等现象。

（3）检查钢丝绳直径是否满足要求，是否有硬折弯现象，插接长度是否满足要求。

（4）检查吊带的标签是否完整，安全护套是否完整，超载标签是否完整等。

（5）检查主要受力部件的安全系数是否满足要求。

（6）必要时，要对关键部位进行探伤检查。

3. 检查吊具的存放是否满足要求（具体要求见本章第三节）。

4. 验证吊具的适用性，要使用新吊具对被吊物体进行试吊；如果吊具有尺寸的限制，不能完全地试吊，也要对全部的零部件进行安装，以检查吊具整体的性能和零部件的适用性。

例如：验证铁路客车轮对吊具时要用吊车进行试吊，把轮对吊离地面，空中停留 10 min，x、y 方向分别往复行走 10 m，z 向升降 3 m，绕 z 向往复旋转 360°，以检验吊具的实用性、可靠性、安装的工艺性和可操作性。

再如：验证双层铁路客车吊具时，把吊具放到车体上方正式吊装的位置，检验吊具的零部件是否与客车的其他部位发生干涉，安装是否方便等，检验整个操作过程的可操作性；检验过程中如果发现问题，要进行整改，整改后要再次验证。

第二节　吊具的使用与培训

吊具的操作者和使用者一定要经过有针对性的培训，包括结构、性能、安全性和操作注意事项。

1. 第一任培训老师。对新结构吊具，应当由吊具设计师当第一任老师，对第一次使用吊具的相关人员进行培训。

2. 培训教师。如果是在吊具制造厂购买新结构吊具，第一次使用前，吊具操作者要到吊具制造厂接受培训，或者由吊具制造厂派出培训教师，到吊具使用场地进行培训；培训教师可以是吊具设计师，也可以是吊具制造厂的其他合格的人员担任。后续加入的吊具操作人员，应当由接受过培训的技术人员、操作者对他进行培训。培训记录应当保存。

3. 第三地技术指导。对新吊具，如果是在第三地使用吊具，培训教师要到第三地对使用者进行培训；例如一公司向吊具制造工厂购买了吊具，要到南方港口去吊装铁路客车，培训教师要到港口向操作吊具的码头工人宣讲吊具的结构、性能、使用方法和注意事项，第一辆车装船时要到现场，给予实际操作的指导和吊装过程的监督。

4. 吊具第一次吊装物体是试吊，试吊注意事项如下：

(1)试吊前，要对吊具进行检查，确保零部件齐全、安装位置正确。

(2)试吊前，检查被吊物体是否准备完成，是否为独立的物体，确保不与其他物体相互连接，不与地面相互连接。

(3)确认被吊物体上没有工作人员，吊装铁路车辆、公路客车或载货汽车时，尤其要注意检查。

(4)确认被吊物体吊点状态正常，没有异常。

(5)检查被吊物体的重心位置是否和设计吊具时提供的重心位置一致。

(6)确认监护人员是否到位，是否处于合适的观察位置。

(7)如果吊具有电气设施，应确认手柄和按钮处于“0”位，主回路处于断开位置。

(8)确认吊具是否有合格证。

(9)条件具备后可以开始试吊。

(10)对于 10 t 以上的被吊物体，在吊具绳索和起重机绳索拉紧后，起重机慢慢增加载荷，增加 1 t 载荷所用时间控制在 3 s 左右，50 t 的物体用 150 s 的时间完成载荷的加载，慢慢加载 3 min 后再把被吊物体吊离地面。

(11)吊起来离开地面 200 mm，停留在空中 5 min，接受现场安全监督人员的检查。吊具的培训教师/现场指导人员要对停留在空中的货物和吊具状态进行检查，发现问题及时放下。

(12)试吊时,可能出现如下问题:

①异响。发出异常声音要立即终止试吊,把被吊物体放下,避免造成事故;放下后要检查吊具、起重机和被吊物体,处理发现的问题。

②变形。如果发现吊具的结构和被吊物体变形,尤其是吊点的变形,要及时终止试吊,放下被吊物体,以避免事故。

③倾斜或者倾倒。吊起来后,发现起重机或者物体发生倾斜,甚至有倾倒的倾向和苗头时,要及时终止试吊,把物体放下,以避免事故。

(13)对试吊和实际使用过程中发现的问题,要及时进行反馈,反映给项目经理和吊具设计师,对吊具进行改进,避免事故,让吊装作业能够顺利进行。

5. 正常使用时的检查。通过试吊的吊具,就可以进入正常使用阶段。在正常使用阶段,一定要有接受过培训的人员参与吊具的使用;使用过程中要一直观察吊具和被吊物体,一旦发现异响、变形、开裂、零部件失效、倾斜或倾倒的现象,要及时终止吊装,避免事故。

6. 全员培训。在工厂车间内使用的吊具以及在其他固定地点使用的吊具,使用班组应进行吊具使用技能和规则的全员培训。

7. 第一责任人。对重要吊具,要确定使用的第一责任人,其责任是使用、监督、保管、检查和维护。

8. 建立制度。编制《吊具使用保养检修规程》,保证吊具处于良好的技术状态,安全地进行生产作业。

第三节 吊具的保存与保管

吊具都要满足重复使用的要求,除了设计和制造要满足吊具的质量要求外,开始使用后,要进行妥善的保存和保管,才能达到重复使用、延长寿命的目的。

一、吊具的保存

吊具的保存是要保证吊具在自然存放条件下,能够保持结构的完整,不受外力侵害,不被其他物质侵害和侵蚀,性能良好。所有的吊具零部件都不能直接放在地面上。常见的存放方式有以下几种。

1. 悬挂。质量 200 kg 以下的零部件,要挂起来存放,尤其是钢丝绳和合成纤维吊带。长期存放合成纤维吊带时要悬挂起来,短期存放和移动时要放在托盘上,在托盘上存放时,要避免与锋利和尖锐物体接触,也不能在吊带上面放东西。移动吊带时,不能在地面上拖拉。

悬挂的优点是:

(1)不接触地面,避免沾染水、灰尘和硬质颗粒。

(2)良好的通风,挂在空中能够防止潮湿,防止吊具零部件生锈,防止霉烂。

(3)方便数量检查,可以快速目测检查零部件的数量,缺少和丢失可以快速发现。

(4)方便检查质量，可以快速目测检查零部件的质量，对于明显的锈蚀、霉变、裂纹、缺损等损坏情况会快速发现。

2. 不适合挂起来的零部件，例如小卸扣、销子、螺栓螺母等，要放在架子的隔板上，上下要通风。

3. 比较重的吊具零部件，不能直接放到地面上。例如大型框架，质量 4 000 kg 以上，需要到地面上，框架底下要垫起来，放专用支架、木方或者水泥墩，让框架离开地面 500 mm 以上；露天存放要妥善地苫盖。

4. 零部件存放地点都要保持通风良好。

5. 零部件不能淋雨，露天存放的吊具零部件，要妥善苫盖。

6. 零部件存放要避开酸碱物质。

7. 零部件存放不能混乱堆积、叠放、多层嵌套压在一起。

8. 合成纤维吊装带不能缠绕堆积存放，不能密闭存放，不能太阳光直射。

9. 零部件要每天有人目测检查，缺少的零部件要记录并补全。

10. 长途运输时，要做箱体保护吊具，尤其要保护合成纤维吊装带。例如，随铁路客车同时海运到国外港口卸船的吊具，吊具零部件要妥善保管，如果丢失就会影响卸船，合成纤维吊带要妥善保管，要放在舱内运输，确保不浸水、不淋雨、不接触酸碱物质。

二、吊具的保管

重要吊具要妥善保管，以保证性能良好，能够在需要的时候随时使用。保管的目的是防止吊具被损坏、破坏或盗窃，具体要求如下。

1. 相对隔离。吊具的存放场地应当相对隔离分区，无关人员不能随意进入存放区，不能随意接近吊具，必要时安装隔离护栏，护栏的高度应该在 2 m 以上。

2. 设置监控。设置监控摄像头，监控好存放现场；如果有了摄像头，某些地方就可以取消隔离护栏。

3. 警告提示。在存放场地涂刷提示口号："无关人员不能接触吊具"。

4. 建立制度。编制《吊具保管规程》，确保吊具处于安全、可靠的状态。

第四节　吊具的修理与改进

吊具使用过程中，要有人进行监控，即对吊具进行观察、分析、判断，综合前后现象和现状，做出判断。

吊具长时间使用后，一部分零部件，或者零件的部分功能会失效，要进行修理和更换。

一、吊具的修理

吊具的部分零部件失效后要进行修理，重要吊具的修理应当由技术部门提出维修方案，由加工部门进行修理，以保持吊具的性能良好、安全可靠。

1. 零部件磨损后，需要修理和更换。例如经常拆卸的螺栓，反反复复地受力与磨损，螺纹已经磨掉了牙尖，螺母已经变形，使用已经不方便，要更换新的螺栓。

2. 防止磨损的软垫片，经过多次挤压和磨损，已经碎裂和缺失的，要更换。

3. 钢丝绳的麻芯外露、钢丝散股或钢丝出现硬弯，就需要更换钢丝绳。

4. 紧固的螺栓出现松脱，要及时紧固，采取防松措施。

5. 结构件如果发生变形，要进行修理。

6. 连接孔发生变形，例如卸扣的连接孔、销孔磨损严重，发生塑性变形，就要进行修理，或者更换零部件。

7. 吊具使用人员提出的其他修理事项。

二、吊具的改进

吊具的结构代表了设计师的思想以及设计师对被吊物体吊运过程的认识，当吊具制造完成时，其所具备的功能也就固化了。

然而，生产是持续进行的，生产的形式也是随着时间的进程而不断变化，吊具对被吊物体的适应性以及使用的便利性等方面，都会陆续出现一些问题。这一方面是因为设计师认识的局限性，另一方面也是生产进行当中的新要求，为了满足这些新要求，要对吊具进行改进。吊具改进的动力来自吊具使用过程中发现的问题，来自吊具操作者对吊具功能的新要求，来自设计师探索吊具新结构和新模式的愿望。

(一)注意事项

1. 改进的内容。首先来自吊具使用单位和操作人员的要求，其次应当来自吊具使用中发现的风险和事故隐患，最后来自设计师对吊具性能的观察和认识。

2. 改进方案。吊具设计师根据使用人的要求和自己的观察，提交吊具设计结构改进方案，到实际使用单位与具体的操作人员进行探讨和协商，确定具体的结构新方案。

3. 对外购吊具。吊具使用人要提交改进要求给吊具的设计制造单位，由原来的设计师进行补充设计，对原有吊具进行改进，或者重新制造。

4. 重新验证。改进后的吊具应当重新进行验证与试吊，重新进行使用培训。

(二)案例

1. 案例一：车体钢结构吊具的改进

某工厂引进了一种钢结构吊具，钢结构尺寸：25 500 mm×3 200 mm×2 500 mm。吊具由两个吊架构成一组，两台桥式起重机各吊一个吊架。单个吊架的结构如下：吊架上边一个横梁，两边各有一根吊腿，吊腿底端有一个托板，吊具结构如图 9-1 和图 9-2 所示，其中图 9-2 表现的是吊具的理想状态。

(1)吊具出现的问题

在吊钢结构的时候，出现了底端的托板向两侧分开的倾向，一边向外移动 20 mm，托板向下转动 3°左右，这是一个危险的状态，可能会导致钢结构掉下去，需要改进，实际吊装时的状态，如图 9-3 所示。

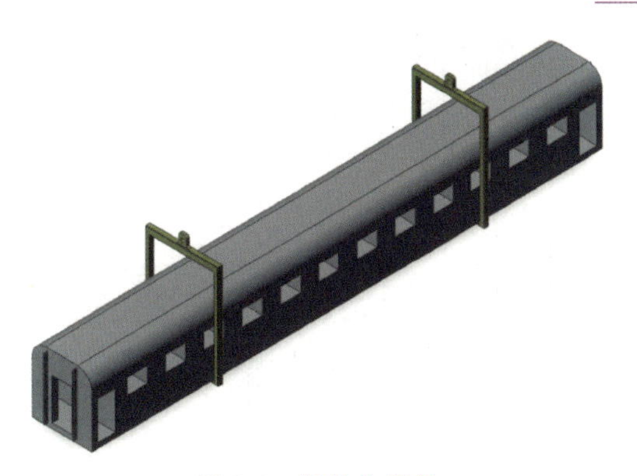

图 9-1 钢结构吊具

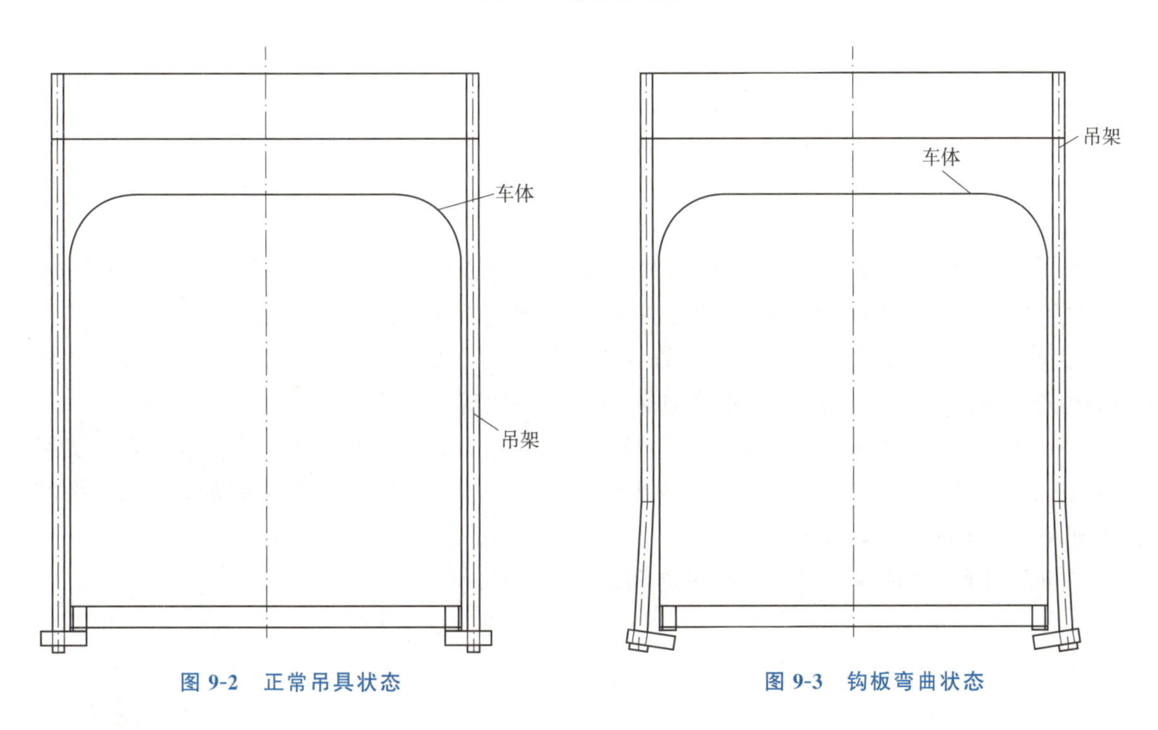

图 9-2 正常吊具状态　　图 9-3 钩板弯曲状态

生产车间把这个要求提交给作者，仔细观察了吊具吊装时的状态、操作过程和发生的位移，根据观察到的情况，制定改进方案。

(2)解决办法

①强度计算。计算托板的强度，用材料力学和有限元的方法分别计算托板和转轴的强度是否足够；计算结果显示两个零件的强度足够。

②刚度计算。计算托板的变形，用材料力学和有限元的方法分别计算托板和转轴的变形是否在材料允许的范围内；计算结果显示两个零件的材料的应变在许可范围内，但是累积的变形量超出了吊具使用许可的范围。

③改进措施。根据计算结果，采取了限制变形的措施，具体方法就是在托板的前端钻两个 ϕ11 mm 的孔，放两个 M10×120 mm 的内六角螺栓，如图 9-4 所示，改进后，再未发生吊柱大变形和钩板劈开的现象，问题得到解决。

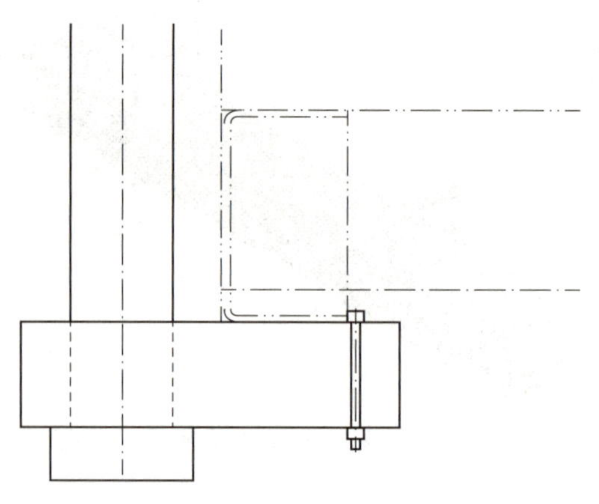

图 9-4　钩板加螺栓示意

2. 案例二:铁路客车装船吊具的改进

(1)双层铁路客车吊具。1996 年,设计双层铁路客车装船吊具时,为了稳妥,采用了吊钩、横梁加四根绳的吊装方案,如图 9-5 所示。

(2)地铁客车吊具。1999 年,设计地铁客车装船吊具时,对图 9-5 所示吊具进行改进,采取了长纵梁的方案,吊钩、横梁、长纵梁加 2 段绳的方案,如图 9-6 所示。

(3)常规铁路客车吊具。2002 年设计常规铁路客车装船吊具时,对图 9-6 所示吊具再次改进,采取了吊钩、横梁、折叠纵梁加四根上下一段绳的方案,如图 9-7 所示。

但是制造车间在最后装配的时候,没有把 1 000 kg 的配重铁放到横梁上,实际试用时,由于缺少配重,折叠梁提前关闭,导致钢丝绳牵引困难,只好卸掉中间的折叠梁,采取了和图 9-5 相同的吊装模式。

由此可知,吊具模式的探索和改进都是有风险的。

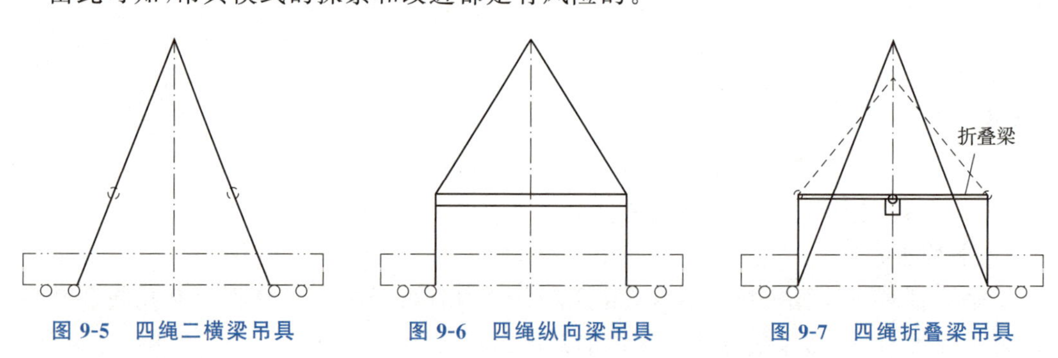

图 9-5　四绳二横梁吊具　　图 9-6　四绳纵向梁吊具　　图 9-7　四绳折叠梁吊具

第五节　吊具的鉴定与报废

吊具使用经过一段时间,或者使用次数达到一定的指标,或者发现主要零部件已经失效,为了吊装过程的安全可靠,就要对吊具进行报废。

吊具作为财产，各个企业都有鉴定和处置资产的管理制度，处置过程中还是要遵守各种制度。这里从技术角度，阐述一下吊具的鉴定与报废。

1. 吊具报废的标准。出现新吊具后，如果原有的吊具报废标准依然适用，可以继续沿用；如果原有吊具报废标准不适用，就要制定新的报废标准。

2. 临时处置。如果没有吊具报废标准，发现吊具性能不足，做不到安全可靠，此时要组织技术人员进行鉴定（吊具设计师或技术负责人到现场亲自检查和鉴定），可以判定是否还能继续使用，是否能够达到报废标准。

3. 启动报废程序。首先，到达使用年限；其次，吊具使用中发现吊具经过使用后部分零部件功能失效；第三，出现事故先兆和风险。这个时候，吊具的使用单位要提出报废申请，启动报废程序。

4. 履行报废手续。需要报废的吊具，根据企业制度，填写吊具报废报告单，履行审批手续后，吊具作为一件工具就消失了，吊具使用单位要把报废的吊具移出吊具存放区域。

5. 报废吊具的处理。要对报废吊具主要零部件进行破坏性处理，切断主要承力部件，切割吊钩和绳索，使其彻底失去使用功能，防止有人误用导致发生事故。

第六节　重件吊装操作的注意事项

一、吊装准备

（一）设立吊装小组

吊装前需设立一个吊装小组，负责吊装过程的组织和技术过程安排，还要设立一个技术负责人。

吊装小组通常由客户技术代表、作业现场技术指导员、作业班长、作业现场生产部门、技术部门和安全生产部门的人员组成。

（二）各个部门人员的职责

1. 客户技术代表。提供并介绍货物的基本情况，包括体积、相关尺寸、质量、重心位置、吊点位置和吊点结构、吊具情况（如果吊具由客户提供）和吊装注意事项，监督现场的吊装过程，参与指导吊装进程。

2. 作业现场技术指导员。根据货物情况、吊具情况、起重机情况、货物起点位置和终点位置等信息制定作业方案，具体指导现场作业班作业。

3. 作业班长。具体指挥作业班组的人员进行吊装作业，接受作业现场技术指导员的指导。

4. 作业现场生产部门（技术部门）。负责安排现场的作业人员和机械设备，协调作业现场各个部门的关系。

5. 安全生产部门。依据安全生产法律法规和技术规程，负责现场的安全生产监督工作，纠正违章作业。

6. 起重机司机。起重机司机负责操作起重机。

（三）检查货物

检查货物是否完整，是否具备吊装条件；检查人员：客户技术代表、作业指导员、作业班长、安全生产部门人员。

（四）吊具检查和组装

组织现场作业班组装吊具，吊具组装完成后，一般由客户技术代表、作业指导员、作业班长和第三人检查，确认吊具组装正确，吊具元件完好。

（五）起重机检查

1. 起重机状态检查、钢丝绳检查、制动检查和电气系统检查。

2. 对于船吊，检查平衡水系统的技术状况，明确是自动平衡还是手动平衡。起重机载荷加载的速度还取决于船体平衡的速度，当船体倾斜的时候，船体会自动调整平衡水，控制船体的倾斜的角度，如果起重机加载过快，超过了平衡水调整的速度，就会导致船体更大的倾斜，所以要和船方沟通好，调整船体平衡水的能力，让平衡水的调整速度与加载的速度相互匹配。

3. 计算起重力矩。

使用一台极坐标模式起重机进行吊装，起重前要进行计算，静载荷的状态下，被吊物体对起重机产生的力矩不能超过起重机承载力矩的 60%；如果超过 60%，要采取更加缓慢的措施增加载荷，防止惯性力增加的载荷，导致起重机倾覆。

4. 对于汽车起重机和履带起重机，要检查支腿接触地面的情况，地面的强度要足够，如果地面强度不足，要采取措施给予解决。

5. 检查风速，超过五级风时要停止作业。

装船和卸船时，以上检查和计算由大副牵头，起重机司机、安全生产和设备管理人员参与；使用岸上起重机时由作业指导员牵头。

（六）载荷加载速度

起重机应当缓慢加载：吊具连接被吊物体后，开始吊装要慢慢加载，对于重件吊装，20 t 货物要控制在 2 min 内慢慢增加载荷，即起重机开始加载后，以每分钟增加 10 t 载荷的速度加载；质量为 405 t 的燃机要均匀缓慢加载，加载完成时间要大于 10 min。

货物落地时，应当缓慢减载，不应快速松钩，落地减载速度和起吊加载速度基本相同。

（七）慢速运动

被吊物体离开地面后，上升阶段要保持匀速状态，缓慢上升。

（八）单向运动

吊装重件时起重机不要做复合运动，保持一个方向的运动，吊钩上升时吊臂不要转动也不要向上扬起；吊臂转动时不要扬起，吊钩也不要向上升起；吊臂扬起时吊臂不要转动，吊钩也不要向上升起。

对回转起重机:升钩时不转不扬,转动时不扬不升,扬起时不转不升。

对桥式起重机:x、y、z 三个方向,一个时间只能做一个方向的运动。

(九)分配载荷

两台起重机同时吊装一个物体时,要分配好两台起重机的受力,等比例分配好两台起重机的力矩。

(十)掌握起重机的性能

作业现场技术指导员和起重机司机要了解起重机的参数,包括最大起重力,曲线,上升驱动力是来自电机还是液压马达,电力驱动的起重机是否为变频电机,上升、转动和移动的最慢速度;对于船上起重机还要了解船上平衡水的调节速度。

(十一)指挥口令要准确、信号要清晰

要由一个作业现场技术指导员进行指挥,操作前,作业现场技术指导员要和两个起重机司机交待手势和口令的含义,作业现场技术指导员发出口令后,两个起重机司机要重复作业现场技术指导员的口令。

作业现场技术指导员和两个起重机司机要佩戴开放式对讲机,戴在头上,不用按键就能相互通话。

作业现场技术指导员和作业班长的工作服要有特殊标识,让起重机司机能够容易识别,清晰地看见。

(十二)认识场地

重件吊装时要了解和认识重件吊装前后存放的场地,吊装有几种情况:

1. 重件从一个地面场地移动到另外一个地面场地。例如:重件在车间内部换一个场地存放,从车间移动到仓库;变压器从现场地面吊到安装基础上去。

2. 重件从地面吊到车板上去,即装车。

3. 重件从车板上吊到地面上去,即卸车。

4. 重件从港口地面吊到船内甲板上去,即装船。

5. 重件从船内甲板吊到港口地面上去,即卸船。

6. 重件从大船甲板吊到小船的甲板上,或者从小船吊到大船的甲板上,即过驳。

以上六种情况,重件运动的起点和终点有地面、车板、船甲板等,在每种起点和终点的组合进行的吊装都有区别,作业现场技术指导员和作业班长要了解、认识,做好技术准备。

(十三)开好交流会

在重件吊装前,要开好技术交流会,参与的各方都要派人参加,对自己的职责范围内的工作提出要求,会议主持人要安排好负责部门和人员,会后检查落实情况。

二、吊装实施

1. 实施过程中,严格按照准备好的预定方案执行。

2. 作业班长不能擅自改变吊装方案;遇到新问题应该向作业指导员请示,共同研究解决方案,几方达成一致意见后再实施。

3. 吊装实施过程中，作业现场技术指导员、业主技术代表、现场安全生产管理人员均要对吊装生产过程进行监督，发现问题及时提出，取得一致意见后实施。监督内容包括吊具运用和吊装过程是否符合预定方案、是否符合安全生产操作规程、是否有异常现象、是否有异常声音；同时还要负责维护现场秩序，阻止无关人员进入现场。

4. 如果作业时间较长，例如需要几天才能完成的吊装，参与的人员较多，可以把作业流程和作业要求写在一块板上，放在现场的明显地点，让参与人员都能看见，随时学习。

三、吊具拆解和装箱

1. 重件吊装完成后，要对吊具进行检查、拆解、装箱和保存，为下次使用做好准备。

2. 对本次吊装进行总结，复盘整个吊装过程，重点找出存在的问题，提出解决问题的办法，为进入下一个生产循环做好准备。